"十四五"时期水利类专业重点建设教材（职业教育）

水利工程测量

主　编　聂新华　姜连超　潘洪健
副主编　袁　峰　胡国庆　许成君　李　岩　王都海
参　编　王昱文　姜　欢　樊　盼　周　晶　孙语希　徐　敏

中国水利水电出版社
www.waterpub.com.cn
·北京·

内 容 提 要

本书是"十四五"时期水利类专业重点建设教材。本书按照水利工程测量的课程特点，结合水利工程测量岗位要求所应具备的基本知识和基本技能，将教学内容分为测量学基础、水准测量、角度测量、距离测量、平面控制测量、全球定位系统、无人机航测技术应用、地形图测绘、渠道测量、水工建筑物施工测量、水工建筑物变形观测等11个项目。同时，考虑了新知识、新技术、新设备、新规范在水利工程测量中的使用，在内容的编排上适当体现出来。

本书既可作为中等职业教育水利水电工程施工专业及专业群的教材，也可作为水利工程测量员岗位的技术培训教材，同时也可供其他建筑、道路施工等企业有关工程测量技术人员和管理人员参考使用。

图书在版编目（CIP）数据

水利工程测量 / 聂新华，姜连超，潘洪健主编. －－北京：中国水利水电出版社，2023.8
"十四五"时期水利类专业重点建设教材. 职业教育
ISBN 978-7-5226-1775-6

Ⅰ.①水… Ⅱ.①聂… ②姜… ③潘… Ⅲ.①水利工程测量－中等职业教育－教材 Ⅳ.①TV221

中国国家版本馆CIP数据核字(2023)第166042号

书　　名	"十四五"时期水利类专业重点建设教材（职业教育） **水利工程测量** SHUILI GONGCHENG CELIANG
作　　者	主编　聂新华　姜连超　潘洪健
出版发行	中国水利水电出版社 （北京市海淀区玉渊潭南路1号D座　100038） 网址：www.waterpub.com.cn E-mail：sales@mwr.gov.cn 电话：（010）68545888（营销中心）
经　　售	北京科水图书销售有限公司 电话：（010）68545874、63202643 全国各地新华书店和相关出版物销售网点
排　　版	中国水利水电出版社微机排版中心
印　　刷	天津嘉恒印务有限公司
规　　格	184mm×260mm　16开本　13.75印张　335千字
版　　次	2023年8月第1版　2023年8月第1次印刷
印　　数	0001—1500册
定　　价	**49.00元**

凡购买我社图书，如有缺页、倒页、脱页的，本社营销中心负责调换

版权所有·侵权必究

前　言

本教材是践行产教融合、校企合作办学理念，针对"三教"改革的目的要求，结合中职学生的知识层面和身心特点编撰而成的。教材以测量基本知识讲授为基础，以技能培养为主线，以综合能力和职业素养为目标，力图反映最新科技的发展，贯彻执行新的技术标准，突出新技术、新方法、新设备、新仪器的应用；理论以适用、必需、够用为度，突出理论与实践应用一体，适当进行相近专业的有机关联和拓展，具有一定的前瞻性；内容安排上，结合相应的项目教学法的特点及其他教学法的综合运用，知识传授循序渐进，理解掌握图文并茂，示例典型有代表性，宜教宜学宜训。

本教材具有以下特色：突破了一般院校非测绘专业测量教材的内容及组织形式，从工程测量入手，明确水利工程测量的任务、特点；侧重知识的独立性及其关联性，对测量基本技能，原理及仪器设备的使用、测量的方法、检校及其注意事项进行系统的阐述；将新技术如无人机航测等内容引入教材，有助于满足社会对这类岗位人才的需求，有助于学生职业生涯的拓展。

本教材将生产实践经验和工程案例作为例题或编写素材，以《工程测量标准》（GB 50026—2020）为依据，介绍工程施工测量的工作方法、测量工艺、流程、技术质量控制等。

本教材共分 11 个项目：项目 1 测量学基础；项目 2 水准测量；项目 3 角度测量；项目 4 距离测量；项目 5 平面控制测量；项目 6 全球定位系统；项目 7 无人机航测技术应用；项目 8 地形图测绘；项目 9 渠道测量；项目 10 水工建筑物施工测量；项目 11 水工建筑物变形观测。

本教材由聂新华、姜连超、潘洪健任主编，袁峰、胡国庆、许成君、李岩、王都海任副主编，王昱文、姜欢、樊盼、周晶、孙语希、徐敏参与编写。张仁担任主审。

本教材编写得到多方指导、支持与帮助。得到黑龙江几何测绘地理信息有限公司、广州市中海达测绘仪器有限公司的大力支持，是校企合作共同开发的教材，中国水利水电出版社对本教材的编辑和出版给予了大力支持。在此,一并表示诚挚感谢。

本教材编撰参考和引用的一些专著、教材和技术文献,在书末的参考文献中都尽量注明,但难免有遗漏,在此谨向所有原作者表示谢意。

由于编者水平所限,书中难免存在不妥之处,敬请专家和广大读者批评指正。

编者

2023 年 8 月

目 录

前言

项目1　测量学基础 ·· 1
　任务1.1　测量学的任务 ··· 1
　任务1.2　地面点位的确定 ·· 2
　任务1.3　测量工作的基准面 ··· 6
　任务1.4　用水平面代替水准面的限度 ······································ 7
　任务1.5　测量误差的基本知识 ·· 8
　任务1.6　测量常用的计量单位与换算 ······································ 10

项目2　水准测量 ··· 12
　任务2.1　水准测量的原理 ·· 12
　任务2.2　水准测量仪器及工具 ·· 13
　任务2.3　普通水准测量 ·· 18
　任务2.4　四等水准测量 ·· 20
　任务2.5　水准测量的误差分析 ·· 24
　任务2.6　水准仪的检验与校正 ·· 26

项目3　角度测量 ··· 29
　任务3.1　角度测量仪器 ·· 29
　任务3.2　角度测量方法 ·· 33
　任务3.3　经纬仪的检验与校正 ·· 40

项目4　距离测量 ··· 43
　任务4.1　钢尺量距 ··· 43
　任务4.2　视距测量 ··· 46
　任务4.3　精密测距 ··· 48

项目5　平面控制测量 ·· 50
　任务5.1　方位角与坐标计算 ··· 50
　任务5.2　导线测量与坐标计算 ·· 54
　任务5.3　控制测量仪器及工具 ·· 61

项目6　全球定位系统 ·· 74
任务6.1　全球定位系统简介 ·· 74
任务6.2　GPS接收机的组成及工作原理 ··························· 75
任务6.3　GPS接收机使用说明 ····································· 78

项目7　无人机航测技术应用 ·· 87
任务7.1　无人机航测外业基础 ····································· 87
任务7.2　无人机航测内业处理 ····································· 89
任务7.3　无人机航测技术的应用 ·································· 117

项目8　地形图测绘 ·· 118
任务8.1　地形图基本知识 ··· 118
任务8.2　数字化地形图 ·· 124
任务8.3　地形图的应用 ·· 130

项目9　渠道测量 ·· 134
任务9.1　渠道测量的基本过程 ····································· 134
任务9.2　土方量计算与施工测量 ·································· 142

项目10　水工建筑物施工测量 ······································ 144
任务10.1　水利工程施工控制测量 ································· 144
任务10.2　土石坝施工测量 ·· 153
任务10.3　水闸施工测量 ··· 157
任务10.4　水工建筑物的构配件安装测量 ························· 160

项目11　水工建筑物变形观测 ······································ 165
任务11.1　水平位移观测 ··· 165
任务11.2　垂直位移观测 ··· 181
任务11.3　倾斜观测 ·· 196
任务11.4　数据整理 ·· 207

参考文献 ·· 211

项目 1

测量学基础

任务 1.1 测量学的任务

1.1.1 测量学的分类

测量学是研究如何测定地面点的点位,将地球表面的各种地物、地貌及其他信息测绘成图,以及确定地球形状和大小的一门科学。

根据研究对象和工作任务的不同,测量学又分为大地测量学、地形测量学、摄影测量学、工程测量学等几门主要分支学科。

研究在地球表面广大区域内建立国家大地控制网,测定地球形状、大小和地球重力场的理论、技术和方法的学科称为大地测量学。大地测量的主要任务是为其他测量工作提供起算数据,为空间技术和军事用途提供控制基础,为研究地球形状、大小、地壳变形、地震预报等科学问题提供资料。

研究测绘地形图的理论、技术与方法的学科称为地形测量学。地形测量的任务就是将地球表面的地物、地貌及其他信息测绘成按一定比例尺和图式符号表示的地形图,以满足国民经济建设、国防建设、科学研究等各个方面的需要。

研究如何利用摄影像片来测定物体的形状、大小、位置和获取其他信息的学科称为摄影测量学。过去的摄影测量主要研究对象是地球表面,用于测绘地形图。随着遥感技术的迅速发展,摄影方式和研究对象越来越多,摄影测量在多种领域内都得到了广泛应用,它的任务已不只是局限于测绘地形图了。

研究矿山道路、水利、军事、工业与民用建筑等工程建设在规划设计、建筑施工、运营管理各个阶段如何进行测量工作的理论、技术与方法的学科称为工程测量学。工程测量的任务就是提供规划设计所必需的地形图、断面图和其他观测数据,进行建筑物的施工放样和竣工测量,并进行长期的安全监测工作。工程测量根据研究对象不同,又分为水利工程测量、建筑工程测量、矿山工程测量等。

以上各门学科,既自成系统,又密切联系、互相配合。本课程主要讲述地形测量学和工程测量学的部分内容,着重介绍水利、道路、工业与民用建筑工程中常用测量仪器的构造与使用大比例尺地形图的测绘方法和应用,以及建筑物施工测量方法等方面的内容。

各种工程建设以及工程建设的各个阶段都离不开测量工作。比如在河道上修建水库时，首先应测绘坝址以上该流域的地形图，作为水文计算、地质勘探、经济调查等规划设计的依据；初步设计后，又要为大坝涵闸、厂房等水工建筑物的设计测绘较详细的大比例尺地形图；在施工过程中，又要通过施工放样指导开挖、砌筑和设备安装；工程竣工时，检查工程质量是否符合设计要求，还要进行竣工测量；在工程的使用管理过程中，为了监视运行情况、确保工程安全，应定期对大坝进行变形观测。由此可见，测量工作贯穿于工程建设的始终。作为一名工程技术人员，必须掌握必要的测量知识和技能，才能担负起工程勘测、规划设计、施工及管理等各项任务。

1.1.2 工程测量的任务

测量任务主要包括两个部分：测绘和测设。

测绘：是使用各种测量仪器和工具，运用各种测量方法测定地球表面的地物和地貌的位置，得到一系列测量数据，依此按一定的比例尺缩绘成图，是由地面到图形的过程。

测设：是将图纸上设计好的建筑物的平面位置和高程，按设计要求标定在地面上，作为施工依据，又称施工放样，是由图形到地面的过程。

工程测量是测量学的一个分支，是针对在工程建设和资源开发的勘测设计、施工、竣工、变形观测和运营管理等阶段中运用测量知识和技术，完成各种测量工作任务。其主要任务包括：测绘大比例尺地形图、施工放样和竣工测量、变形观测。

1.1.3 测量的基本原则和方法

在测量过程中，随时检查，杜绝错误，防止错、漏的发生，以免影响后续工作，主要遵循以下原则和方法：

(1) 在测量布局上，"由整体到局部"。
(2) 在测量精度上，"由高级到低级"。
(3) 在测量程序上，"先控制后碎部"。

任务1.2 地面点位的确定

日常生活之中，我们常常涉及确定如鞋的尺寸、衣服的大小、人的身高、楼房的高度、山的高度、地势的高低、河流的长度、水流的落差等物体的大小、长短、高低、坐落位置、朝向等有关信息。我们需要知道，在工程测量中，是如何从测量学的角度解决这些有关问题，又是如何从大量的、丰富多彩的身体感知、思想的认识之中总结、提炼、上升到具有共性的超越感官认识的、具有科学性的理性认知的高度之上，来满足生产、生活的需要，便于指导实践。

实际上，工程测量研究的对象是物体，研究的内容是物体的形状、大小、长短和位置等要素。因此，解决问题的思路是从研究对象——物体的构成要素开始，对其进行逐步分解，最后找出最基本的研究对象——点。只要确定描画点的可直接测量、采集、处理和量化的数据信息即可解决问题。测量学中，以平面位置和高程这两大要素来确定。其具体思路的展现见表1.1。

表 1.1　　　　　　　　　　　物体分解量化思路表

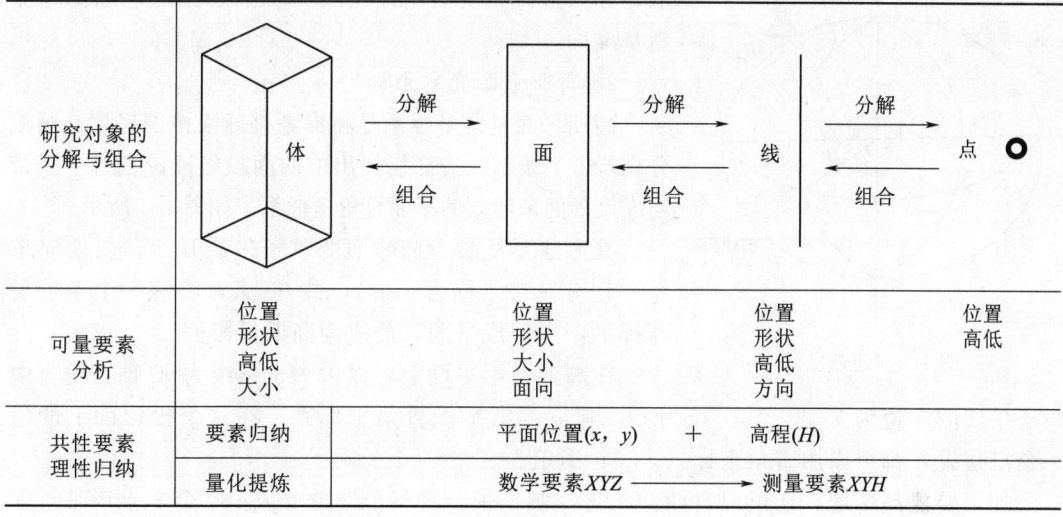

研究对象的分解与组合	体 ⇄ 面 ⇄ 线 ⇄ 点			
可量要素分析	位置 形状 高低 大小	位置 形状 大小 面向	位置 形状 高低 方向	位置 高低
共性要素理性归纳	要素归纳	平面位置(x, y) + 高程(H)		
	量化提炼	数学要素XYZ ⟶ 测量要素XYH		

1.2.1 点位投影

通过上述分析，了解到工程测量研究的最基本对象是空间上的点。测量工作的主要目的是通过确定点的平面位置坐标（x,y）和点距离基准面高程（H）来确定空间点的位置。点的空间投影如图 1.1 所示，规定空间点 A 在 XOY 坐标平面的投影点坐标为 $a(x,y)$，其极坐标为 (θ,r)，点的高程用 z 坐标表示，在测量学中用高程来标定。

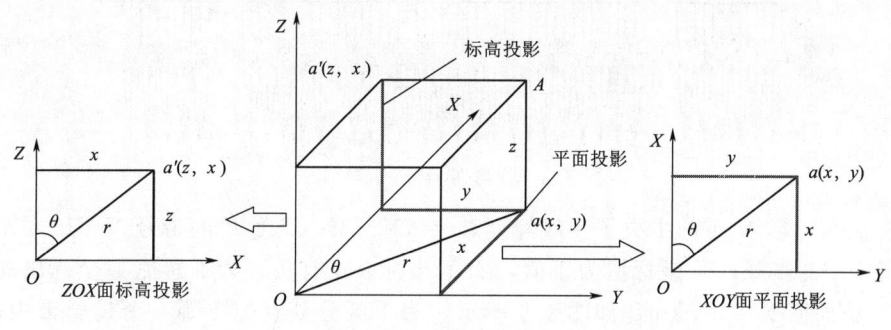

图 1.1　点的投影与分解

1.2.2 地面点平面位置的确定

直观来看，图 1.1 中，地面点的平面位置就是在 XOY 平面直角坐标系下点 a 的具体位置，用具体的数据表达就是以点 a 坐标，即 x、y 的数值的大小来刻画。在测量学中，根据使用坐标系的种类不同，用以下三种坐标系来描述点的平面位置。

1. 地理坐标

地理坐标是以参考椭球面为依据，确定地面点在参考椭球面上的位置坐标。如图 1.2 所示，O 为地球参考椭球面的中心，N、S 分别表示北极和南极，通过旋转轴的平面称为子午面，它与参考椭球面的交线称为子午线，其中通过英国格林尼治天文台的子午线称为首子午线。通过 O 点并且垂直于 NS 轴的平面称为赤道面，它与椭球面的交线称为赤道。

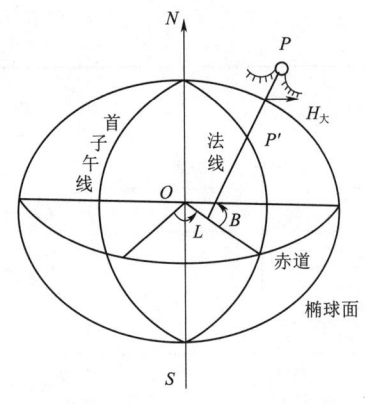

图 1.2 地理坐标

地面点在球面上的投影位置坐标用经度和纬度来表示，称为地理坐标。它以法线为基准线，以地球椭球面为基准面。

2. 高斯平面直角坐标

高斯平面直角坐标系是将参考椭球面按照经度，画线分成若干个条带，按高斯提出的曲面投影理论把每一条带当成投影面来建立的平面直角坐标系，如图1.4所示。

其方法是从参考椭球面的首子午线开始，自西向东每6°划分一带（称为6°带），共60条，将每一个条带展开抚平，近似成平面，而成为高斯投影面。

在高斯投影平面上，以中央子午线为 X 轴，垂直中央子午线的赤道为 Y 轴，其交点为 O，建立高斯平面直角坐标系。在这个投影面上的每一个点位置，都可以用直角坐标 (x,y) 确定。

如果要提高精度，还可以自西向东每3°画一带，将整个地球分成120个3°投影带，如图 1.3 所示。

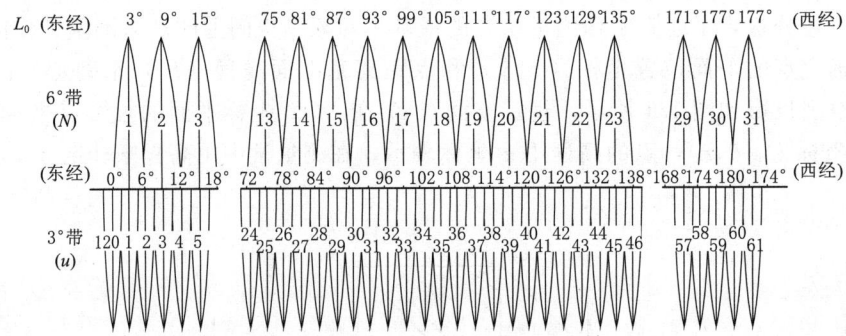

图 1.3 投影带及 6°（3°）带

在6°带中，第 N 带的中央子午线经度 $L_0=6N-3$；经度 L 的带号 $N=L/6°+1$。

我国位于北半球，X 坐标恒为正值，而 Y 坐标有正有负，为了避免 Y 坐标出现负值，规定把 X 轴向西平移500km，如图1.5所示。为了区分某点位于哪一个投影带内，规定在 Y 坐标的前面再冠以该点所在投影带的带号。

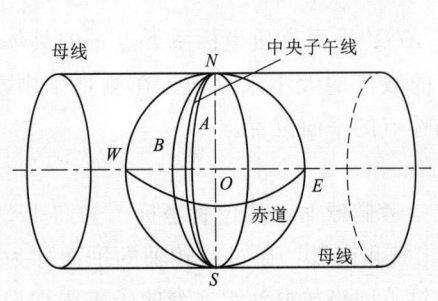

图 1.4 高斯平面投影原理

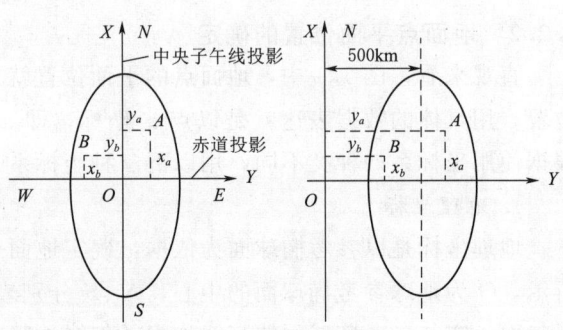

图 1.5 高斯平面直角坐标

【例题 1.1】 国家高斯平面点 $A(4132586.48, 20748680.54)$，请指出其所在的带号及自然坐标。

【解】

（1）点 A 至赤道的距离：$x = 4132586.48$m

（2）其投影带的带号为 20，A 点离 20 带的纵轴 X 轴的实际距离：

$y = 748680.54 - 500000 = 248680.54$m

3. 平面直角坐标系（笛卡儿坐标系）

当测区面积较小时，不考虑地球曲率的影响，就用平面直角坐标表示其投影位置。坐标系的原点选在测区西南角，使测区内任意点的坐标均为正值。规定 X 轴向北为正向、Y 轴向东为正向，坐标象限按顺时针方向编号，如图 1.6 所示。

1.2.3 测量坐标与数学坐标的关系

为了理解测量坐标和数学坐标之间的内在联系，比较二者如图 1.7 和图 1.8 所示。

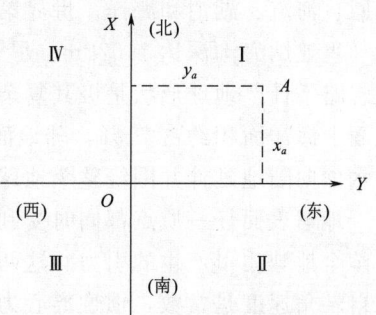

图 1.6 独立直角坐标

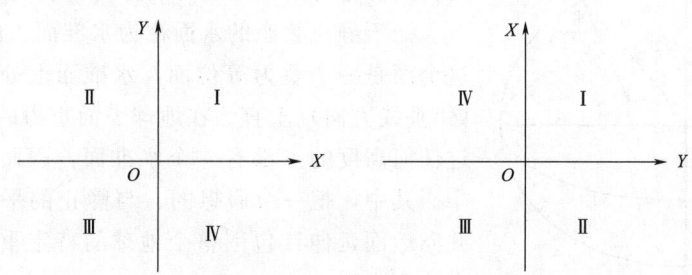

图 1.7 数学坐标系　　　图 1.8 测量坐标系

1. 区别

（1）两类坐标系的坐标轴正好相反。数学中的平面直角坐标以纵轴为 Y 轴，自原点向上为正、向下为负；以横轴为 X 轴，自向右为正、向左为负；测量上的平面直角坐标系以南北方向的纵轴为 X 轴，自原点向北为正、向南为负；以东西方向的横轴为 Y 轴，自原点向东为正、向西为负。

（2）两类坐标象限的规定有所不同，二者均以北东为第一象限，但数学上的四个象限为逆时针递增编号，而测量上则为顺时针递增编号。

2. 联系

在数学中，以横轴 X 轴为准、按逆时针方向划分象限来进行计算，而在工程测量中，坐标系的象限及其角度是以指北方向为准按顺时针方向进行标定和计算的，因而把数学坐标系先绕原点 O 旋转，再绕旋转后的 X 轴转动，即把 X 轴与 Y 轴纵横互换后，就变成测量坐标系了，此时，数学中的全部三角公式都能在测量中直接应用，不需做任何改变。

任务1.3 测量工作的基准面

1.3.1 大地水准面

测量学的主要研究对象是地球的自然表面,但地球表面极不规则,有高山、丘陵、平原、河流、湖泊和海洋。世界第一高峰珠穆朗玛峰高达8848.86m,而位于太平洋西部的马里亚纳海沟深达11022m。尽管有这样大的高低起伏,但相对地球庞大的体积来说仍可忽略不计。地球形状是极其复杂的,通过长期的测绘工作和科学调查,人们了解到地球表面上海洋面积约占71%,陆地面积约占29%。因此,测量中把地球形状看作由静止的海水面向陆地延伸并围绕整个地球所形成的某种形状。

地球表面任一质点都同时受到两个作用力:其一是地球自转产生的惯性离心力;其二是整个地球质量产生的引力。这两种力的合力称为重力。引力方向指向地球质心,如果地球自转角速度是常数,惯性离心力的方向垂直于地球自转轴向外,重力方向则是两者合力的方向(图1.9)。

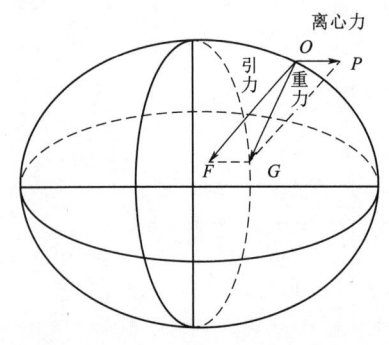

图1.9 引力、离心力和重力

重力的作用线又称为铅垂线。用细绳悬挂一个垂球,其静止时所指示的方向即为铅垂线方向。

处于静止状态的水面称为水准面。由物理学可知,这个面是一个重力等位面,水准面上处处与重力方向(铅垂线方向)垂直。在地球表面重力的作用空间,通过任何高度的点都有一个水准面,因而水准面有无数个。其中,把一个假想的、与静止的平均海水面重合并向地面延伸且包围整个地球的特定重力等位面称为大地水准面。

大地水准面和铅垂线是测量外业所依据的基准面和基准线。

地面点到高度起算面的垂直距离称为高程。高度起算面又称高程基准面。选用不同的面作高程基准面,可得到不同的高程系统。在一般测量工作中是以大地水准面作为高程基准面。某点沿铅垂线方向到大地水准面的距离,称为该点的绝对高程或海拔,简称高程,用 H 表示。

在局部地区,如果引用绝对高程有困难,可采用假定高程系统,即假定一个水准面作为高程基准面,地面点至假定水准面的铅垂距离,称为相对高程或假定高程。

两点高程之差称为高差。如图1.10所示,H_A、H_B 为 A、B 点的绝对高程,H'_A、H'_B 为相对高程,h_{AB} 为 A、B 两点的高差,即

$$h_{AB} = H_B - H_A = H'_B - H'_A \tag{1.1}$$

所以,两点的高差与高程起算面无关。

1.3.2 参考椭球面

由于地球引力的大小与地球内部的质量有关,而地球内部的质量分布又不均匀,故地面上各点的铅垂线方向产生不规则的变化,因此大地水准面实际上是一个略有起伏的不规

则曲面，无法用数学公式精确表达（图 1.11）。

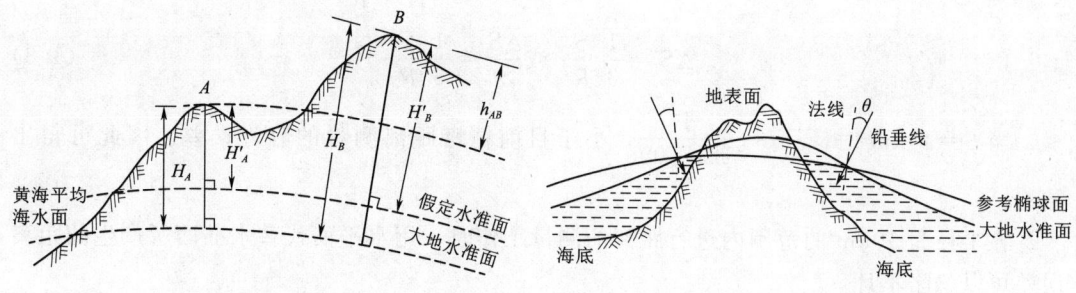

图 1.10 高程和高差　　　　图 1.11 大地水准面

长期测量实践研究表明，地球形状极近似于一个两极稍扁的旋转椭球，即一个椭圆绕其短轴旋转而成的形体。旋转椭球面可以用数学公式准确地表达，因此，在测量工作中用这样一个规则的曲面代替大地水准面作为测量计算的基准面（图 1.12）。

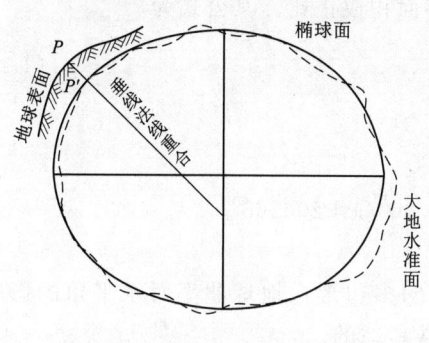

图 1.12 参考椭球面

代表地球形状和大小的旋转椭球称为"地球椭球"。与大地水准面最接近的地球椭球称为总地球椭球；与某个区域如一个国家大地水准面最为密合的椭球称为参考椭球，其椭球面称为参考椭球面。由此可见，参考椭球有许多个，而总地球椭球只有一个。

任务 1.4　用水平面代替水准面的限度

在实际测量工作中，在一定的测量精度要求和测区面积不大的情况下，往往以水平面直接代替水准面，因此应当了解地球曲率对水平距离、水平角、高差的影响，从而决定在多大面积范围内能容许用水平面代替水准面。在分析过程中，将大地水准面近似看成圆球，半径 $R=6371$km。

1.4.1　水准面曲率对水平距离的影响

在图 1.13 中，AB 为水准面上的一段圆弧，长度为 S，所对圆心角为 θ，地球半径为 R。自 A 点作切线 AC，长为 t。如果将切于 A 点的水平面代替水准面，即以切线段 AC 代替圆弧 AB，则在距离上将产生误差 ΔS：

$$\left.\begin{aligned}\Delta S &= AC-AB = t-S \\ AC &= t = R\tan\theta \\ AB &= S = R\theta \\ \Delta S &= R\left[\frac{1}{3}\theta^3+\frac{2}{15}\theta^5+\cdots\right]\end{aligned}\right\} \quad (1.2)$$

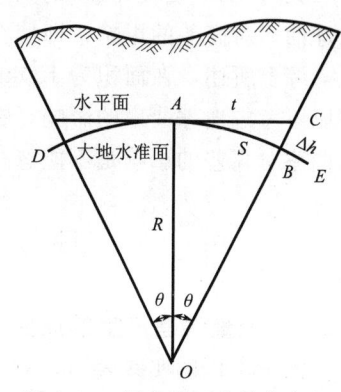

图 1.13 用水平面代替水准面

因 θ 角值一般很小，故略去五次方以上各项，并以 $\theta = \frac{S}{R}$ 代入，则得

$$\Delta S = \frac{1}{3}\frac{S^3}{R^2} \text{ 或 } \frac{\Delta S}{S} = \frac{1}{3}\frac{S^2}{R^2} \tag{1.3}$$

当 $S=10\text{km}$ 时，$\frac{\Delta S}{S} = \frac{1}{1217700}$，小于目前精密距离测量的容许误差。因此可得出结论：

在半径为 10km 的范围内进行距离的测量工作时，用水平面代替水准面所产生的距离误差可以忽略不计。

1.4.2 水准面曲率对水平角的影响

由球面三角学可知，同一个空间多边形在球面上投影的各内角之和，较其在平面上投影的各内角之和大一个球面角超 ε，它的大小与图形面积成正比。其公式为

$$\varepsilon = \rho'' \frac{P}{R^2} \tag{1.4}$$

式中 P——球面多边形面积；

R——地球半径；

ρ''——1 弧度所对应的秒角值，$\rho'' = 180 \times 60 \times 60''/\pi \approx 206265''$。

当 $P = 100\text{km}^2$ 时，$\varepsilon = 0.51''$。

由式（1.4）计算表明，对于面积在 100km^2 内的多边形，地球曲率对水平角的影响只有在最精密的测量中才考虑，一般测量工作是不必考虑的。

1.4.3 水准面曲率对高差的影响

图 1.13 中，BC 为水平面代替水准面产生的高差误差。令 $BC = \Delta h$，则

$$(R + \Delta h)^2 = R^2 + t^2$$
$$\text{即 } \Delta h = \frac{t^2}{2R} - \frac{\Delta h}{2R} \tag{1.5}$$

式（1.5）中可用 S 代替 t，Δh 与 $2R$ 相比可略去不计，故上式可写成

$$\Delta h = \frac{S^2}{2R} \tag{1.6}$$

式（1.6）表明，Δh 的大小与距离的平方成正比。当 $S=1\text{km}$ 时，$\Delta h = 8\text{cm}$，因此，地球曲率对高差的影响，即使在很短的距离内也必须加以考虑。

综上所述，在面积为 100km^2 的范围内，不论是进行水平距离测量或水平角测量，都可以不考虑地球曲率的影响，在精度要求较低的情况下，这个范围还可以相应扩大。但地球曲率对高差的影响是不能忽视的。

任务 1.5　测量误差的基本知识

1.5.1 测量误差产生的原因

测量工作的实践表明，对于某一客观存在的量，如地面某两点之间的距离或高差、某三点构成的水平角等，尽管采用了合格的测量仪器和合理的观测方法，测量人员的工作态

度也认真负责,但是多次重复测量的结果总是有差异,这说明观测值中存在测量误差,或者说,测量误差是不可避免的。测量中真值与观测值之差称为误差,严格意义上讲应称为真误差。在实际工作中真值不易测定,一般把某一量的准确值与其近似值之差也称为误差。产生测量误差的原因,概括起来有以下三个方面。

1. 人的原因

由于观测者感觉器官的辨别能力存在局限性,所以对于仪器的对中、整平、瞄准、读数等操作都会产生误差。例如,在厘米分划的水准尺上,由观测者估读毫米数,则1mm以下的估读误差是完全有可能产生的。另外,观测者技术熟练程度也会给观测成果带来不同程度的影响。

2. 测量仪器的影响

测量工作是需要用测量仪器进行的,而每一种测量仪器具有一定的精确度,使测量结果受到一定的影响。例如,测角仪器的度盘分划误差可能达到3″,由此使所测的角度产生误差。另外,仪器结构的不完善,如测量仪器轴线位置不准确等,也会引起测量误差。

3. 外界环境的影响

测量工作进行时所处的外界环境中的空气温度、气压、湿度、风力、日光照射、大气折光、烟雾等客观情况时刻在变化,使测量结果产生误差。例如,温度变化使钢尺产生伸缩,风吹和日光照射使仪器的安置不稳定,大气折光使望远镜的瞄准产生偏差等。

人、仪器和环境是测量工作得以进行的必要条件,通常把这三个方面综合起来称为观测条件。这些观测条件都有其本身的局限性和对测量精度的影响,因此,测量成果中的误差是不可避免的。误差的大小决定观测的精度。凡是观测条件相同的同类观测称为"等精度观测",观测条件不同的同类观测则称为"不等精度观测",这对于观测值的成果处理应有所区别。

1.5.2 测量误差的分类与处理原则

1. 测量误差的分类

测量误差按其产生的原因和对观测结果影响性质的不同,可以分为系统误差、偶然误差和粗差三类。

(1) 系统误差。

在相同的观测条件下,对某一量进行一系列的观测,如果出现的误差在符号和数值上都相同,或按一定的规律变化,这种误差称为"系统误差"。例如,用名义长度为30m而实际正确长度为30.004m的钢卷尺量距,每量一尺段就有使距离量短了0.004m的误差,其量距误差的符号不变,且与所量距离的长度成正比。因此,系统误差具有积累性。

系统误差对观测值的影响具有一定数学或物理上的规律性。如果这种规律性能够被找到,则系统误差对观测的影响可加以改正,或者用一定的测量方法加以抵消或削弱。

(2) 偶然误差。

在相同的观测条件下,对某一量进行一系列的观测,如果误差出现的符号和数值大小都不相同,从表面看没有任何规律性,这种误差称为"偶然误差"。偶然误差是由人力所不能控制的因素或无法估计的因素(如人眼的分辨能力、仪器的极限精度和气象因素等)共同引起的测量误差,其数值的正负、大小纯属偶然。例如,在厘米分划的水准尺上读数、估读毫米数时,有时估读偏大,有时估读偏小。因此,多次重复观测,取其平均数,可以抵消一些偶然误差。

偶然误差是不可避免的,在相同的观测条件下观测某一量,所出现的大量偶然误差具有统计的规律,或称之为具有概率论的规律。

(3) 粗差。

由于观测者的粗心或各种干扰造成的大于限差的误差称为粗差,如瞄错目标、读错大数等。

2. 测量误差处理原则

粗差是大于限差的误差,是由于观测者的粗心大意或受到干扰所造成的错误。错误应该可以避免,如错误的观测值应该舍弃,并重新进行观测。

为了防止错误的发生和提高观测成果的精度,在测量工作中,一般需要进行多于必要的观测,称为"多余观测"。例如,一段距离用往、返丈量,如果将往测作为必要观测,则返测就属于多余观测。又如,由三个地面点构成一个平面三角形,在三个点上进行水平角观测,其中两个角度属于必要观测,则第三个角度的观测就属于多余观测。有了多余观测,就可以发现观测值中的错误,以便将其剔除和重测。由于观测值中的偶然误差不可避免,有了多余观测,观测值之间必然产生矛盾(往返差、不符值、闭合差)。根据差值的大小,可以评定测量的精度。差值如果大到一定程度,就认为观测值误差超限,应予重测(返工);差值如果不超限,则按偶然误差的规律加以处理(称为闭合差的调整),以求得最可靠的数值。

至于观测值中的系统误差,应该尽可能按其产生的原因和规律加以改正、抵消或削弱。例如,用钢卷尺量距时,按其检定结果对量得长度进行尺长改正。

任务 1.6 测量常用的计量单位与换算

在测量工作中,常用的计量单位有长度、面积、体积和角度四种。

1.6.1 长度单位

我国法定长度计量单位采用米制单位。

$$1m(米) = 10dm(分米) = 100cm(厘米) = 1000mm(毫米)$$
$$1km(千米) = 1000m$$

实地长度常用 km 和 m 为度量单位,图纸上的长度则常用 cm 和 mm 为度量单位。

1.6.2 面积单位

我国法定面积计量单位为 m^2(平方米)、cm^2(平方厘米)、km^2(平方千米),另外,土地测绘中还用到 hm^2(公顷)、亩等。

$$1m^2 = 10000cm^2 \qquad 1km^2 = 1000000m^2$$
$$1hm^2 = 10000m^2 \qquad 1hm^2 = 15 亩$$

1.6.3 体积单位

我国法定体积计量单位为 m^3(立方米)。

1.6.4 角度单位

测量工作中常用的角度度量制有三种：60 进制、100 进制和弧度制。其中，弧度和 60 进制的度（°）、分（′）、秒（″）为我国法定平面角计量单位。

（1）60 进制在计算器上常用"DEG"符号表示。

$$1 \text{ 圆周} = 360°(\text{度}) \quad 1° = 60'(\text{分}) \quad 1' = 60''(\text{秒})$$

（2）100 进制在计算器上常用"GRAD"符号表示。

$$1 \text{ 圆周} = 400\text{g}(\text{百分度}) \quad 1\text{g} = 100\text{c}(\text{百分分}) \quad 1\text{c} = 100\text{cc}(\text{百分秒})$$

（3）弧度制在计算器上常用"RAD"符号表示。

$$1 \text{ 圆周} = 360° = 2\pi\rho(\text{弧度})$$

常用的换算常数有

$$\rho° = 180°/\pi \approx 57.3°$$
$$\rho' = 180 \times 60'/\pi \approx 3438'$$
$$\rho'' = 180 \times 60 \times 60''/\pi \approx 206265''$$

式中　$\rho°$——1 弧度所对应的度值；

ρ'——1 弧度所对应的分值；

ρ''——1 弧度所对应的秒值。

1.6.5 测量数据计算的凑整规则

测量数据运算时，数字进位应根据所取位数，按"四舍六入五凑偶"的规则进行凑整。如对 2.8644m，2.8636m，2.8635m，2.8645m 这几个数据，若取至毫米位，则均应记为 2.864m。

项目 2

水 准 测 量

任务 2.1 水准测量的原理

水准测量是测定地面点高程的主要方法之一。水准测量是使用水准仪和水准尺,根据水平视线测定两点的高差,从而由已知点的高程推求未知点的高程。

如图 2.1 所示,若已知 A 点的高程 H_A,求未知点 B 的高程 H_B。首先测出 A 点与 B 点的高差 h_{AB},于是 B 点的高程 H_B 为

$$H_B = H_A + h_{AB} \quad (2.1)$$

由此计算出 B 点的高程。

测出高差 h_{AB} 的原理如下:在 A、B 两点上各竖立一根水准尺,并在 A、B 两点之间安置一架水准仪,根据水准仪提供的水平视线在水准尺上读数。设水准测量的前进方向是由 A 点向 B 点,规定 A 点为后视点,其水准尺读数为 a,称为后视读数;B 点为前视点,其水准尺读数为 b,称为前视读数。则 A、B 两点间的高差为

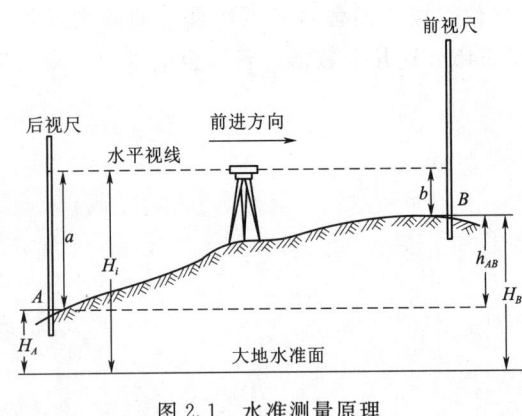

图 2.1 水准测量原理

$$h_{AB} = a - b$$
$$H_B = H_A + (a - b)$$

高差 h_{AB} 本身可正可负,当 a 大于 b 时,h_{AB} 值为正,这种情况是 B 点高于 A 点;当 a 小于 b 时,h_{AB} 值为负,即 B 点低于 A 点。

为了避免计算高差时发生正、负号的错误,在书写高差 h_{AB} 时必须注意 h 下标的写法。例如,h_{AB} 是表示由 A 点至 B 点的高差;而 h_{BA} 表示由 B 点至 A 点的高差,即

$$h_{AB} = -h_{BA}$$

从图 2.1 还可以看出,B 点的高程也可以利用水准仪的视线高程 H_i(也称为仪器高程)来计算:

$$H_i = H_A + a$$
$$H_B = H_A + (a - b) = H_i - b$$

当安置一次水准仪,要根据一个已知高程的后视点,需求出若干个未知点的高程时,用上式计算较为方便,此法称为视线高法,它在工程施工中经常应用。

任务 2.2 水准测量仪器及工具

2.2.1 水准仪

水准仪是用于水准测量的仪器,目前我国水准仪是按仪器所能达到的每千米往返测高差中数的偶然中误差这一精度指标划分,共分四个等级,见表 2.1。表中"D"和"S"是"大地"和"水准仪"汉语拼音的第一个字母,通常在书写时可省略字母"D","05""1""3"及"10"等数字表示该类仪器的精度。DS3 级水准仪和 DS10 级水准仪称为普通水准仪,用于国家三、四等水准测量及一般工程水准测量,DS05 级水准仪和 DS1 级水准仪称为精密水准仪,用于国家一、二等水准测量等。

表 2.1　　水准仪系列的分级及主要用途

水准仪系列型号	DS05	DS1	DS3	DS10
每千米往返测高差中数偶然中误差	≤0.5mm	≤1mm	≤3mm	≤10mm
主要用途	国家一等水准测量及地震监测	国家二等水准测量及其他精密水准测量	国家三、四等水准测量及一般工程水准测量	一般工程水准测量

1. DS3 微倾水准仪

图 2.2 展示了 DS3 微倾水准仪的外形和各部件名称。它主要由望远镜、水准器和基座三部分组成。

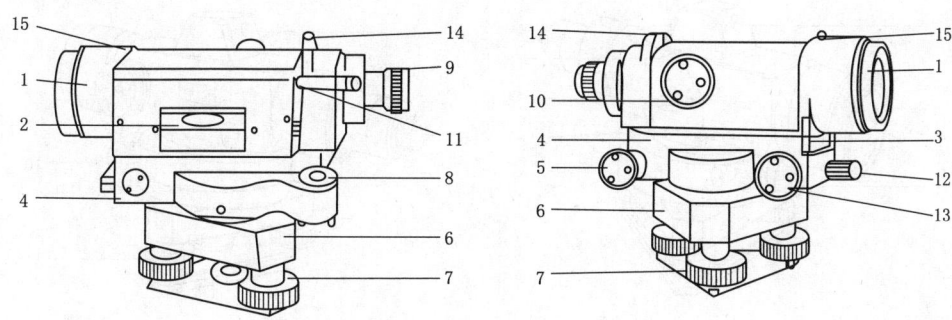

图 2.2　DS3 微倾水准仪

1—望远镜物镜;2—水准管;3—弹簧片;4—支架;5—微倾螺旋;6—基座;7—脚螺旋;
8—圆水准器;9—望远镜目镜;10—望远镜物镜调焦螺旋;11—水准管气泡观察镜;
12—制动螺旋;13—微动螺旋;14—缺口;15—准星

图 2.2 中的望远镜物镜 1 和水准管 2 连成一个整体,在靠近望远镜物镜一端用一个弹簧片 3 与支架 4 相连,转动微倾螺旋 5,可使顶杆升降,从而使望远镜和水准管相对于支

架做上、下微倾，使水准管气泡居中，导致望远镜的视线水平。由于用微倾螺旋使望远镜上、下倾斜有一定限度，所以，应该使支架首先大致水平，支架的旋转轴即仪器的纵轴，插在基座6的轴套中，转动基座的三个脚螺旋7，使支架上的圆水准器8的气泡居中，使支架面大致水平。这时，再转动微倾螺旋，使水准管的气泡居中，望远镜的视线水平。

图2.2中的9是望远镜目镜，转动它可使十字丝像清晰。10是望远镜物镜调焦螺旋，转动它可使目标（水准尺）的像清晰。11是水准管气泡观察镜。12是制动螺旋，能控制水准仪在水平方向的转动，转紧它再旋转微动螺旋13，可使望远镜在水平方向做微小的转动，便于瞄准目标。望远镜上方的缺口14和准星15是用于从望远镜外面寻找目标。

2. 自动安平水准仪

用水准仪进行水准测量的特点是，根据水准管的气泡居中而获得水平视线。因此，在水准尺上每次读数都要用微倾螺旋将水准管气泡调至居中位置，这对于提高水准测量的速度和精度是很大的障碍。自动安平水准仪上没有水准管和微倾螺旋，使用时只需将水准仪上的圆水准器的气泡居中，在十字丝交点上读得的便是视线水平时应该得到的读数。因此，使用这种自动安平水准仪可以大大缩短水准测量的工作时间。同时，由于水准仪整置不当、地面有微小的震动或脚架的不规则下沉等造成的视线不水平，可以由补偿器迅速调整而得到正确的读数。

图2.3所示的是DSZ2自动安平水准仪，图2.4所示的是DSZ3-1自动安平水准仪。

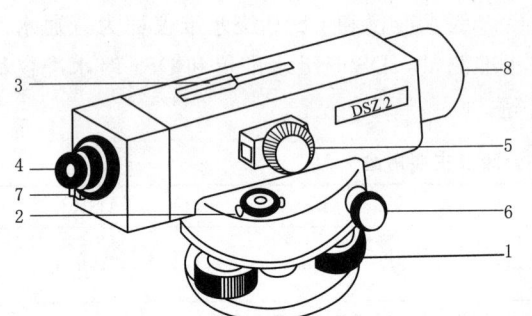

图2.3 DSZ2自动安平水准仪
1—脚螺旋；2—圆水准器；3—外瞄准器；
4—目镜调焦螺旋；5—物镜调焦螺旋；
6—微动螺旋；7—补偿器检查按钮；
8—物镜

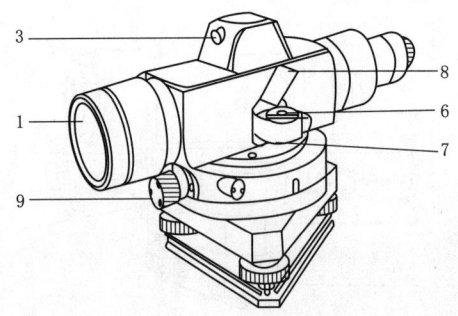 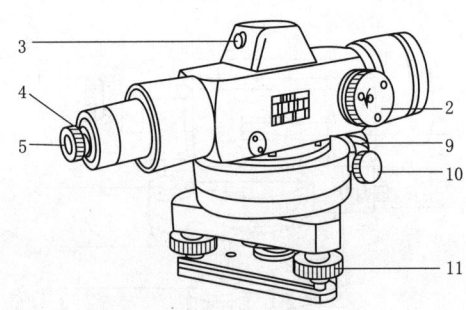

图2.4 DSZ3-1自动安平水准仪
1—望远镜物镜；2—物镜调焦螺旋；3—粗瞄器；4—目镜调焦螺旋；5—目镜；6—圆水准器；
7—圆水准器校正螺丝；8—圆水准器反光镜；9—制动螺旋；10—微动螺旋；11—脚螺旋

3. 电子水准仪

电子水准仪（图2.5）具有光学水准仪无可比拟的优点。与光学水准仪相比，它具有速度快、精度高、自动读数、使用方便、能降低作业劳动强度、可自动记录存储测量数据、易于实现水准测量内外业一体化的优点。

电子水准仪区别于水准管水准仪和补偿器水准仪（自动安平水准仪）的主要不同点是在望远镜中安置了一个由光敏二极管构成的线阵探测器，仪器采用数字图像识别处理系统，并配用条码水准标尺（图 2.6）。水准尺的分划用条纹编码代替厘米间隔的米制长度分划。线阵探测器将水准尺上的条码图像用电信号传送给信息处理机。信息经处理后即可求得水平视线的水准尺读数和视距值。因此，电子水准仪将原有的用人眼观测读数彻底改变为由光电设备自动探测水平视准轴的水准尺读数。

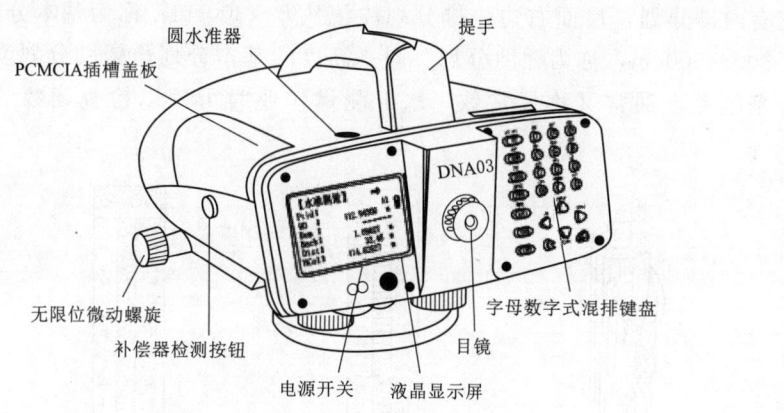

图 2.5　电子水准仪

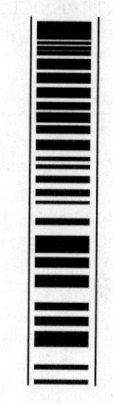

图 2.6　条码水准标尺

2.2.2　水准仪的操作

三、四等水准测量或普通水准测量所使用的水准尺是用干燥木料或玻璃纤维合成材料制成，一般长 2~3m，按其构造不同可分为折尺、塔尺、直尺等数种。折尺可以对折，塔尺可以缩短，这两种尺运输方便，但用旧后的接头处容易损坏，影响尺长的精度，所以三、四等水准测量规定只能用直尺。为使尺子不弯曲，其横剖面做成丁字形、槽形、工字形等。尺面每隔 1cm 涂有黑白或红白相间的分格，每分米有数字注记。尺子底面钉以铁片，以防磨损。水准尺一般式样如图 2.7 所示。

三、四等水准测量采用的尺长为 3m，是以厘米为分划单位的区格式木质双面水准尺。双面水准尺的一面分划黑白相间，称为黑面尺（也叫主尺）；另一面分划红白相间，称为红面尺（也叫辅助尺）。黑面分划的起始数字为"零"，而红面底部起始数字不是"零"，一般为 4687mm 或 4787mm。为使水准尺更精确地处于竖直位置，可在水准尺侧面装一个圆水准器。

作为转点用的尺垫［或称尺台，图 2.8（a）］系用生铁铸成，一般为三角形，中央有一个突起的圆顶，以便放置水准尺，下有三个尖脚可以插入土中。尺垫应重而坚固，方能稳定。在土质松软地区，尺垫不易放稳，可用尺桩［或称尺钉，图 2.8

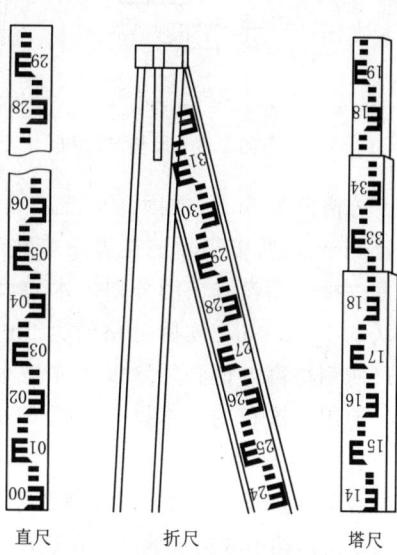

图 2.7　水准尺一般式样

(b)]作为转点。尺桩长约30cm，粗2~3cm，使用时打入土中，比尺垫稳固，但每次需用力打入，用后又需拔出。

一、二等水准测量使用尺长更稳定的因瓦水准尺，这种水准尺的分划是漆在因瓦合金带上，因瓦合金带则以一定的拉力引张在木质尺身的沟槽中。这样因瓦合金带的长度不会受木质尺身伸缩变形的影响。

因瓦水准尺的分格值有10mm和5mm两种。分格值为10mm的因瓦水准尺如图2.9（a）所示，它有两排分划，尺面右边一排分划注记从0~300cm，称为基本分划；左边一排分划注记从300~600cm，称为辅助分划。同一高度的基本分划与辅助分划读数相差一个常数，称为基辅差，通常又称尺常数，水准测量作业时可用以检查读数的正确性。

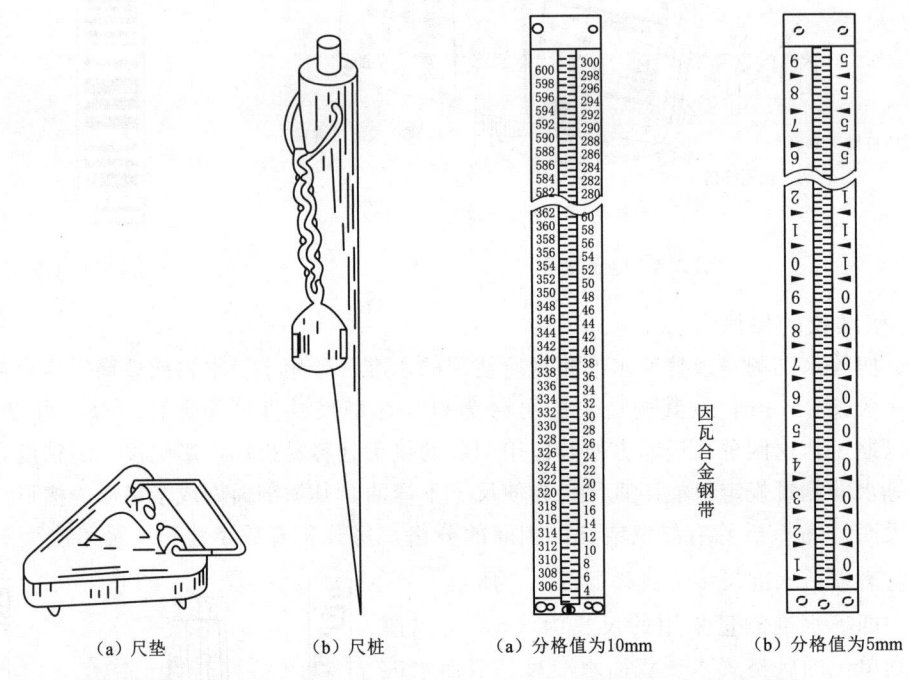

(a) 尺垫　　(b) 尺桩　　　　(a) 分格值为10mm　　(b) 分格值为5mm

图2.8　尺垫与尺桩　　　　　　图2.9　因瓦水准尺

分格值为5mm的因瓦水准尺如图2.9（b）所示，它也有两排分划，但两排分划彼此错开5mm，所以实际上左边是单数分划，右边是双数分划，也就是单数分划和双数分划各占一排，而没有辅助分划。木质尺面右边注记的是米数，左边注记的是分米数。整个注记从0.1~5.9m，实际分格值为5mm。分划注记比实际数值大了一倍，所以用这种水准标尺所测得高差值必须除以2才是实际的高差值。

使用水准仪的基本操作包括安置水准仪、粗平、瞄准、精平和读数等步骤。

1. 安置水准仪

在测站打开三脚架，按观测者身高调节三脚架腿的高度。张开三脚架且使架头大致水平，然后从仪器箱中取出水准仪，安放在三脚架头上，一手握住仪器，一手立即将三脚架中心连接螺旋旋入仪器基座的中心螺孔中，适度旋紧，使仪器固定在三脚架头上，防止仪器摔下来。

将脚架的两条腿取适当位置安置好，然后一手握住第三条腿并前后或左右移动，一手扶住脚架顶部，眼睛注视圆水准器气泡的移动，使之不要偏离中心太远。如果地面比较松软，则将三脚架的三个脚尖踩实，使仪器稳定。

2. 粗平

粗平是用脚螺旋使圆水准器气泡居中，从而使仪器的竖轴大致铅垂。粗平的操作步骤如图 2.10 所示，图中 1、2、3 为三个脚螺旋，中间是圆水准器，虚线圆圈表示气泡所在位置。首先用双手分别以相对方向（图中箭头所指方向）转动两个脚螺旋 1、2，气泡移动方向与左手大拇指旋转时的移动方向相同，使圆气泡移到脚螺旋 1、2 连线方向的中间，如图 2.10（a）所示。然后再转动脚螺旋 3，使圆气泡居中，如图 2.10（b）所示。

3. 瞄准

在用望远镜瞄准目标之前，必须先将十字丝调至清晰。瞄准目标应首先使用望远镜上的瞄准器，在基本瞄准水准尺后立即用制动螺旋将仪器制动。若望远镜内已经看到水准尺但成像不清晰，可以转动调焦螺旋至成像清晰，注意消除视差。最后用微动螺旋转动望远镜，使十字丝的竖丝对准水准尺的中间稍偏一点以便读数。

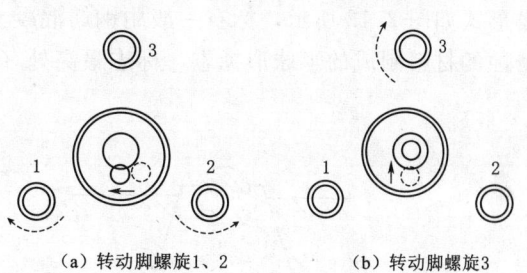

（a）转动脚螺旋1、2　　（b）转动脚螺旋3

图 2.10　圆水准器粗平

4. 精平

读数之前应用微倾螺旋调整水准管气泡居中，使视线精确水平（自动安平水准仪省去了这一步骤）。由于气泡的移动有惯性，所以转动微倾螺旋的速度不能快，特别是在符合水准器的两端气泡影像将要对齐的时候尤应注意。只有当气泡已经稳定不动而又居中的时候才达到精平的目的。

5. 读数

仪器已经精平后即可在水准尺上读数。为了保证读数的准确性，并提高读数的速度，可以首先看好厘米的估读数（即毫米数），然后再将全部读数报出。一般习惯上是报四个数字，即米、分米、厘米、毫米，并且以毫米为单位，如图 2.11 所示。

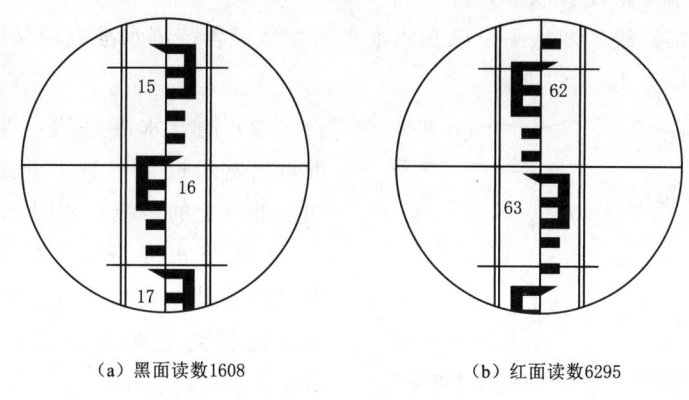

（a）黑面读数1608　　（b）红面读数6295

图 2.11　水准尺读数

任务2.3 普通水准测量

2.3.1 水准点

水准点就是用水准测量的方法测定的高程控制点。水准测量通常从某一已知高程的水准点开始，经过一定的水准路线，测定各待定点的高程，作为地形测量和施工测量的高程依据。水准点应按照水准测量等级，根据地区气候条件与工程需要，每隔一定距离埋设不同类型的永久性或临时性的水准标志或标石，水准标志或标石可埋设于土质坚实、稳固的地面或地表冰冻线以下合适处，必须便于长期保存又利于观测与寻找。永久性水准点埋设形式如图2.12所示，标石一般用钢筋混凝土或石料制成，顶部嵌有不锈钢或其他不易锈蚀的材料制成的半球形标志，标志最高处（球顶）作为高程起算基准。

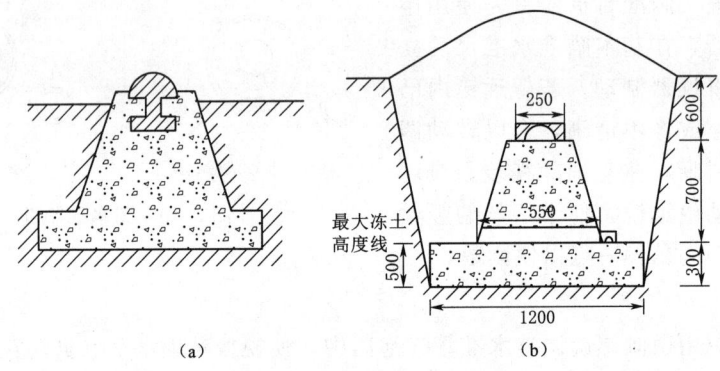

图2.12 永久性水准点埋设形式（单位：mm）

埋设水准点后，为便于以后寻找，水准点应进行编号（编号前一般冠以"BM"字样，表示水准点），并绘出水准点与附近固定建筑物或其他明显地物关系的点位草图（在图上应写明水准点的编号和高程，称为点之记），作为水准测量的成果一并保存。

2.3.2 水准路线

水准路线通常沿公路、大道布设。低的水准路线，也应尽可能沿各类道路布设。等外水准测量常设的水准路线有以下几种形式。

（1）闭合水准路线，即从一个已知水准点出发经过各待测水准点后又回到该已知水准点上的路线，如图2.13（a）所示。

（2）附合水准路线，即从一个已知水准点出发经过各待测水准点附合另一个已知水准点上的路线，如图2.13（b）所示。

（3）支水准路线，即从一个已知水准点出发到某个待测点结束的路线，要往返观测比较往返观测高差，如图2.13（c）所示。

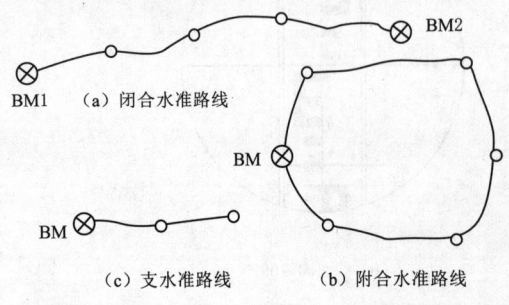

图2.13 水准路线布设形式

当欲测的高程点距水准点较远或高差

很大时,就需要连续多次安置仪器以测出两点的高差。如图 2.14 所示,为测 A、B 点高差,在 AB 线路上增加 1、2、3、4 等中间点,将 AB 高差分成若干个水准测站,逐段测出高差,最后由各段高差求和,得出 A、B 两点高差。其中间点仅起传递高程的作用,称为转点,简写为 TP。转点无固定标志,无须算出高程。

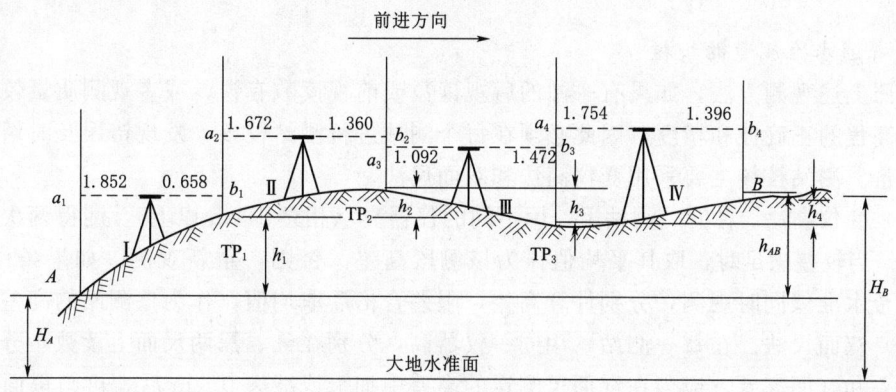

图 2.14 普通水准测量

1. 普通水准测量的具体观测步骤

在离 A 适当距离处选择点 TP_1,安放尺垫,在 A、TP_1 两点上分别竖立水准尺。在距 A 点和 TP_1 点大致等距离处安置水准仪,瞄准后视点 A,精平后读得后视读数 a_1 为 1.852,记入普通水准测量手簿(表 2.2)。旋转望远镜,瞄准前视点 TP_1,精平后读得前视读数 b_1 为 0.658,记入手簿。计算出 A、TP_1 两点高差为 +1.194。此为一个测站的工作。

表 2.2　　　　　　　　　　普通水准测量手簿

测点	水准尺读数		高 差		高程	备注
	后视	前视	"+"	"−"		
A	1.852				156.894	
TP_1	1.672	0.658	1.194		158.088	
TP_2	1.092	1.360	0.312		158.4	A 点的高程为 156.894
TP_3	1.754	1.472		0.380	158.02	
B		1.396	0.358		158.378	
Σ	6.370	4.886	1.864	0.380		

点 TP_1 的水准尺不动,将 A 点水准尺立于点 TP_2 处,水准仪安置在 TP_1、TP_2 点之间,用与上述相同的方法测出 TP_1、TP_2 点的高差,依次测至终点 B。

每一测站可测得前、后视两点的高差,即

$$h_1 = a_1 - b_1$$
$$h_2 = a_2 - b_2$$
$$h_3 = a_3 - b_3$$
$$\cdots$$
$$h_n = a_n - b_n$$

各式相加，得
$$h_{AB}=h_1+h_2+h_3+\cdots+h_n=\sum h=\sum a-\sum b$$

2. 高程计算

将测得的数据填入表2.2水准测量手簿中，并计算各点的高程。要求边测边现场记录并计算。

3. 普通水准测量的校核

按照上述观测方法，如果有一站的后视读数或前视读数有误，或者观测质量较差，必将影响高程的正确性和精度，因此必须在每个测站进行测站校核，发现错误及时纠正或者重新测量。测站校核主要采用变仪高法和双面尺法。

（1）变仪高法。在同一测站上，用不同的仪器高（相差10cm以上），测得两次高差进行比较。当较差满足时，取其平均值作为该测段高差。否则，重新观测。如果条件允许，可用两台水准仪同时观测，分别计算高差，限差合格后取均值，作为该测站的高差值。

（2）双面尺法。在每一测站，用同一仪器高，分别在红、黑两尺面上读数，分别计算黑面高差和红面高差，应当在红黑尺测定的高差中加上或减去0.1m后，再与黑面尺测得的高差比较，当较差不超过容许值，取黑、红面高差的平均值作为该站两点的高差。否则重新观测。

（3）路线检核。测站检核能检查每一测站的观测数据是否存在错误，但有些误差，如在转站时转点的位置被移动等，测站检核是查不出来的。此外，每一测站的高差误差如果出现符号一致性，随着测站数的增多，误差积累起来，就有可能使高差总和的误差积累过大。因此，还必须对水准测量进行成果检核，其检核方法与水准路线的布设形式有关，根据水准路线布设形式有如下几种检核：

闭合水准路线检核：　　　$f_h=\sum h_{测}-(H_{终}-H_{起})=\sum h_{测}$

附合水准路线检核：　　　$f_h=\sum h_{测}-(H_{终}-H_{起})$

支水准路线检核：　　　　$f_h=\sum h_{往}+\sum h_{返}$

任务2.4　四等水准测量

国家四等水准测量的精度要求较普通水准测量的精度高，其技术指标见表2.3。四等水准测量的水准尺，通常采用木质的两面有分划的红黑面双面标尺，表2.3中的黑红面读数差，即指一根标尺的两面读数去掉常数之后所容许的差数。

表2.3　　　　　　　　　　　　四等水准测量限差

项目 等级	视线长度 /m	前后视距差 /m	前后视累积差 /m	黑红面读数之差 /mm	黑红面所测高差较差 /mm	高差闭合差限差 /mm
四等	≤100	≤5.0	≤10.0	≤3.0	≤5.0	$\leq 20\sqrt{L}$

2.4.1　外业测量观测与记录

四等水准测量每站的观测顺序和记录见表2.4，括号中，数字1～8代表观测记录顺序，9～18为计算的顺序与记录位置。

表 2.4　　　　　　　　　　　　　　　四等水准外业观测手簿

测站编号	点号	后尺 上丝 / 下丝 / 后距 / 视距差 d	前尺 上丝 / 下丝 / 前距 / Σd	方向及尺号	标尺读数 黑面	标尺读数 红面	K+黑−红	高差中数
		(1)	(5)	后	(3)	(4)	(13)	
		(2)	(6)	前	(7)	(8)	(14)	(18)
		(9)	(10)	后−前	(15)	(16)	(17)	
		(11)	(12)					
1	1 | TP$_1$	1614	0774	后 1	1384	6171	0	
		1156	0326	前 2	0551	5239	−1	+0.832
		45.8	44.8	后−前	+0833	+0932	+1	
		+1.0	+1.0					
2	TP$_1$ | 2	2188	2252	后 2	1934	6622	−1	
		1682	1758	前 1	2008	6796	−1	−0.074
		50.6	49.4	后−前	−0074	−0174	0	
		+1.2	+2.2					
3	2 | TP$_2$	1922	2066	后 1	1726	6512	+1	
		1529	1668	前 2	1866	6554	−1	−0.141
		39.3	39.8	后−前	−0140	−0042	+2	
		−0.5	+1.7					
4	TP$_2$ | 3	2041	2220	后 2	1832	6520	−1	
		1622	1790	前 1	2097	6793	+1	−0.174
		41.9	43.0	后−前	−0175	−0273	−2	
		−1.1	+0.6					
5	3 | TP$_3$	1527	1762	后 1	1437	6224	0	
		1349	1580	前 2	1673	6360	0	−0.236
		17.8	18.2	后−前	−0236	−0136	0	
		−0.4	+0.2					
6	TP$_3$ | 4	1439	1948	后 1	0953	5640	0	
		0470	0999	前 2	1472	6260	−1	−0.520
		96.9	94.9	后−前	−0519	−0620	+1	
		+2.0	+2.2					
7	4 | TP$_4$	1889	1652	后 1	1579	6367	−1	
		1269	1040	前 2	1349	6037	−1	+0.230
		62.0	61.2	后−前	+0230	+0330	0	
		+0.8	+3.0					

续表

测站编号	点号	后尺 上丝	前尺 上丝	方向及尺号	标尺读数		K+黑－红	高差中数
		下丝	下丝					
		后距	前距		黑面	红面		
		视距差 d	∑d					
8	TP$_4$ ｜ 1	1532	1460	后 1	1461	6149	－1	+0.070
		1391	1327	前 2	1392	6179	0	
		14.1	13.3	后－前	+0069	－0030	－1	
		+0.8	+3.8					

(1) 照准后视水准尺黑面，读取上、下、中三丝读数，填入编号（1）、（2）、（3）栏。

(2) 将水准尺翻转为红面，后视水准尺红面，读取中丝读数，填入编号（4）栏。

(3) 前视水准尺的黑面，读取上、下、中三丝读数，填入（5）、（6）、（7）栏。

(4) 将水准尺翻转为红面，前视水准尺红面，读取中丝读数（8）栏。

这样的观测顺序简称为"后—后—前—前"。三等水准测量的顺序为"后—前—前—后"，观测顺序有所改变。

2.4.2 计算与检核

1. 视距计算

根据视线水平时的视距原理（上丝－下丝）×100计算前、后视距离。

$$后视距离(9)=[(1)-(2)]\times100$$
$$前视距离(10)=[(5)-(6)]\times100$$

前后视距差(11)=(9)－(10)，前后视距离差不超过5m。

前后视距累计差(12)=上一个测站(12)+本测站(11)，前后视距累计差不超过10m。

2. 同一水准尺黑、红面读数差计算

$$(13)=(3)+k-(4)$$
$$(14)=(7)+k-(8)$$

同一水准尺黑、红面读数差不超过3mm。

3. 高差计算与检核

$$黑面尺读数之高差(15)=(3)-(7)$$
$$红面尺读数之高差(16)=(4)-(8)$$

黑、红面所得高差之差检核：

$$(17)=(15)-(16)\pm0.100=(13)-(14)$$

式中 ±0.100——两水准尺常数 k 之差，见表2.4。单站数用"+"号；双站数用"-"号。

黑、红面所得高差之差不超过5mm。

4. 计算平均高差

$$(18)=\frac{1}{2}\times[(15)+(16)\pm0.100]$$

5. 每页的计算和检核
(1) 总视距计算与检核。

$$本页末站(12) = \sum(9) - \sum(10)$$
$$本页总视距 = \sum(9) + \sum(10)$$

(2) 总高差的计算和检核。
当测站数为偶数时：

$$总高差 = (18) = \frac{1}{2} \times [(15)+(16)] = \frac{1}{2} \times \{\sum[(3)+(4)] - \sum[(7)+(8)]\}$$

当测站为奇数时：

$$\sum(18) = \frac{1}{2} \times [(15)+(16) \pm 0.100]$$

6. 测量的注意事项
(1) 检校仪器，坚实地面上设站选点，前后视距尽量相等。
(2) 瞄准、读数时，仔细对光，清除视差，精平气泡，读完后检查气泡的位置，标尺立直。
(3) 成像清晰时观测。中午气温高，折光强，不宜观测。

2.4.3 四等水准测量内业资料整理

根据外业观测数据，需进行内业资料整理，见表2.5。

表2.5　　　　　　　四等水准测量成果计算表

点号	路线长度/km	实测高差/m	改正数/mm	改正后高差/m	高程/m	备注
1					156.894	
	0.19	+0.758	+3	+0.761		
2					157.655	
	0.16	−0.315	+3	−0.312		
3					157.343	
	0.23	−0.756	+4	−0.752		
4					156.591	
	0.15	+0.300	+3	+0.303		
1					156.894	
∑	0.73	−0.013	+13	0		

辅助计算：$f_h = -13\text{mm}$，$f_{h允} = 20\sqrt{L} = \pm 20\text{mm}$，$v_{1km} = -\frac{f_h}{L} = +17.8\text{mm/km}$。

内业处理方法具体如下。

1. 路线长度计算

根据表2.4中的点号可知，本次水准测量共分4个测段，每个测段分2站测量，因此计算路线长度时应将2个测站测量时的所有视距相加，换算单位即可。

2. 实测高差计算

该方法同路线长度计算，将每个测段中各测站所测高差中数相加，即可求出每个测段的实测高差，注意正负号的填写。

3. 改正数与改正后高差计算

根据表2.4中的点号可知，本次水准测量从1点出发，最终测回到1点，因此是闭合水准路线，根据闭合水准路线闭合差公式可得，$f_h = \sum h_{测}$，即所有实测高差相加；每个测段改正数按公式 $h_{n改} = \dfrac{L_n}{L} \times f_h$ 计算，改正后高差即为实测高差与改正数相加。

4. 高程计算

根据已知条件，即1点高程为156.894m，依次与改正后高差相加，即可求出对应点位高程。

5. 辅助计算

其中，$f_h = \sum h_{测}$，$f_{h允} = 20\sqrt{L}$，当 L 小于1时，取 $L=1$，v_{1km} 代表每1km所对应的改正数。

任务2.5 水准测量的误差分析

水准测量误差包括仪器误差、观测误差和外界环境影响三个方面。

2.5.1 仪器误差

1. 视准轴与水准管轴不平行的误差

水准仪在使用前，虽然经过检验校正，但实际上很难做到视准轴与水准管轴严格平行。视准轴与水准管轴在竖直面上投影的夹角称为 i 角，i 角的存在会给水准测量的观测结果带来误差，如图2.15所示。设 A、B 分别为同一测站的后视点和前视点，S_A、S_B 分别为后视和前视的距离，x_A、x_B 为由于视准轴与水准管轴不平行而引起的读数误差。

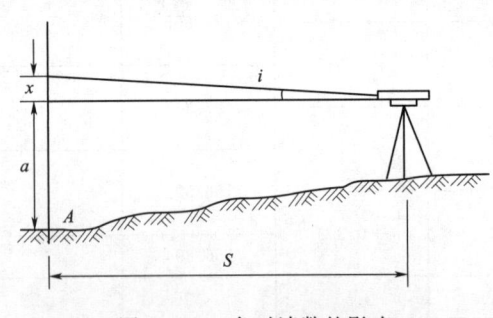

图2.15 i 角对读数的影响

为使一个测站的 $x_A = x_B$，应使 $S_A = S_B$。实际上，要求使后、前视的距离正好相等是比较困难的，也是不必要的。所以，根据不同等级的精度要求，对每一测站的后、前视距离之差和每一测段的后、前视距离的累计差规定一个限值。这样，就可把残余 i 角对所测高差的影响限制在可忽略的范围内。

残余 i 角也不是固定不变的，即使在同一测站，后视和前视的 i 角往往由于太阳光照射的不同而不一样。为了避免这种误差的产生，在阳光下进行观测必须用伞遮住仪器。在照准同一测站的前、后视尺时，尽量避免调焦。

2. 水准尺误差

由于水准尺刻划不准确、尺长变化、弯曲等会影响水准测量的精度，因此，水准尺需经过检验才能使用。对水准尺的零点差，可利用在一测段中使测站数为偶数的方法予以消除。

2.5.2 观测误差

观测误差主要包括精平误差、调焦误差、估读误差和水准尺倾斜误差。

1. 精平误差

水准测量于读数前必须精平,精平的程度反映了视准轴水平程度。若水准器格值 $\tau=20''/2mm$,视线长度为 100m。如果整平时,水准管气泡偏离中心 0.5 格,则引起的读数误差可达 5mm,故气泡严格居中是正确读数的前提。

这种误差在前视读数和后视读数中是不相同的,而且数字是可观的,不容忽视。因此,水准测量时一定要严格精平,并果断、快速读数。

2. 调焦误差

在观测时,若在照准后、前尺时均调焦,必然使在前、后尺读数时 i 角高度不一致,从而引起读数误差。前后视距相等时可避免在一站重复调焦。

3. 估读误差

普通水准测量中水准尺为厘米刻划,考虑仪器的基本性能,影响估读精度的因素主要与十字丝横丝的粗细、望远镜放大倍率及视线长度等因素有关。其中,视线长度影响较大,有关规范对不同等级水准测量时的视线均做了规定,作业时应认真执行。

4. 水准尺倾斜误差

在水准测量读数时,若水准尺在视线方向前后倾斜,观测员很难发现,由此造成水准尺读数总是偏大。视线越靠近尺的顶端,误差就越大。消除或减小误差的办法是在水准尺上安装圆水准器,确保尺子的铅垂。如果尺子上水准器不起作用,应用"摇尺法"进行读数,读数时,尺子前、后俯仰摇动,使尺上读数缓慢改变,读变化中的最小读数,即尺子铅垂时的读数。

2.5.3 外界环境影响

1. 水准仪水准尺下沉误差

在土壤松软区测量时,水准仪在测站随安置时间的增加而下沉。发生在两尺读数之间的下沉,会使后读数的尺子读数比应有读数小,造成高差测量误差。消除这种误差的方法是,将仪器安置在坚实的地面,脚架踩实,快速观测,采用"后—前—前—后"的观测程序等方法均可减少仪器下沉的影响。

水准尺下沉对读数的影响表现在两个方面:一是同仪器下沉的影响类似,其影响规律和应采取的措施同上;二是在转站时,转点处的水准尺因下沉而致其在两相邻观测中不等高,造成往测高差增大、返测高差减小。其消除办法有:踩实尺垫;观测间隔间将水准尺从尺垫取下,减小下沉量;往返观测,取高差平均值减弱其影响。

2. 大气折光的影响

视线在大气中穿过时,会受到大气折光影响。一般视线离地面越近,光线的折射也就越大。观测时应尽量使视线保持一定高度。一般规定视线须高出地面 0.3m,可减少大气折光的影响。

3. 日照及风力引起的误差

这种影响是综合的,比较复杂。如光照会造成仪器各部分受热不均使轴线关系改变、风大会使仪器抖动、不易精平等都会引起误差。除选择好的天气测量外,给仪器打伞遮光等都是消除和减弱其影响的好方法。

任务 2.6 水准仪的检验与校正

根据水准测量的基本原理,要求水准仪具有一条水平视线,这个要求是水准仪构造上一个极为重要的问题。此外还要创造一些条件使仪器便于操作。例如增设一个圆水准器,利用它使水准仪初步安平。在正式作业之前必须对水准仪加以检验,视其是否满足所设想的要求。对某些不合要求的条件,应对仪器加以校正,使之符合要求。

2.6.1 水准仪应满足的条件(图 2.16)

1. 水准仪应满足的主要条件

水准仪应满足的主要条件有两个:一是水准管的水准轴与望远镜的视准轴平行;二是望远镜的视准轴不因调焦而变动位置。

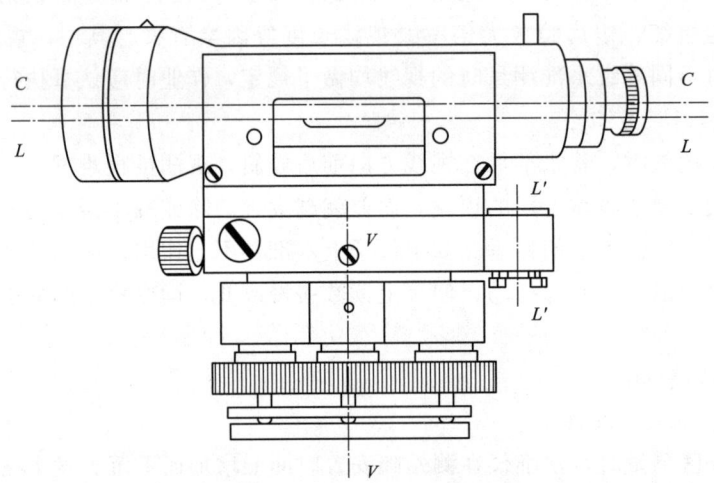

图 2.16 水准仪的主要轴线

第一个主要条件如果不满足,那么水准测量的水准管气泡居中后,即水准轴已经水平而视准轴却未水平,不符合水准测量基本原理的要求。

第二个主要条件是为满足第一个条件而提出的。如果望远镜在调焦时视准轴位置发生变动,就不能设想在不同位置的许多条视线都能够与一条固定不变的水准轴平行。望远镜的调焦在水准测量中是绝不可避免的,因此必须提出此项要求。

2. 水准仪应满足的次要条件

水准仪应满足的次要条件有两个:一是圆水准器的水准轴与水准仪的旋转轴平行;二是十字丝的横丝垂直于仪器的旋转轴。

第一个次要条件的目的在于能迅速地整置好仪器,提高作业速度。

第二个次要条件的目的是当仪器旋转轴已经竖直,在水准尺上的读数不必严格用十字丝的交点而可用交点附近的横丝。

2.6.2 水准仪的检验与校正

1. 圆水准器的水准轴与仪器的旋转轴平行的检验和校正

先用脚螺旋将圆水准器气泡居中,然后将仪器旋转 180°,若气泡仍在居中位置,则表明此项条件已得到满足；若气泡有偏移，则表明条件没有满足。根据上述检验原理可知，气泡偏移的长度代表了仪器旋转轴和水准轴的交角的两倍。

如果在检验时发现仪器旋转轴与水准轴不平行，则应进行校正。校正工作可用装在圆水准器下面的校正螺丝来实现。校正螺丝一般有三个，如图 2.17 所示。操作时，按整平圆水准器那样的方法，分别调动三个校正螺丝使气泡向居中位置移动偏离长度的一半。如果操作完全准确，经过校正之后，水准轴 l 将与仪器旋转轴 V

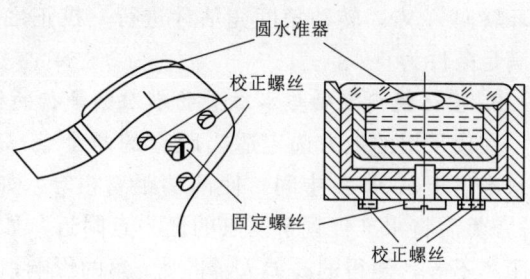

图 2.17 圆水准器校正螺丝

平行，如图 2.18（a）所示。如果此时用脚螺旋将仪器整平，则仪器旋转轴 V 处于竖直状态，如图 2.18（b）所示。实际上由于各种原因，如转动校正螺丝时仪器振动、估计气泡的移动长度不准确等，校正工作要反复进行多次。而且每次校正工作都必须首先整平圆水准器，然后旋转仪器 180°，观察气泡的位置，确定是否需要再进行校正，直到将仪器整平后旋转仪器至任何位置，气泡都始终居中，校正工作才算结束。

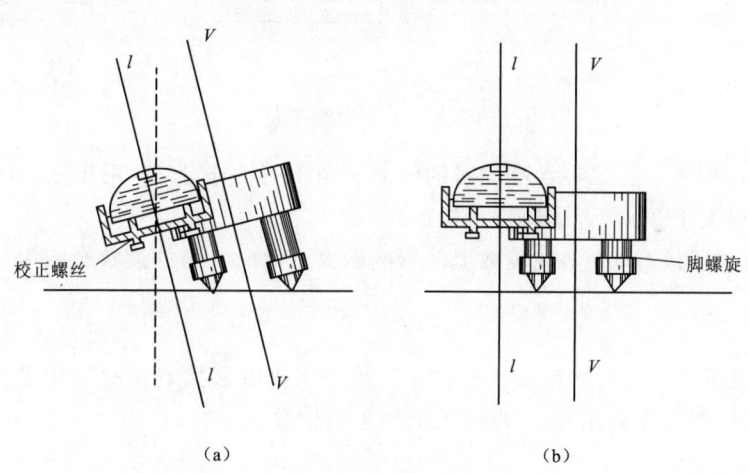

（a）　　　　　　　　　　（b）

图 2.18 圆水准器的校正

2. 十字丝横丝与仪器旋转轴垂直的检验和校正

先用十字丝横丝的一端瞄准一个点，如图 2.19（a）中的 A 点，然后用微动螺旋缓慢地转动望远镜，观察 A 点在视场中的移动轨迹。如果 A 点始终能在横丝上移动，则说明十字丝的横丝已与仪器旋转轴垂直；如果 A 点离开了横丝，如图 2.19（b）中的虚线所示，则说明横丝没有与仪器旋转轴垂直，而是这条虚线的位置与仪器旋转轴垂直。

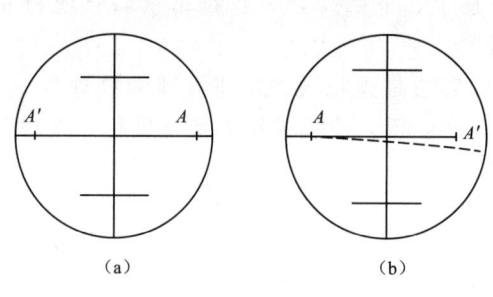

图 2.19

如果经过检验，条件不满足，则应进行校正。校正工作用固定十字丝环的校正螺丝进行。放松校正螺丝使整个十字丝环转动，让横丝与图2.19（b）所示的虚线重合或平行。由于这条虚线是A点在视场中移动的轨迹，并没有一个实在的线划，所以转动十字丝环转向A点，转动角度凭估计进行。校正之后再进行检验，确定是否还需要校正，直到满足条件为止。

3. 望远镜视准轴与水准管的水准轴平行的检验和校正

在较平坦的地方选定适当距离的两个点A、B，并用木桩钉入地面，或用尺垫代替。置水准仪于A、B的中间，使两端距离相等，如图2.20（a）所示。此时测量正确的高差h_{AB}，然后将水准仪置于两点的任一点附近，如在B点附近，如图2.20（b）所示。这时因距离不等，测得的高差h''_{AB}将受i角的影响，则有公式

$$i = \frac{h''_{AB} - h_{AB}}{S_A - S_B}\rho \tag{2.2}$$

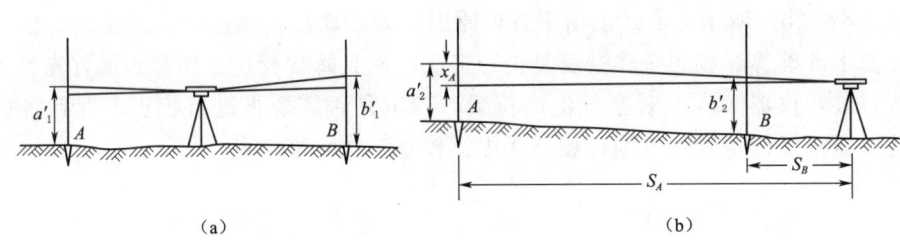

图2.20 i角检校方法

规范规定，用于一、二等水准测量的仪器i角不得大于$15''$；用于三、四等水准测量的仪器i角不得大于$20''$，否则应进行校正。

因A点距仪器最远，i角在读数上的影响最大。此时i角的读数影响为

$$x_A = \frac{i}{\rho}S''_A \tag{2.3}$$

有了x_A之值，即可对水准仪进行校正。校正工作应紧接着检验工作进行，即不要搬动B点一端的仪器，先算出在A点标尺上的正确读数a_2：

$$a_2 = a'_2 - x_A \tag{2.4}$$

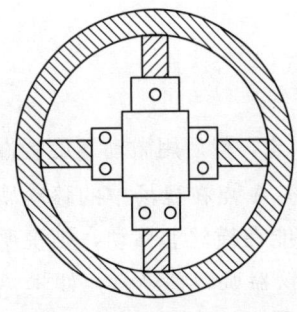

图2.21 水准管校正螺丝

用微倾螺旋使读数对准a_2，这时水准管气泡将不居中，调节上、下两个校正螺丝使气泡居中。实际操作时，需先将左（或右）边的螺丝（图2.21）略微松开一些，使水准管能够活动，然后再校正上、下两螺丝。校正结束后仍应将左（或右）边的螺丝旋紧。

这种校正方法的实质是先将视线水平，即读数对准a_2，然后校正水准轴至水平位置。检验校正应反复进行，直到符合要求为止。

项目 3

角 度 测 量

任务 3.1 角 度 测 量 仪 器

测量学中所说的角度,通常是指水平或竖直两个方向线在各自平面内的夹角。这样,角度就分为水平角和竖直角两种,相应的测量自然地分为水平角测量和竖直角测量两个方面。在常规测量中,通常使用经纬仪来完成。

3.1.1 经纬仪的基本构造及分类

经纬仪的基本构造如图 3.1 所示。

望远镜与竖盘固连,安装在仪器的支架上,这一部分称为仪器的照准部,属于仪器的上部。望远镜连同竖盘可绕横轴在垂直面内转动,望远镜的视准轴应与横轴正交,横轴应通过竖盘的刻划中心。照准部的竖轴(照准部旋转轴)插入仪器基座的轴套(图3.1),照准部可做水平旋转。

照准部水准器的水准轴与竖轴正交、与横轴平行。当水准气泡居中时,仪器的竖轴应在铅垂线方向,此时仪器处在整平状态。

水平度盘安置在水平度盘轴套外围,水平度盘不与照准部旋转轴接触。水平度盘平面应与竖轴正交,竖轴应通过水平度盘的刻划中心。

水平度盘的读数设备安置在仪器的照准部上,当望远镜旋转照准目标,视准轴由一目标转到另一目标,这时读数指标所指示的水平度盘数值的变化就是两目标间的水平角值。经纬仪依据度盘刻度和读数方式不同,分为游标经纬仪、光学经纬仪及电子经纬仪。目前主要使用电子经纬仪,光学经纬仪已较少使用,而游标经纬仪早已淘汰。

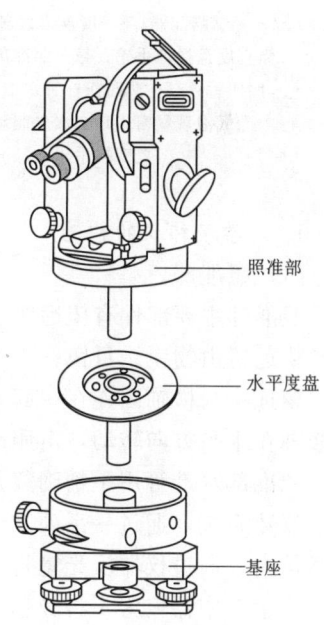

图 3.1 经纬仪的基本构造

我国大地测量仪器的总代号为汉语拼音字母"D",经纬仪代号为"J"。经纬仪的类型很多,我国经纬仪系列是按野外"一测回方向观测中误差"这一精度指标划分为 DJ07、

DJ1、DJ2、DJ6、DJ15 五个等级。例如"DJ6"表示经纬仪野外"一测回方向观测中误差"为6″，简写为"J6"。

3.1.2 光学经纬仪

光学经纬仪是采用光学度盘，借助光学放大和光学测微器读数的一种经纬仪。

图3.2所示的是苏州第一光学仪器厂生产的J2光学经纬仪。

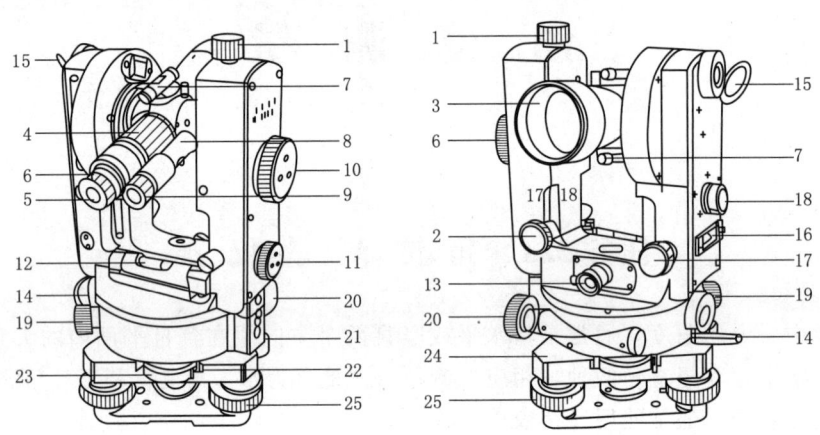

图3.2 J2光学经纬仪

1—望远镜制动螺旋；2—望远镜微动螺旋；3—物镜；4—物镜调焦螺旋；5—目镜；6—目镜调焦螺旋；7—光学瞄准器；8—度盘读数显微镜；9—度盘读数显微镜调焦螺旋；10—测微轮；11—水平度盘与竖直度盘换像手轮；12—照准部管水准器；13—光学对中器；14—水平度盘照明镜；15—垂直度盘照明镜；16—竖盘指标管水准器进光窗口；17—竖盘指标管水准器微动螺旋；18—竖盘指标管水准气泡观察窗；19—水平制动螺旋；20—水平微动螺旋；21—基座圆水准器；22—水平度盘位置变换手轮；23—水平度盘位置变换手轮护盖；24—基座；25—脚螺旋

1. 光学经纬仪的构造

（1）照准部。

照准部主要部件有望远镜、管水准器、读数设备等。

望远镜由物镜、目镜、十字丝分划板、调焦透镜组成。望远镜的主要作用是照准目标，望远镜与横轴固连在一起，由望远镜制动螺旋和微动螺旋控制其上下转动。照准部可绕竖轴在水平方向转动，由照准部制动螺旋和微动螺旋控制其水平转动。

照准部水准管用于精确整平仪器。

读数系统，通过一系列光学棱镜将水平度盘和竖直度盘及测微器的分划都显示在读数显微镜内，通过仪器反光镜将光线反射到仪器内部，以便读取度盘读数。

光学对中器：为了将竖轴中心线安置在过测站点的铅垂线上，在经纬仪上都设有光学对点装置，通过安装在旋转轴中心的转向棱镜，将地面点成像在对点分划板上，对中目镜放大，同时看到地面点和对点分划板的影像，若地面点位于对点分划板刻划中心，并且水准管气泡居中，则说明仪器中心与地面点位于同一铅垂线上。

（2）水平度盘。

水平度盘是一个光学玻璃圆环，圆环上按顺时针刻划注记0°～360°分划线，主要用来测量水平角。观测水平角时，经常需要将某个起始方向的读数配置为预先指定的数值，称为水平度盘的配置，水平度盘的配置机构有复测机构和拨盘机构两种，北光仪器采用的是拨盘机构，当转动拨盘机构变换手轮时，水平度盘随之转动，水平读数发生变化，而照准部不动，当压住度盘变换手轮下的保险手柄，将度盘变换手轮向里推进并转动，即可将度盘转动到需要的读数位置。

（3）基座。

基座主要由基座、圆水准器、脚螺旋和连接板组成。照准部同水平度盘一起插入底座，用固定螺丝固定。圆水准器用于粗略整平仪器，三个脚螺旋用于整平仪器，从而使竖轴竖直、水平度盘水平。连接板用于将仪器稳固地连接在三脚架上。

2. 读数方法

在仪器的读数窗内，转动微动手轮，看到两个平行玻璃度盘相对移动。当两个玻璃的刻划线重合时读数。在读数窗内一次只能看到水平度盘或竖直度盘的一个影像。读数时，可通过转动换像手轮，转换所需要的度盘影像，以免读错度盘，当手轮面上刻线处于水平位置时，显示水平度盘影像，当刻线处于竖直位置时，显示竖直度盘影像。采用数字式读数装置使读数简化，如图3.3所示，上窗数字为度数，读数窗上突出小方框中所注数字为整$10'$，中间的小窗为分划线符合窗，下方的小窗为测微器读数窗，读数时瞄准目标后，转动测微轮使度盘对径分划线重合，度数由上窗读取，整$10'$数由小方框中数字读取，小于$10'$的由下方小窗读取，图3.3所示的读数为$37°26'14''$。

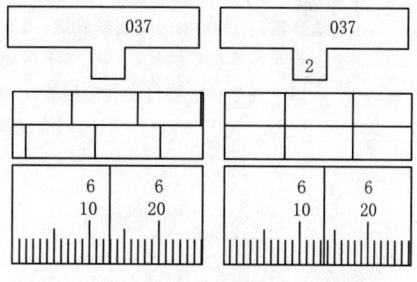

图3.3 单平行玻璃板测微器度数

3.1.3 电子经纬仪

随着电子技术、计算机技术、光电技术、自动控制等现代科学技术的发展，电子经纬仪于1968年问世。电子经纬仪与光电测距仪、计算机、自动绘图仪相结合，使地面测量工作实现了自动化和内外业一体化，这是测绘工作的一次历史性变化。

电子经纬仪与光学经纬仪相比较，主要差别在读数系统，其他如照准、对中、整平等装置是相同的，如图3.4所示。

1. 电子经纬仪的读数系统

电子经纬仪的读数系统是利用角-码变换器，将角位移量变为二进制码，再通过一定的电路，将其译成度、分、秒，并用数字形式显示出来。

目前常用的角-码变换方法有编码度盘、光栅度盘及动态测角系统等，有的也将编码度盘和光栅度盘结合使用。现以光栅度盘为例，说明角-码变换的原理。

光栅度盘又分透射式及反射式两种。透射式光栅是在玻璃圆盘上刻有相等间隔的透光与不透光的辐射条纹。反射式光栅则是在金属圆盘上刻有相等间隔的反光与不反光的条纹。用得较多的是透射式光栅，如图3.5所示。

2. 电子经纬仪的特点

由于电子经纬仪是电子计数，通过置于机内的微型计算机，可以自动控制工作程序和

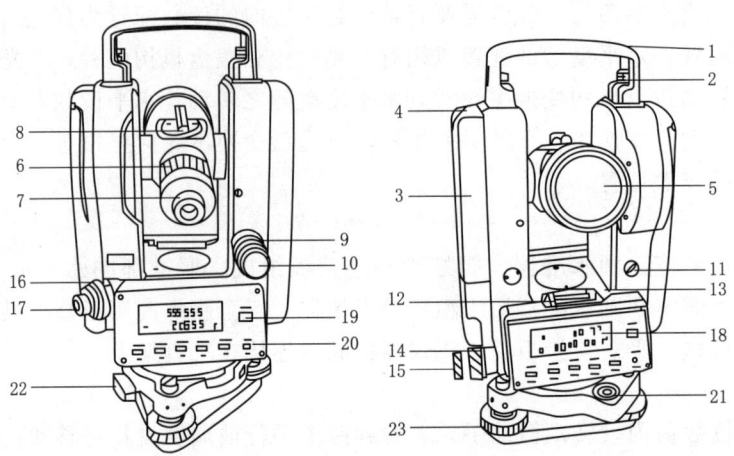

图 3.4　电子经纬仪

1—手柄；2—手柄固定螺丝；3—电池盒；4—电池盒按钮；5—物镜；6—物镜调焦螺旋；7—目镜调焦螺旋；
8—光学瞄准器；9—望远镜制动螺旋；10—望远镜微动螺旋；11—光电测距仪数据接口；12—管水准器；
13—管水准器校正螺丝；14—水平制动螺旋；15—水平微动螺旋；16—光学对中器物镜调焦螺旋；
17—光学对中器目镜调焦螺旋；18—显示窗；19—电源开关键；20—显示窗照明开关键；
21—圆水准器；22—轴套锁定钮；23—脚螺旋

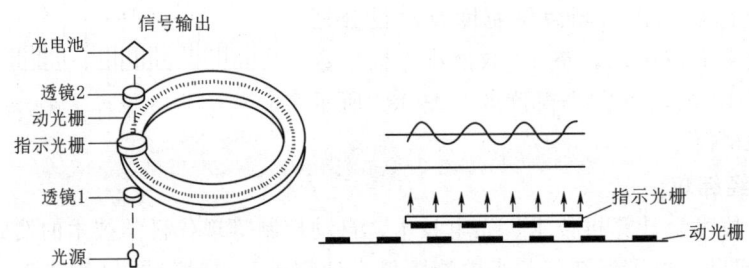

图 3.5　透射式光栅

计算，并自动进行数据传输和存储，因而它具有以下特点。

(1) 读数在屏幕上自动显示，角度计量单位 (360°六十进制、360°十进制、400g、6400 密位) 可自动换算。

(2) 竖盘指标差及竖轴的倾斜误差可自动修正。

(3) 有与测距仪和电子手簿连接的接口。与测距仪连接可构成组合式全站仪，与电子手簿连接可将观测结果自动记录，没有读数和记录的人为错误。

(4) 可根据指令对仪器的竖盘指标差及轴系关系进行自动检测。

(5) 如果电池用完或操作错误，可自动显示错误信息。

(6) 可单次测量，也可跟踪动态目标连续测量。但跟踪测量的精度较低。

(7) 有的仪器可预置工作时间，到规定时间，则自动停机。

(8) 根据指令，可选择不同的最小角度单位。

(9) 可自动计算盘左、盘右的平均值及标准偏差。

根据仪器生产的时间及档次的高低，某种仪器可能具备上述的全部或部分特点。随着科学技术的发展，其功能还在不断扩展。

任务 3.2　角 度 测 量 方 法

3.2.1　经纬仪的安置

在读数前首先将仪器安装到桩点，然后再进行后续的照准和读数工作，具体安置方法如下所述。

1. 对中

将仪器三脚架打开，旋松脚架上伸缩固定螺栓，将伸缩腿抽出，提立脚架，高度大致与自己的身高齐平，然后分开脚架，将三脚架安置于测站点，目估使架头大致水平，注意仪器高度要适中，之后将仪器取出，安置到架头上，拧紧中心螺旋，固定，用脚踩紧一个架腿，用双手提起另外的两个架腿，移动这两个架腿，通过光学对点器对准地面点的目标，直至测站点的中心位于圆圈的内边缘处或中心，停止转动脚架并将其踩实，此时，仪器的中心与测站点的中心位于同一铅垂线上。

2. 整平

经纬仪的整平是通过调整三脚架伸缩的粗平和调节脚螺旋的精平两大环节完成，对中和整平应交替进行，直至对中、整平均满足要求为止。

大致对中后，仪器还没有完全严格达到既对中又整平的目的，需要进一步的操作，才能使仪器的竖轴处于铅垂位置、水平度盘处于水平状态，具体操作方法如下。

（1）反复调节其中的任意两个伸缩架腿的长度，使圆气泡居中。

（2）在长水准管气泡大致居中时，调节基座上的三个脚螺旋进行精平，使测站点中心严格处于圆圈中心位置。其具体做法如下：转动仪器照准部，使水准管平行于任意两个脚螺旋的连线方向，如编号 1、2，两手同时向内或向外旋转脚螺旋 1、2，使气泡居中［图 3.6（a）］。然后将照准部旋转 90°，调节第三个脚螺旋［图 3.6（b）］，使气泡居中。如此反复进行，直至照准部水准管在任意位置气泡均居中为止［图 3.6（c）］。

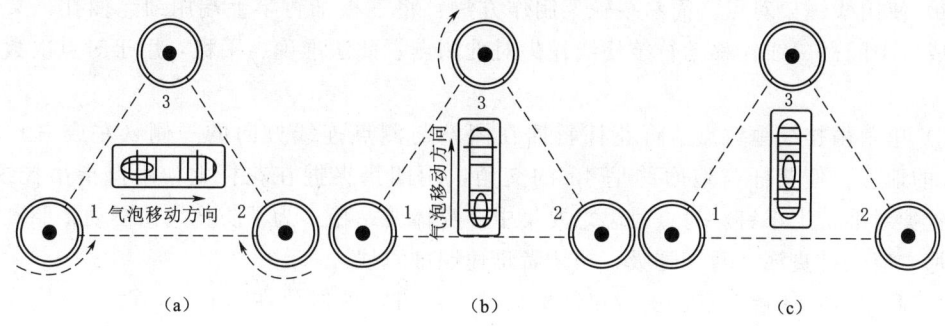

图 3.6　脚螺旋精确对中及整平

（3）检查测站点是否位于圆圈中心，若相差很小，可轻轻平移基座，使其精确对中（注意仪器不可在基座面上转动），如此反复操作，直到仪器对中和整平均满足要求为止。

精度要求：对中不大于±3mm，整平不大于1格。

3. 照准和读数

以望远镜十字丝的纵丝照准竖立于地面上的标杆、测钎或觇牌等目标。转动目镜对光旋钮，使十字丝清晰，调节物镜对光螺旋，使远处的目标成像清晰，眼睛上下移动，看有无视差并消除视差的影响。

准确照准目标方法，用十字丝的竖丝平分目标或用双丝并夹目标，如图3.7所示。若为标杆、测钎等粗目标，用十字丝的单丝平分目标，目标位于双丝中央。最后按照前面所述的读数方法进行读数。

4. 对点

实际测量时，测点通常以打入地面木桩上的小钉作为标志。测量时，由于距离远、地面起伏及植被的遮挡，不能直接从望远镜观看到目标，需要用线铊、测钎、花杆、铅笔竖立在小钉的铅垂线上供仪器照准，这项工作称为对点。对点的方法一般有三种：花杆对点法、测钎或铅笔对点法和线

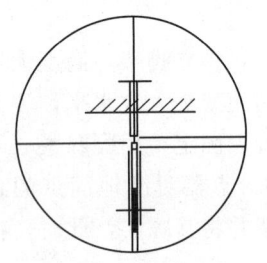
（a）水平角观测瞄准影响

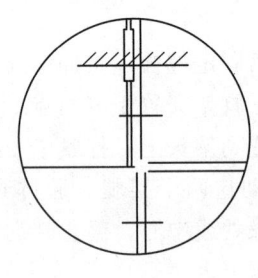
（b）竖直角观测瞄准影响

图3.7 照准目标

锤对点法。应根据距离情况选用合适的方法。

（1）花杆对点法。其一般用于远距离对点（经验数据约为500m），对点时花杆应竖直，对点者端正地面向司镜者，两脚分开与肩平齐，手握花杆上半截，这样可使花杆依靠自重直立于桩上测点，并使花杆铁尖离开铁钉少许，以保证对点正确。

（2）测钎或铅笔对点法。这种方法一般在地面平坦、没有杂草阻碍视线、从望远镜中能直接看到测钎或铅笔尖时使用，测钎或铅笔尖要竖直。因目标为深色，在光线较暗、距离较远时往往模糊不清，可在测钎后方用白纸衬托，以便使照准目标清晰。

（3）线锤对点法。线锤对点法是施工现场最常用、最准确的方法，以下介绍几种常用方法。

1）使用线锤架对点。简易线铊架制作方法：将三根细竹竿上端用细绳捆扎，叉开下端即成，中间吊一线铊移动竹竿使线铊尖对准测点。此法准确、平稳，用于对点次数较多的点。

2）单手吊挂线锤对点。将花杆斜插在测站与测点连线方向的一侧（左或右）30～50cm的地上，使花杆与地面约呈45°的交角，用四指夹握在花杆上，用拇指吊挂线铊，使线铊尖对准桩上小钉，对点时思想要集中，身体要站稳；为了防止线铊摆动，照准垂线一刹那，应全神贯注、暂屏呼吸，司镜者迅速照准垂线。

3）两手合执线锤对点。面对仪器坐在测点后方，两肘放在两膝上，两手合执线锤弦线，使线铊尖对准桩上小钉，对准测点中心的瞬间应全神贯注、暂屏呼吸，防止垂线摆动。

3.2.2 水平角测量

如图3.8所示，空间两直线OA和OB相交于点O，将点A,O,B沿铅垂方向投影到

水平面,得相应的投影点 a,o,b,水平线 oa 和 ob 的夹角 β 就是过两方向线所作的铅垂面间的夹角 $\angle AOB=\beta$,即水平角。OA 投影在水平度盘上读数为 a,OB 投影在水平度盘上读数为 b,则 oa 和 ob 的夹角值为

$$\beta = b - a$$

若 $\beta<0°$,则加 $360°$。

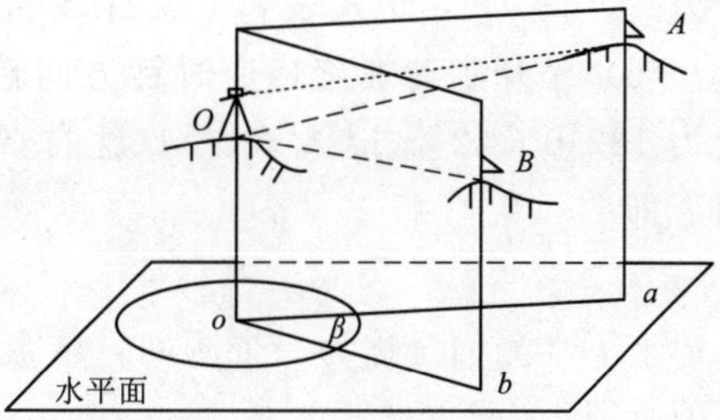

图 3.8 水平角测量原理

测角仪器用来测量角度的必要条件是:
(1)仪器的中心位于角顶的铅垂线上。
(2)照准部设备(望远镜)能上下、左右转动,上下转动时所形成的是竖直面。
(3)具有一个有刻划的度盘,并能安置成水平位置。
(4)有读数设备,读取投影方向的读数。

根据测量工作的精度要求、观测目标的多少及所用的仪器类型,水平角测量方法一般有测回法和方向观测法两种。

1. 测回法

测回法适用于在一个测站有两个观测方向的水平角观测,如图 3.9 所示,要观测的水平角为 $\angle AOB$,先在目标点 A、B 设置观测标志,在测站点 O 安置经纬仪,然后分别瞄准 A、B 两目标点进行读数,水平度盘两个读数之差即为要测的水平角。其具体步骤如下:

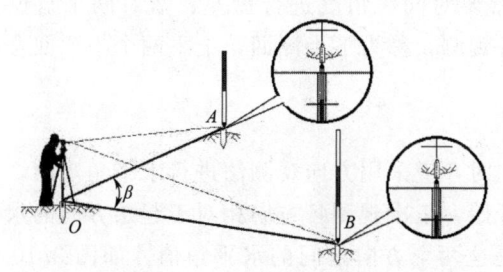

图 3.9 水平角测量(测回法)

(1)安置仪器于测站点 O,对中、整平。

(2)用盘左位置瞄准 A 目标,读取水平度盘读数为 a_1,设为 $0°04'30''$,记入表 3.1 盘左 A 目标水平读数一栏。

表 3.1　　　　　　　　水平角观测记录(测回法)

测站	盘位	目标	水平度盘读数	水平角	
				半测回角值	测回值
O	左	A	$0°04'30''$	$95°18'18''$	$95°18'24''$
		B	$95°22'48''$		
	右	B	$277°19'12''$	$95°18'30''$	
		A	$182°00'42''$		

(3)松开制动螺旋,顺时针方向转动照准部,瞄准 B 点,读取水平度盘读数为 b_1,设为 $95°22'48''$,记入表 3.1 盘左 B 目标水平读数一栏;此时完成上半个测回的观测,即

$$\beta_左 = b_1 - a_1$$

(4)松开制动螺旋,倒转望远镜成盘右位置,瞄准 B 点,读取水平度盘的读数为 b_2,

设为 $277°19'12''$，记入表 3.1 盘右 B 目标水平读数一栏。

（5）松开制动螺旋，逆时针方向转动照准部，瞄准 A 点，读取水平度盘读数为 a_2，设为 $182°00'42''$，记入表 3.1 盘右 A 目标水平读数一栏；此时完成下半个测回观测，即

$$\beta_右 = b_2 - a_2$$

上下半测回合称为一个测回，取盘左、盘右所得角值的算术平均值作为该角的一测回角值，即

$$\beta = \frac{\beta_左 + \beta_右}{2}$$

测回法的限差规定：一是两个半测回角值较差；二是各测回角值较差。对于精度要求不同的水平角，有不同的规定限差。当要求提高测角精度时，往往要观测 n 个测回，取 n 个测回的平均值，作为最终的成果值。

每个测回可按变动值概略公式 $\frac{180°}{n}$ 的差数改变度盘起始读数，其中，n 为测回数，如测回数 $n=4$，则各测回的起始方向读数应等于或略大于 $0°$、$45°$、$90°$、$135°$，这样做的主要目的是减小度盘刻划不均匀造成的误差。

为了消除水平角观测中的某些误差，通常要对同一角度进行盘左、盘右两个盘位观测，盘左位置观测，称为上半测回；盘右位置观测，称为下半测回，上下两个半测回合称为一个测回。

2. 方向观测法

当一个测站有三个或三个以上的观测方向时，应采用方向观测法进行水平角观测，方向观测法是以所选定的起始方向（零方向）开始，依次观测各方向相对于起始方向的水平角值，也称方向值。两任意方向值之差，就是这两个方向之间的水平角值。如图 3.10 所示，为三个观测方向，需采用方向观测法进行观测，现就其观测、记录、计算及精度要求做如下介绍。

经纬仪安置于测站点 O，对中、整平后进行如下操作。

（1）盘左观测。

盘左瞄准起始方向（也称零方向）A 点，并配置水平度盘读数使其略大于零。顺时针方向转动照准部，依次瞄准 B、C 点读数，完成上半个测回的观测工作。为了检查水平度盘在观测过程中有无带动，最后再一次瞄准起始方向，称为归零。

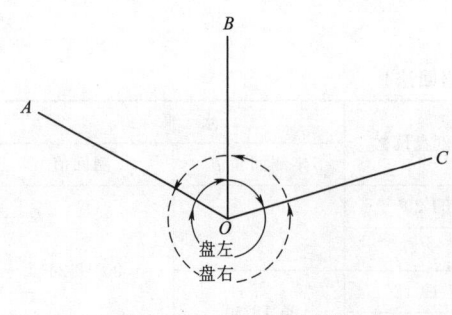

图 3.10 方向观测法

（2）盘右观测。

倒转望远镜，成盘右位置，从 A 点开始，逆时针方向转动照准部，依次瞄准 A、C、B、A 点，将方向读数按观测顺序自下而上记入表 3.2。至此，完成下半个测回的观测。上下半测回合称为一个测回。

表 3.2　　　　　　　　　水平角观测记录（方向观测法）

测站	测回数	目标	水平度盘读数		平均读数/ (° ′ ″)	方向值/ (° ′ ″)	归零方向值/ (° ′ ″)	角值/ (° ′ ″)
			盘左 (° ′ ″)	盘右 (° ′ ″)				
1	2	3	4	5	6	7	8	9
M	1	A	00 01 06	180 01 24	00 01 15	00 01 14	00 00 00	69 19 13
		B	69 20 30	249 20 24	69 20 27		69 19 13	55 31 00
		C	124 51 24	304 51 30	124 51 27		124 50 13	
		A	00 01 12	180 01 14	00 01 13			

如果需要观测多个测回，各测回间应按 $\dfrac{180°}{n}$ 变换度盘位置。

（3）计算方法与步骤。

1）计算一个测回各方向的平均读数：平均值＝[盘左读数＋（盘右读数±180°）]/2。例如，B 方向平均读数＝1/2[69°20′30″＋(249°20′24″－180°)]＝69°20′27″，填入表 3.2 的第 6 栏。

2）半测回归零差的计算：每半测回零方向有两个读数，它们的差值称为归零差。表 3.2 中第一测回上下半测回归零差分别为盘左 12″－06″＝＋6″，盘右 14″－24″＝－10″。

3）计算起始方向值：第 6 栏两个 A 方向的平均值(00°01′15″＋00°01′13″)/2＝00°01′14″，填写在第 7 栏。

4）计算归零后方向值：将各方向平均值分别减去零方向平均值，即得各方向归零方向值。注意：零方向观测两次，应将平均值再取平均。

例如：B 方向归零向值＝69°20′27″－00°01′14″＝69°19′13″。

3.2.3　竖直角观测与计算

用经纬仪或全站仪测量时，涉及要采集点位的高程或者是要知道远处某建筑物高度及三角高程测量，需要采集竖直角的数据。

1. 竖直角测量原理

如图 3.11 所示，同一铅垂面上，空间方向线 AB 和水平线所夹的角 α 就是 AB 方向与水平线的竖直角，若方向线在水平线之上，竖直角为仰角，用"＋α"表示，若方向线在水平线之下，竖直角为俯角，用"－α"表示。其角值范围为 0°～90°。

竖直角测量的原理如下。

在望远镜横轴的一端竖直设置一个刻度盘（竖直度盘），竖直度盘中心与望远镜横轴中心重合，度盘平面与横轴轴线垂直，当视线水平时，读数窗中显示的读数是一个常数（一般为 90°或 270°）；当望远镜瞄准目标时，竖盘随着转动，则望远镜照准目标的方向线读数与水平方向上的固

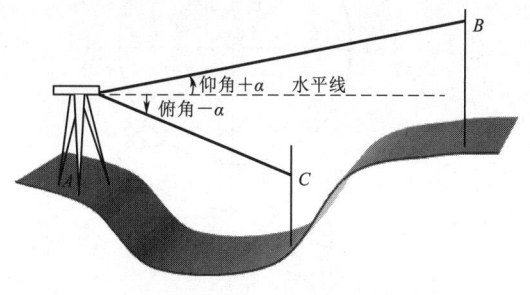

图 3.11　竖直角观测

定读数之差为竖直角。

2. 竖直角观测

竖直角观测步骤如下。

(1) 安置仪器于测站点 O，对中、整平后，打开竖盘自动归零装置。

(2) 盘左位置瞄准 A 点，用十字丝横丝照准或相切目标点，读取竖直度盘的读数 L，设为 $48°17'36''$，记入表 3.3，这样就完成了上半个测回的观测。

表 3.3　　　　　　　　　　竖直角观测记录

测站	目标	竖盘位置/(° ′ ″)	竖盘读数/(° ′ ″)	半测回角值/(° ′ ″)	指标差/(″)	一测回角值/(° ′ ″)
O	A	左	48 17 36	41 42 24	+12	41 42 36
		右	311 42 48	41 42 48		
	B	左	98 28 40	−8 28 40	−13	−8 28 53
		右	261 30 54	−8 29 06		

(3) 将望远镜倒镜变成盘右，瞄准 A 点读取竖直度盘的读数 R，设为 $311°42'48''$，记入观测手簿，这样就完成了下半个测回的观测。

上下半测回合称为一个测回，根据需要进行多个测回的观测。

3. 竖直角的计算

竖直角是指某一方向与其在同一铅垂面内的水平线所夹的角度，视线方向读数与水平线读数之差即为竖直角值。其水平线读数为一固定值，实际只需观测目标方向的竖盘读数。度盘的刻划注记形式不同，用不同盘位进行观测，视线水平时读数不相同，因此，应根据不同度盘的刻划注记形式相对应的计算公式计算所测目标的竖直角。下面以顺时针方向注字形式说明竖直角的计算方法及如何确定计算式。

如图 3.12 (a) 所示，盘左位置，视线水平时读数为 90°。望远镜上仰视线向上倾斜，指标处读数减小，根据竖直角定义仰角为正，则盘左时竖直角计算公式为式 (3.1)，如果 $L>90°$，竖直角为负值，表示是俯角。

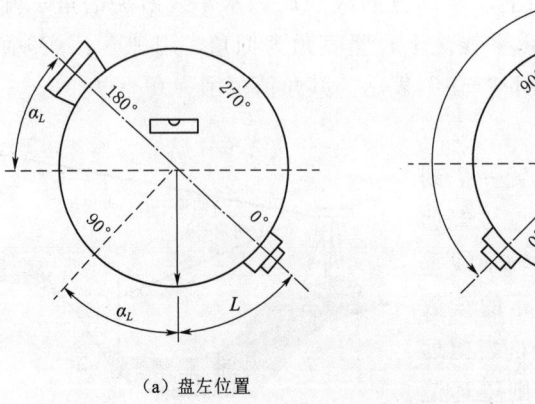

(a) 盘左位置　　　　　　　　(b) 盘右位置

图 3.12　竖直角计算

如图 3.12（b）所示的盘右位置，视线水平时读数为 270°。望远镜上仰，视线向上倾斜，指标处读数增大，根据竖直角定义仰角为正，则盘右时竖直角计算公式为式（3.2），如果 $R<270°$，竖直角为负值，表示是俯角。

$$\alpha_L = 90° - L \tag{3.1}$$
$$\alpha_R = R - 270° \tag{3.2}$$

式中 L——盘左竖盘读数；

R——盘右竖盘读数。

为了提高竖直角精度，取盘左、盘右的平均值作为最后结果，即

$$\alpha = \frac{\alpha_L + \alpha_R}{2} = \frac{R - L - 180°}{2} \tag{3.3}$$

同理可推出全圆逆时针刻划注记的竖直角计算公式

$$\alpha_L = L - 90° \tag{3.4}$$
$$\alpha_R = 270° - R \tag{3.5}$$

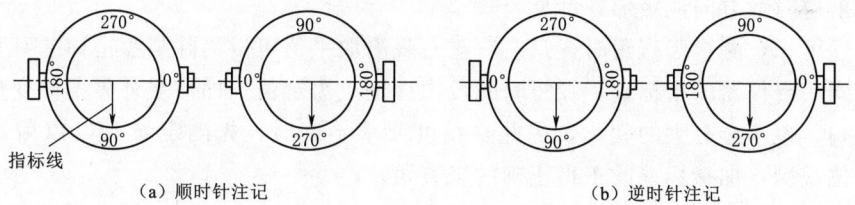

（a）顺时针注记　　　　　　　　　（b）逆时针注记

图 3.13　竖直注记示意图

3.2.4　竖盘指标差的计算

上述竖直角计算公式是依据竖盘的构造和注记特点，即视线水平，竖盘自动归零时，竖盘指标应指向正确的读数 90°或 270°，但因仪器在使用过程中振动或者制造上不严密，指标位置偏移，导致视线水平时的读数与正确读数有一差值，此差值称为竖盘指标差，用 x 表示。

由于指标差存在，盘左读数和盘右读数都差了一个 x 值。正确的竖直角应对竖盘读数进行指标差改正。由图 3.14 可知，竖直角计算公式如下。

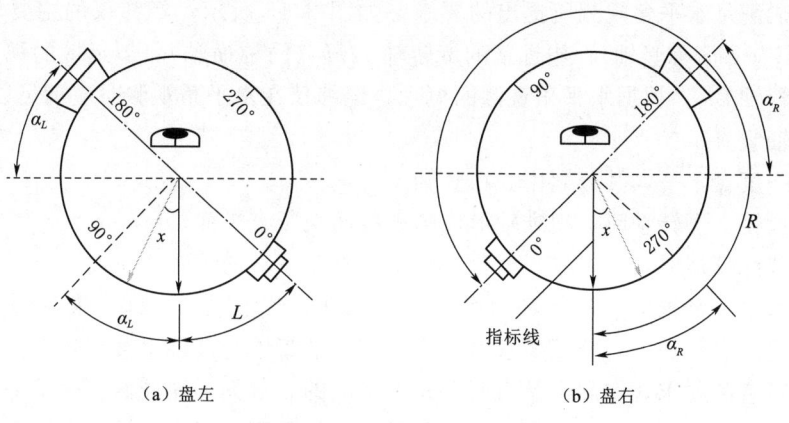

（a）盘左　　　　　　　　　　　　（b）盘右

图 3.14　竖直指标差示意图

盘左角值：
$$\alpha = 90° - (L - x) = \alpha_L + x \tag{3.6}$$

盘右角值：
$$\alpha = (R - x) - 270° = \alpha_R - x \tag{3.7}$$

将以上两式相加并除以 2 得竖直角 α 的正确值：
$$\alpha = \frac{\alpha_L - \alpha_R}{2} = \frac{R - L - 180°}{2} \tag{3.8}$$

用盘左、盘右测得竖直角取平均值，可以消除指标差的影响。

将两式相减得指标差 x 计算公式：
$$x = \frac{\alpha_L - \alpha_R}{2} = \frac{L + R - 360°}{2} \tag{3.9}$$

用单盘位观测时，应加指标差改正，可以得到正确的竖直角。当指标偏移方向与竖盘注记的方向相同时指标差为正；反之为负。以上各公式是按顺时针方向注字形式推导的，同理可推出逆时针方向注字形式计算公式。

由上述可知，测量竖直角时，盘左、盘右观测取平值可以消除竖盘指标差对竖直角的影响，对同一台仪器的指标差，在短时间段内理论上为定值，即使受外界条件变化和观测误差的影响，也不会有大的变化，因此在精度要求不高时，先测定 x 值，以后观测时可以用单盘位观测，加指标差改正得正确的竖直角。

在竖直角测量中，常以指标差检验观测成果的质量，即在观测不同的测回或不同的目标时，指标差的互差不应超过规定的限制，如用 DJ6 级经纬仪做一般工作时指标差互差不超过 25″，DJ2 不超过 15″。

一般规范规定，指标差变动范围，J6≤25″、J2≤15″。

任务 3.3　经纬仪的检验与校正

3.3.1　经纬仪的主要轴线间应满足的条件

为了保证水平角观测达到规定的精度，经纬仪的主要部件之间，也就是主要轴线和平面之间，必须满足水平角观测所提出的要求。如图 3.15 所示，经纬仪的主要轴线有：仪器的旋转轴 VV（简称竖轴）、望远镜的旋转轴 HH（简称横轴）、望远镜的视准轴 CC 和照准部水准管轴 LL。根据水平角观测的概念，经纬仪在水平角观测时应满足以下要求。

(1) 竖轴竖直。
(2) 水平度盘水平，其分划中心在竖轴上。
(3) 望远镜上下转动时，视准轴形成的视准面是竖直平面。

仪器厂装配仪器时，要求水平度盘与竖轴为相互垂直的关系，所以只要竖轴竖直，水平度盘就会水平。竖轴的竖直是利用照准部的水准管气泡居中，即水准管轴水平来实现的。因此上述的(1)、(2)两项要求可由照准部水准管轴与竖轴垂直来实现。

视准面竖直的要求，实际上是由两个条件组成的。首先，视准面必须是平面，也就是视准轴应垂直于横轴；再就是这个平面必须是竖直的平面，当视准轴垂直于横轴之后，横轴又必须水平，即横轴必须垂直于竖轴。

综上所述，经纬仪必须满足下列几个条件：

（1）照准部水准管轴垂直于竖轴。

（2）视准轴垂直于横轴。

（3）横轴垂直于竖轴。

（4）观测水平角时，若用十字丝交点去瞄准目标很不方便，通常是用竖丝去瞄准目标，从而又要求竖丝垂直于横轴。

（5）当经纬仪做竖角观测时，还必须满足竖盘指标差在限差范围内。

3.3.2 经纬仪的常规检验和校正

经纬仪轴系之间的正确关系常常在使用期间及搬运过程中发生变动，因此在使用经纬仪观测水平角度之前，需要查明仪器的各轴系是否满足前述的条件，如不满足这些条件则应使其满足。前一项工作称为检验，后一项工作称为校正。现将经纬仪检验和校正的一般方法说明如下。

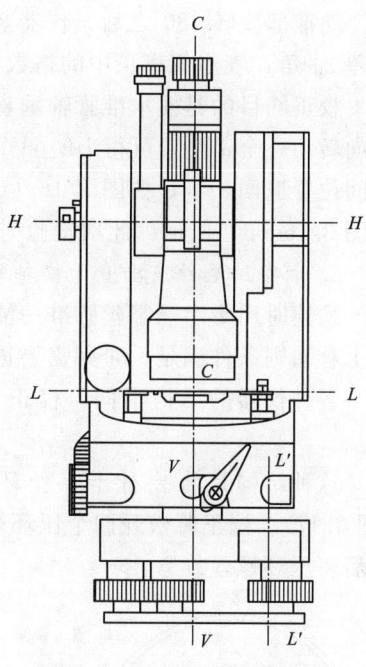

图 3.15 经纬仪的主要轴线

1. 照准部水准管轴应垂直于竖轴的检验和校正

检验时先将仪器大致整平，转动照准部使其水准管与任意两个脚螺旋的连线平行，调整脚螺旋使气泡居中，然后将照准部旋转 180°（可利用度盘读数），若气泡仍然居中，则说明条件满足，否则应进行校正。水准管检校原理如图 3.16 所示。若水准管轴与竖轴不垂直，倾斜了 α 角，当气泡居中时竖轴就倾斜 α 角，见图 3.16（a）。

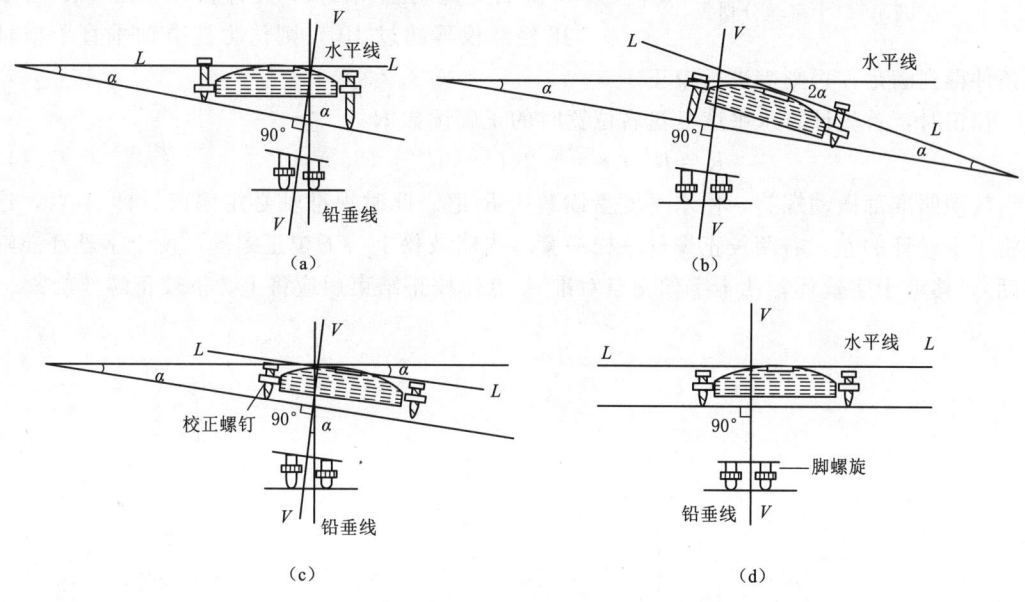

图 3.16 水准管检校原理

照准部旋转180°之后，仪器竖轴方向不变，见图3.16（b）。可见水准管轴和水平线相差2α角，气泡偏离正中的格数是2α角的反映。

校正的目的是使水准管轴垂直于竖轴。由图3.16（b）可见，校正时将LL向水平线方向转动一个α角，可得$LL\perp VV$，即用校正针拨动水准管一端的校正螺丝，使气泡向正中间位置退回一半，如图3.16（c）所示。为使竖轴竖直，再用脚螺旋使气泡居中即可，如图3.16（d）所示。此项检验与校正必须反复进行，直至满足条件为止。

2. 十字丝竖丝应垂直于横轴的检验和校正

检验时用十字丝竖丝瞄准一清晰小点，使望远镜绕横轴上下转动，如果小点始终在竖丝上移动则条件满足；否则需要进行校正。

各种仪器的结构不同，校正方法也不一样。现以一种通常的结构为例介绍校正的方法。

这种结构是将装有十字丝环的目镜筒用压环和四个压环螺丝与望远镜筒相连接（图3.17）。校正时松开四个压环螺丝，转动目镜筒使小点始终在十字丝竖丝上移动，校好后将压环螺丝旋紧。

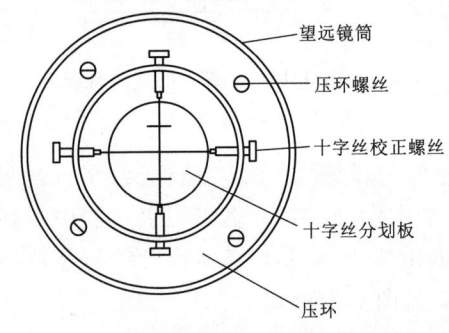

图3.17 十字丝分划板

3. 视准轴应垂直于横轴的检验和校正

视准轴不垂直于横轴的误差c，对水平位置目标的影响$x_c=c$，且盘左、盘右的x_c绝对值相等而符号相反，此时横轴不水平的影响$x_i=0$。因此，此项条件的检验可这样进行：选择一水平位置的目标A，用盘左、盘右观测之，取它们的读数差（顾及常数180°）即得2倍的c值：

$$2c=L'-R'\pm 180° \tag{3.10}$$

若c绝对值对于J2经纬仪不超过$8''$、对于J6经纬仪不超过$10''$，则认为视准轴垂直于横轴的条件得到满足；否则需进行校正。

校正时，首先计算水平度盘盘右位置时的正确读数R：

$$R=R'+c=1/2(L'+R'\pm 180°) \tag{3.11}$$

转动照准部微动螺旋，使水平度盘读数为R值。此时视准轴必定偏离目标A点，这时将十字丝环的左、右两校正螺丝一松一紧（先略放松上、下校正螺丝，使十字丝环能够移动），移动十字丝环，使十字丝交点对准A点。校正结束后应将上、下校正螺丝旋紧。

项目 4

距 离 测 量

地面上两点间的距离是指这两点沿铅垂线方向在大地水准面上投影点间的弧长。在测区面积不大的情况下,可用水平面代替水准面。两点间连线投影在水平面上的长度称为水平距离。不在同一水平面上的两点间连线的长度称为两点间的倾斜距离。

测量地面两点间的水平距离是确定地面点位的基本测量工作之一。距离测量的方法有多种,常用的距离测量方法有钢尺量距、视距测量、精密测距。可根据不同的测距精度要求和作业条件(仪器、地形)选用测距方法。

任务 4.1 钢 尺 量 距

4.1.1 直线定线

当地面两点距离较远或起伏较大时,在量距离之前,需要在地面两点连线之间定出若干个测段,分段量取,这项工作称为直线定线。按照精度要求的不同,直线定线有目估定线和经纬仪定线两种方法。

1. 目估定线

在一般精度量距中,采用此种方法。如图 4.1 所示,A、B 为地面上待测距离的两个端点,两点相互通视,在此两点之间分成三段量距,定出两个分段点 1、2。

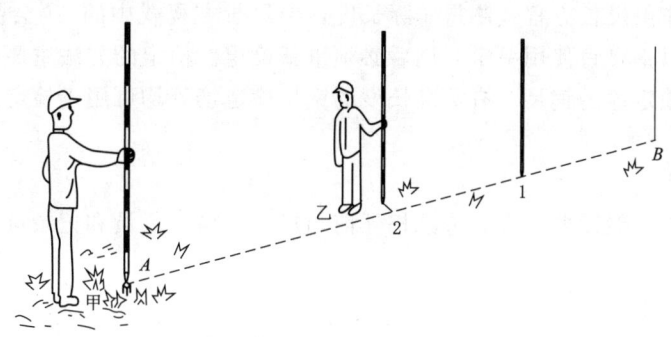

图 4.1 目估定线

先在 A、B 两点分别竖立标杆,一人站在 A 点标杆后 1~2m 处,由 A 瞄向 B,同时指挥另一持标杆的人左右移动,直到所持标杆与 A、B 标杆完全重合为止,此时立标杆的点就在 A、B 两点间的直线上,在此位置竖立标杆或插上测钎,作为定点标志。同法可定出直线上的其他点。

一般应由远到近进行定线,且各标杆之间的距离小于一个整尺长。

2. 经纬仪定线

当直线定线精度要求较高或两个点相距较远时,采用经纬仪定线。经纬仪定线是在直线的一个端点安置经纬仪后,对中、整平,用望远镜十字丝竖丝瞄准另一个端点目标,固定照准部。望远镜向下倾斜,司镜员指挥另一测量员移动标杆,当标杆与十字丝重合时,在标杆的位置钉下木桩,再桩上立铁钉;当铁钉与十字丝重合时,钉下钉子,定出 1 点,同理可定出 2 点和其他各点,如图 4.2 所示。

4.1.2 钢尺尺长方程式

钢尺表面标注的长度称为名义长度。钢尺的实际长度通常不等于其名义长度,且不是一个固定值,而是随丈量时的拉力和温度的变化而异。

钢尺受到不同的拉力,其尺长会有微小的变化,故在进行精密量距或钢尺检定时,

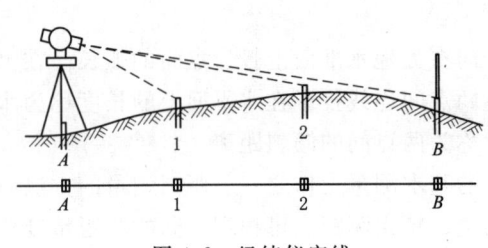

图 4.2 经纬仪定线

施加规定的拉力,如 30m 钢尺用 100N 拉力。钢尺长度随温度变化而变化,因此,在一定拉力下,可用以温度为自变量的函数来表示在某一温度时钢尺的实际长度,该函数式称作尺长方程式:

$$l_t = l + \Delta l + \alpha l(t - t_0)$$

式中 l_t——丈量温度为 t 时的钢尺实际长度,m;

l——钢尺刻划上注记的长度,即名义长度,m;

Δl——钢尺在检定温度 t_0 时的尺长改正数;

α——钢尺膨胀系数,其值为 $11.6 \times 10^{-6} \sim 12.5 \times 10^{-6}$ m/℃;

t_0——钢尺检定时的温度,又称标准温度,一般取 20℃;

t——钢尺丈量时的温度。

每根钢尺都应由尺长方程式测得实际长度,但尺长方程式中的 Δl 会受一些客观因素影响而变化,所以钢尺每使用一定时期后必须重新检定。检定的方法主要是与标准长度相比较求得,如已检定过的钢尺、有标准长度的钢尺检定场等均可用于检定钢尺,求得钢尺的尺长方程式。

4.1.3 钢尺量距

钢尺丈量工作一般需要 3 人,分别担任前司尺员、后司尺员和记录员。丈量方法因地形而有所不同。

1. 平坦地面量距

丈量时后司尺员持钢尺零点端,前司尺员持钢尺末端,通常在土质地面上用测钎标示尺段端点位置。丈量时尽量用整尺段,一般仅末端用零尺段丈量。如图 4.3 所示,整尺段数用 n 表示,余长用 q 表示,则地面两点间的水平距离为

$$D = nl + q \tag{4.1}$$

为了避免错误和提高丈量结果的精度，需进行往、返丈量。一般用相对误差来表示成果的精度。计算相对误差时，往返测差数取绝对值，分母取往返测的平均值，并化为分子为 1 的分数形式。例如 AB 往测长为 327.47m，返测长为 327.35m，则相对误差为

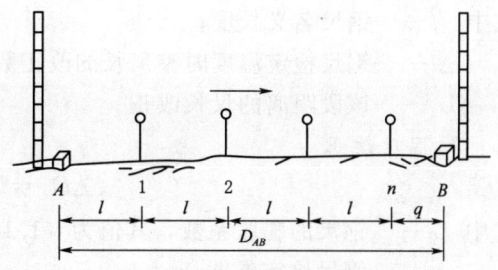

图 4.3 平坦地面量距

$$K = \frac{|D_{往} - D_{返}|}{D} = \frac{0.12}{327.41} = \frac{1}{2728}$$

一般要求 K 在 1/3000～1/1000 之间。当量距相对误差没有超过规范要求时，取往返丈量结果的平均值作为两点间的水平距离。

2. 倾斜地面量距

若地面起伏不大，可将钢尺一端抬高，目估使尺面水平，按平坦地面量距方法进行。若地面坡度较大，可将一整尺段距离分段丈量，其一端用垂球对中，如图 4.4 所示。

当倾斜地面的坡度均匀、大致呈一倾斜面时，可以沿斜坡丈量 AB 的斜距 L，测得 A、B 两点的高差 h，则水平距离为

$$D = \sqrt{L^2 - h^2} \text{ 或 } D = L + \Delta D_h \tag{4.2}$$

式中 ΔD_h——量距时的倾斜改正，如图 4.5 所示。

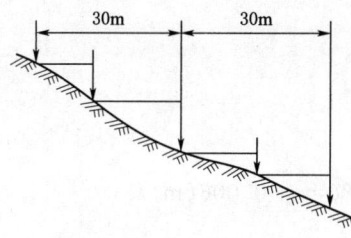
图 4.4 倾斜地面量距方法

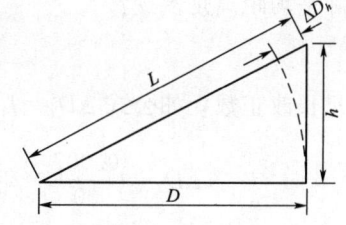
图 4.5 倾斜改正

由图 4.5 可知，$\Delta D_h = -\dfrac{h^2}{2L}$，若测得地面的倾角 α，则 $D = L\cos\alpha$。

4.1.4 距离丈量的成果整理

对某一段距离丈量的结果，需按规范要求进行尺长改正、温度改正和倾斜改正，才能得到实际的水平距离。丈量距离，通常总是分段较多，每段长不一定是整尺段，且每段的地面倾斜也不相同，所以一般需要分段改正。如果地面坡度基本一致，则尺长、温差和倾斜三项也可按整条边的距离进行改正。关于三项改正的公式分列如下。

图 4.5 中，某段距离丈量结果为 L，现要求水平距离 D。

1. 尺长改正

$$\Delta D_l = L \frac{\Delta l}{l} \tag{4.3}$$

式中 l——钢尺名义长度；

Δl——钢尺检定温度时整尺长的改正数，即尺长方程式中的尺长改正数；

ΔD_l——该段距离的尺长改正。

2. 温度改正

$$\Delta D_t = L\alpha(t - t_0) \tag{4.4}$$

式中 α——钢尺的膨胀系数，其值为 $(1.15\times10^{-5}\sim1.25\times10^{-5})$ /1℃；

t_0——钢尺检定温度；

t——钢尺丈量时的温度；

ΔD_t——该段距离的温度改正。

3. 倾斜改正

$$\Delta D_h = D - L = -\frac{h^2}{2L} \tag{4.5}$$

式中 h——A、B 两点的高差。

经以上三项改正后就可求得水平距离

$$D = L + \Delta D_l + \Delta D_t + \Delta D_h$$

将改正后的各段水平距离相加，即得丈量距离的全长。若往、返测距离差数的相对误差在限差内，则取往、返测距离平均值作为最后成果。

【例题 4.1】 某尺段两点的斜距取三次丈量的平均值为 24.786m，量距时的温度为 25℃，测得两点高差为 0.460m，该钢尺尺长方程式为

$$l_t = 30 + 0.007 + 12.5\times10^{-6}\times30(t-20)(\text{m})$$

该尺段实际平均距离是多少？

【解】

(1) 计算尺长改正数，如公式 $\Delta D_l = L\dfrac{\Delta l}{l}$

$$\Delta D_l = \frac{0.007}{30}\times 24.786 = +0.006(\text{m})$$

(2) 计算温度改正数，如公式 $\Delta D_t = L\alpha(t - t_0)$

$$\Delta D_t = 24.786\times 12.5\times 10^{-6}\times(25.5-20) = +0.002(\text{m})$$

(3) 计算倾斜改正数，如公式 $\Delta D_h = D - L = -\dfrac{h^2}{2L}$

$$\Delta D_h = -\frac{0.460^2}{2\times 24.786} = -0.004(\text{m})$$

(4) 直线全长计算，如公式 $D = L + \Delta D_l + \Delta D_t + \Delta D_h$

$$D = 24.786 + 0.006 + 0.002 - 0.004 = 24.790(\text{m})$$

任务 4.2 视 距 测 量

视距测量是根据几何光学原理，利用仪器望远镜筒内的视距丝在标尺上截取读数，应用三角公式计算两点距离，可同时测定地面上两点间水平距离和高差的测量方法。视距测

量的优点是，操作方便、观测快捷，一般不受地形影响。其缺点是，测量视距和高差的精度较低，测距相对误差为 1/300～1/200。尽管视距测量的精度较低，但其还是能满足测量地形图碎部点的要求，所以在测绘地形图时，常采用视距测量的方法测量距离和高差。

视距测量利用望远镜内的视距装置配合视距尺，根据几何光学和三角测量原理，同时测定距离和高差。

4.2.1　视线水平时的距离与高差公式

视线水平如图 4.6 所示。

距离公式：

$$D = \frac{f}{p}l + f + \delta, \frac{d}{f} = \frac{l}{p} \tag{4.6}$$

另

$$\frac{f}{p} = k, f + \delta = c$$

则

$$D = kl + c$$

式中　k——视距乘常数；

　　　c——视距加常数。

常用望远镜的视距常数，$k=100$，$c \approx 0$。

在视线水平时，计算两点间的水平距离公式为

$$D = 100l \tag{4.7}$$

4.2.2　视线倾斜时的距离与高差公式

当地面高低起伏较大或通视条件较差时，必须使视线倾斜才能读取尺间隔，此时尺仍然是竖直的，但是视线是倾斜的。需要用垂直角和三角函数进行计算，如图 4.7 所示。

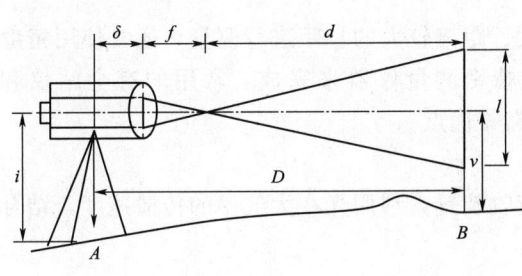

图 4.6　视线水平

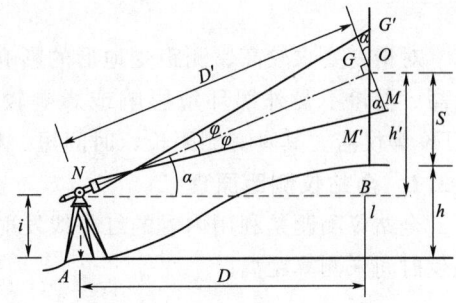

图 4.7　视线倾斜时视距测量

1. 水平距离计算公式

由斜距计算公式 $D' = k \cdot l' = kl\cos\alpha$ 转化成水平距离公式：

$$D = kl\cos^2\alpha \tag{4.8}$$

2. 高差公式

$$h = D \times \tan\alpha + i - \nu \tag{4.9}$$

式中　　i——仪器高，为测站点桩顶面至仪器横轴的高度；
　　　　v——中丝读数；
　　　　α——垂直角；
　　　　D——A 到 B 的水平距离；
　　　　h——A 到 B 的高差。

4.2.3　视距测量的观测与计算

如图 4.7 所示，欲测定 A、B 两点的平距和高差。已知 A 点的高程，观测和计算步骤如下。

（1）在测站点安置仪器，对中、整平、量取仪器高 i（量至厘米）。
（2）盘左位置瞄准视距尺，读取水准尺的下、上丝读数，求出视距间隔 l。
（3）调整竖盘指标水准管气泡居中，读取中丝读数 v（读到厘米）和竖盘读数 L，然后计算竖直角。
（4）计算视距、水平距离、高差和高程。

【例题 4.2】　测站 A 点的高程为 $H_A=110.67$m，仪器高 $i=1.46$m，1 点上的上、下丝读数分别为 2.324m 和 2.548m，中丝读数 $v=2.18$m，竖盘读数 $L=87°40'$。求 1 点的水平距离和高程。

【解】　依据上述计算方法，具体计算过程如下：

尺间隔 $l=2.548-2.324=0.224$(m)
视距 $kl=100\times0.224=22.4$(m)
垂直角 $\alpha=90°-87°40'=2°20'$
水平距离 $D=22.4\times\cos^2 2°20'=22.36$(m)
高差 $h=22.36\times\tan 2°20'+1.46-2.18=0.19$(m)
高程 $H_1=110.67+0.19=110.86$(m)

任务 4.3　精 密 测 距

对精度要求较高、测距受地形的影响较大、距离较大的长距进行测量，通常使用精度较高、测量不受外部环境影响或影响较小的精密测量仪器来完成，常用的有全站仪和 RTK 等仪器。其具有测距长、时间短、精度高等优点。

4.3.1　全站仪测距原理

全站仪测距是利用内置的红外线发射和接收装置，利用光在大气中的传播速度，结合往返时间来测算距离。

$$s=c\times\frac{t}{2} \tag{4.10}$$

式中　　c——光速；
　　　　t——光源在发出点和目标点之间的往返时间。

全站仪测距通常利用红外线作为光源，采用脉冲法或相位法来测定距离。

4.3.2　全站仪测距精度指标

测距仪都有一个标称精度，是仪器出厂的合格精度指标，是衡量仪器本身精度的。全站仪的测距误差由两部分组成：一部分是与距离长短无关的对中误差、偏心改正误差、发光管相位不均匀而导致的照准误差等，称为固定误差；另一部分是与距离相关的真空中光速值的格式频率误差和大气折射率误差，它们的大小与距离的长短成正比，距离越远，产生的误差越大，称为比例误差。

为了方便，一般是近似地用以下形式表达测距精度，单位是毫米：

$$m_D = \pm(a + b \times D) \tag{4.11}$$

式中　a——固定误差；

　　　b——比例误差系数；

　　　D——测距长度，km。

例如：某全站仪出厂时的标称精度：$\pm(5+5\times10^{-6}D)$mm，即固定测距中误差为±5mm，与距离成比例增大的测距误差为5mm/km，若测距长度为1km，其测距中误差为

$$m_D = \pm(5\text{mm} + 5\text{mm/km} \times 1\text{km}) = \pm10(\text{mm})$$

该测距仪被称为10mm级仪器。有时"$5+5\times D$"简称为"$5+5$ppm"，其中的"ppm"表示百万分之一，即10^{-6}。目前国内外生产的仪器一般是5mm级或更高精度的仪器。

上述说明仪器的性能，不能理解为实际的测距精度，不代表现场作业时的边长实测精度。在实际测量工作中，要注意以下两点。

(1)加常数K、乘常数R改正值是从仪器的检测结果得来的。加常数K与实测距离大小无关，乘常数R应与实测距离相乘得到改正值，乘常数R单位为mm/km，实测距离单位为km，所得改正值单位为mm。

(2)外业作业时应进行加常数K、乘常数R改正。

GPS（或RTK）采用地面的接收设备，接收来自导航卫星的定位信息，进行长距离、高精度测量。

项目 5

平 面 控 制 测 量

任务 5.1　方位角与坐标计算

5.1.1　标准方向

为了确定地面两点在平面位置的相对关系，仅测得两点间水平距离是不够的，还须确定该直线的方向。在测量上，直线方向是以该直线与基本方向线的夹角来确定的。确定直线方向与基本方向之间的关系，称为直线定向。根据方位角等数据，来计算点的坐标。

测量工作中，常用真子午线方向、磁子午线方向或坐标纵轴方向作为直线定向的标准方向。

1. 真子午线方向（真北方向）

过地球南北极的平面与地球表面的交线称为真子午线。通过地球表面某点的真子午线的切线方向，称为该点的真子午线方向。指向北方的一端是真北方向，如图 5.1（a）所示。真子午线方向可用天文观测方法或陀螺经纬仪来确定。

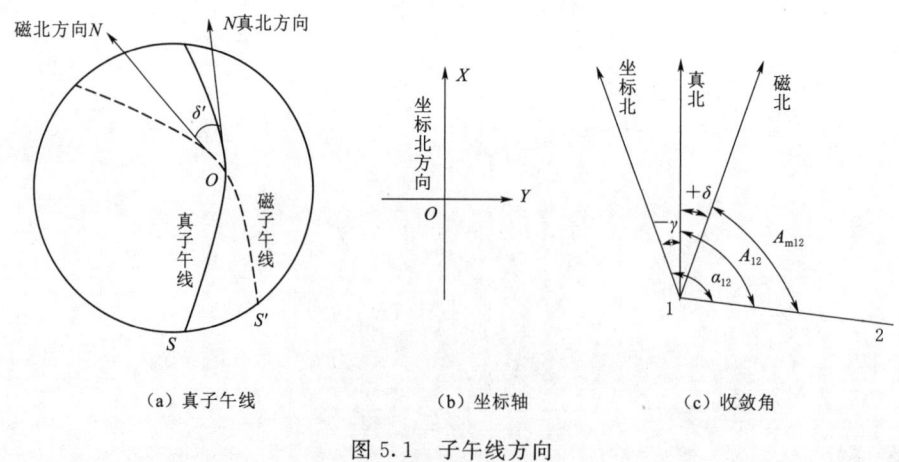

(a) 真子午线　　(b) 坐标轴　　(c) 收敛角

图 5.1　子午线方向

2. 磁子午线方向（磁北方向）

磁子午线方向是磁针在地球磁场的作用下，自由静止时磁针轴线所指的方向，指向北端的方向称为磁北方向，如图5.1（a）所示，可用罗盘仪测定。

3. 坐标纵轴方向（轴北方向）

在测量工作中，通常采用高斯平面直角坐标或独立的平面直角坐标确定地面点的位置。以通过测区内坐标原点的坐标纵轴 OX 轴正方向为基本方向，如图5.1（b）所示。测区内其他各点的子午线均与过坐标原点的坐标纵轴平行。这种基本方向称为坐标纵轴方向。

由于地磁南北极与地球南北极不重合，因此地面某点的磁子午线与真子午线也并不一致，它们的夹角称为磁偏角，用符号 δ 表示，如图5.1（c）所示。磁子午线方向偏于真子午线方向以东称为东偏，偏于西称西偏，并规定东偏为正、西偏为负。磁偏角的大小随地点的不同而异，即使在同一地点，由于地球磁场经常变化，磁偏角的大小也有变化。我国境内磁偏角值在+6°（西北地区）和-10°（东北地区）之间。由于地球磁极的变化，磁针受磁性物质的影响，定向精度不高，所以不适合作为精确定向的基本方向，但可作为小区域独立测区的基本方向。

地面上某点真子午线方向与坐标纵轴方向的夹角称为子午线收敛角 γ。坐标纵轴方向偏于真子午线方向以东者为东偏，γ 角为正，西偏 γ 角为负。某点的子午线收敛角值，可根据该点的高斯平面直角坐标在有关计算表中查得。

5.1.2 直线方向的表示方法

在测量中，常用方位角或象限角表示直线的方向。

1. 方位角

从过直线段一端的基本方向线的北端起，顺时针方向旋转到该直线的水平角度，称为该直线的方位角。方位角的角值为 0°～360°。因基本方向有三种，对应的方位角也有三种，即真方位角、磁方位角和坐标方位角。

以真子午线为基本方向线，所得方位角称为真方位角，一般以 A 表示。以磁子午线为基本方向线，则所得方位角称为磁方位角，一般以 A_m 来表示。以坐标纵轴为基本方向线所得方位角称为坐标方位角（有时简称方位角），通常以 α 来表示。三者之间的关系如下：

$$A = A_m + \delta$$
$$A = \alpha + \gamma \quad (5.1)$$
$$\alpha = A_m + \alpha - \gamma$$

2. 象限角

对于直线定向，有时也用小于 90°的角度来确定。从过直线一端的基本方向线的北端或南端，按顺时针（或逆时针）的方向量至直线的锐角，称为该直线的象限角，一般以 R 表示。象限角的角值为 0°～90°。NS 为经过 O 点的基本方向线，$O1$、$O2$、$O3$、$O4$ 为地面直线，则 R_1、R_2、R_3、R_4 分别为四条直线的象限角。若基本方向线为真子午线，则相应的象限角为真象限角。若基本方向线为磁子午线，则相应的象限角为磁象限角。仅有象限角的角值还不能完全确定直线的位置。因为具有某一角值（如 50°）的象限角，可以从不同的线端（北端或南端）和不同的方向（向东或向西）来度量，所以在用象限角确定直线的

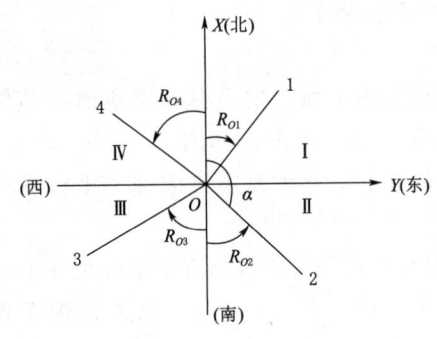

图 5.2 象限角

方向时,除写出角度的大小外,还应注明该直线所在象限名称:北东、南东、南西、北西等。在图 5.2 中,直线 $O1$、$O2$、$O3$、$O4$ 的象限角相应地要写为北东 R_{O1}、南东 R_{O2}、南西 R_{O3}、北西 R_{O4},它们顺次相应等于第一、二、三、四象限中的象限角。象限角也有正反之分,正反象限角值相等,象限名称相反。

3. 坐标方位角与象限角的关系

同一直线的坐标方位角与象限角之间的关系如图 5.3 所示。

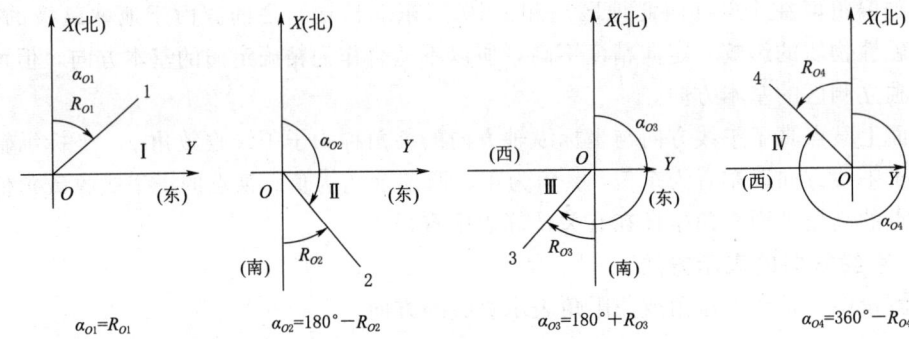

图 5.3 同一直线的坐标方位角和象限角之间的关系

5.1.3 方位角的推算

1. 正、反坐标方位角的推算

相对来说,一条直线有正、反两个方向。直线的两端可以按正、反方位角定向。如图 5.4 所示,若设定直线的正方向为 12,则直线 12 的方位角为正方位角,而直线 21 的方位角就是直线 12 的反方位角;反之,也是一样。

若以 α_{12} 为直线正坐标方位角,则 α_{21} 为反坐标方位角,两者有如下关系:若 $\alpha_{12}<180°$,则有 $\alpha_{21}=\alpha_{12}+180°$;若 $\alpha_{12}>180°$,则有 $\alpha_{21}=\alpha_{12}-180°$,即 $\alpha_{21}=\alpha_{12}\pm180°$。

2. 坐标方位角的推算

如图 5.5 所示,α_{12} 已知,通过连测求得 12 边与 23 边的连接角为 β_2(右角)、23 边与 34 边的连接角为 β_3(左角),现推算 α_{23}、α_{34} 的方位角。

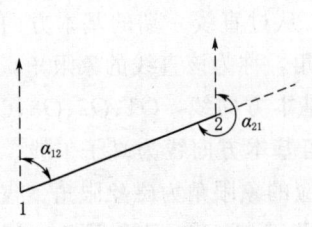

图 5.4 正反方位角的关系

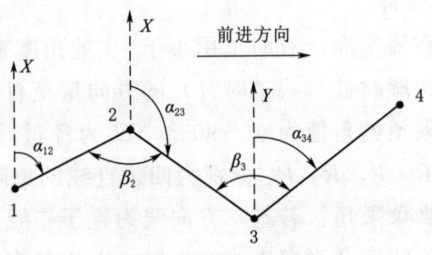

图 5.5 方位角的推算

由图 5.5 分析可知：
$$\alpha_{23} = \alpha_{21} - \beta_2 = \alpha_{12} + 180° - \beta_2$$
$$\alpha_{34} = \alpha_{32} + \beta_3 = \alpha_{23} + 180° + \beta_3$$

推算坐标方位角的通用公式：
$$\alpha_{前} = \alpha_{后} \pm \beta + 180° \tag{5.2}$$

当观测角 β 为左角时，取"+"；若为右角，取"-"。计算中，若 $\alpha_{前} > 360°$，减 $360°$；$\alpha_{前} < 0°$，加 $360°$。

5.1.4 坐标计算

1. 坐标正算

根据已知点的坐标、已知边长和该边的坐标方位角计算出未知点的坐标，称为坐标正算。已知，如图 5.6 所示，设 A 点为已知点，B 点为未知点，A 点的坐标为 (x_A, y_A)，AB 的边长为 D_{AB}，AB 的坐标方位角为 α_{AB}，则 B 点的坐标 (x_B, y_B) 为

$$\begin{aligned} x_B &= x_A + \Delta x_{AB} \\ y_B &= y_A + \Delta y_{AB} \end{aligned} \tag{5.3}$$

式中：
$$\begin{aligned} \Delta x_{AB} &= x_B - x_A = D_{AB}\cos\alpha_{AB} \\ \Delta y_{AB} &= y_B - y_A = D_{AB}\sin\alpha_{AB} \end{aligned} \tag{5.4}$$

式中 $\Delta x_{AB}, \Delta y_{AB}$ ——坐标的增量。

坐标方位角和坐标的增量均带有方向性，当方位角位于第一象限时，坐标的增量均为正值。当坐标方位角位于第二象限时，Δx_{AB} 为负值，Δy_{AB} 为正值。当坐标方位角在第三象限时，Δx_{AB} 为负值，Δy_{AB} 为负值。当坐标方位角在第四象限时，Δx_{AB} 为正值，Δy_{AB} 为负值。

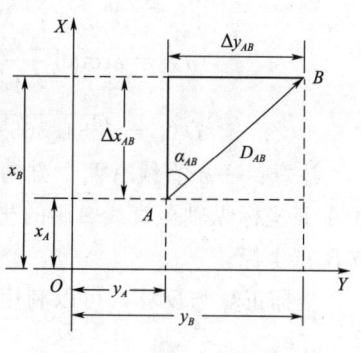

图 5.6 坐标正算示意图

【例题 5.1】 已知 A 点的坐标为 $(5168273.656, 430256.789)$，$AB$ 的距离为 130.459m，AB 的坐标方位角为 $\alpha_{AB} = 38°56'48''$，试求 B 点的坐标。

【解】 将已知数据代入公式当中：
$$\begin{aligned} x_B &= x_A + \Delta x_{AB} = x_A + D_{AB}\cos\alpha_{AB} = 5168273.656 + 130.459\cos38°56'48'' \\ &= 5168375.118(\text{m}) \\ y_B &= y_A + \Delta y_{AB} = y_A + D_{AB}\sin\alpha_{AB} = 430256.789 + 130.459\sin38°56'48'' \\ &= 430338.795(\text{m}) \end{aligned}$$

2. 坐标反算

根据两个已知点坐标，求该两点间的距离和坐标方位角，称为坐标反算。

如图 5.6 所示，设 A, B 两点为已知点，其坐标分别为 (x_A, y_A) (x_B, y_B)，则

$$\tan\alpha_{AB} = \frac{\Delta y_{AB}}{\Delta x_{AB}}$$

$$\alpha_{AB} = \arctan \frac{\Delta y_{AB}}{\Delta x_{AB}}$$

因此
$$D_{AB} = \sqrt{\Delta x_{AB}^2 + \Delta y_{AB}^2}$$
$$D_{AB} = \frac{\Delta y_{AB}}{\sin\alpha_{AB}} = \frac{\Delta x_{AB}}{\cos\alpha_{AB}}$$

由于反正切函数的值域是 $-90°\sim+90°$，而坐标方位角的取值范围为 $0°\sim360°$，因此坐标方位角的值，可根据坐标 x 和 y 改变量 Δx_{AB}、Δy_{AB} 的正负号确定导线边所在象限，将象限角换算为坐标方位角。根据所在的象限，求得其方位角 α_{AB}，处理方法是只看 x 坐标的改变量的正负来解决角度转换问题，方便快捷、简单易记。其具体处理方法如下：当 $\Delta x_{AB}<0$，在计算的数值上加上 $180°$；当 $\Delta x_{AB}>0$，加上 $360°$，如果总值超出 $360°$，再减去 $360°$即可。

【例题 5.2】 已知 A、B 两点的坐标分别为 $A(3558.124,4945.451)$、$B(3842.489,5361.776)$，试求直线 AB 的坐标方位角 α_{AB} 与边长 D_{AB}。

【解】
$$\Delta x_{AB} = 3842.489 - 3558.124 = 284.365$$
$$\Delta y_{AB} = 5361.776 - 4945.451 = 416.325$$
$$\alpha_{AB} = \arctan\frac{\Delta y_{AB}}{\Delta x_{AB}} = 416.325 \div 284.365 = 55°39'56''$$

因 $\Delta x_{AB}>0$，$\Delta y_{AB}<0$，故知 AB 导线为第四象限的直线，可得：
$$\alpha_{AB} = \arctan\frac{\Delta y_{AB}}{\Delta x_{AB}} + 360° = -55°39'56'' + 360° = 304°20'04''$$
$$D_{AB} = \sqrt{284.365^2 + (-416.235)^2} = 504.098$$

注意：一条直线有两个方向，故存在两个方位角，式中：$y_B - y_A$，$x_B - x_A$ 的计算是过 A 点坐标纵轴至直线 AB 的坐标方位角，若所求坐标方位角为 α_{BA}，则应是 A 点坐标减 B 点坐标。

坐标正算与反算，可以利用普通科学电子计算器的极坐标和直角坐标相互转换功能。

任务 5.2 导线测量与坐标计算

5.2.1 导线

导线就是由测区内选定的控制点组成的连续折线，每条直线叫作导线边，相邻两直线之间的水平角叫作转折角。测定转折角和导线边长之后，即可根据已知边的方位角和坐标推算出其他各导线边的方位角和导线点的坐标，如图 5.7 所示。常用的导线形式有闭合导线、附合导线和支导线，按照测区的条件和需要，导线布置成图 5.8 和图 5.9 所示的几种形式。

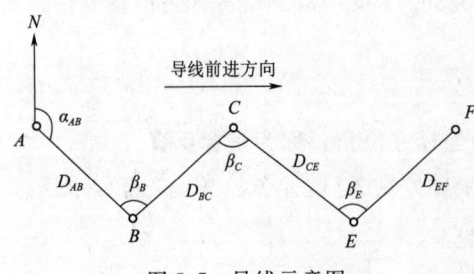

图 5.7 导线示意图

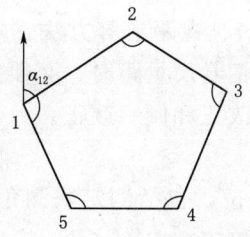
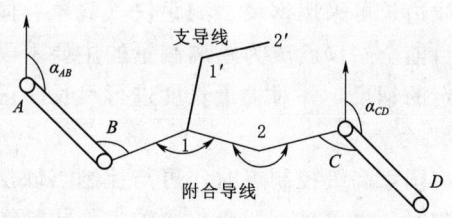

图 5.8　闭合导线示意图　　　图 5.9　附合导线与支导线示意图

5.2.2　导线测量外业工作

导线测量的外业包括：踏勘、选点及埋设标志，测角，测边，导线定向。

1. 踏勘、选点及埋设标志

踏勘是为了了解测区范围、地形及控制点情况，以确定导线的形式和布置方案；选点应考虑便于导线测量、地形测量和施工放样。选点的原则为：

（1）相邻导线点间必须通视良好，视线远离障碍物，保证成像清晰。

（2）等级导线点应便于加密图根点，导线点应选在地势高、视野开阔、便于碎部测量的地方。

（3）导线边长大致相同，不能差距过大。

（4）密度适宜、点位均匀、土质坚硬、易于保存和寻找。

选好点后应直接在地上打入木桩。桩顶钉一小铁钉或画"十"做点的标志。必要时在木桩周围灌上混凝土［图 5.10（a）］。如导线点需要长期保存，则应埋设混凝土桩或标石［图 5.10（b）］。埋桩后应统一进行编号。为了今后便于查找，应量出导线点至附近明显地物的距离，绘出草图、注明尺寸，称为点之记［图 5.10（c）］。

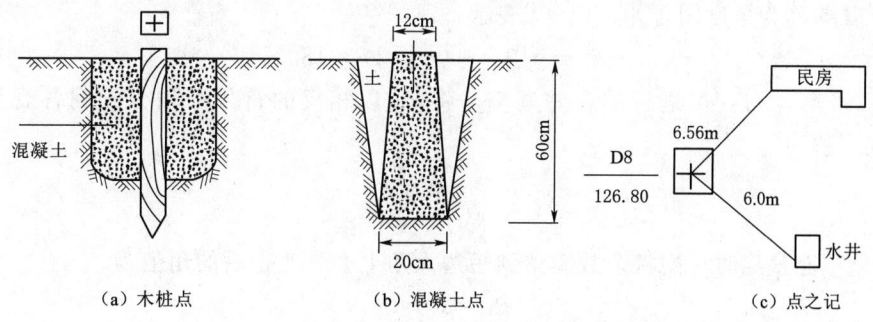

（a）木桩点　　　（b）混凝土点　　　（c）点之记

图 5.10　导线点标志和点之记

2. 测角

闭合导线测内角。导线水平角测量主要是导线转折角测量。可测左角，也可测右角，附合导线按导线前进方向可观测左角或右角；对闭合导线一般是观测多边形内角；支导线无校核条件，要求既观测左角，也观测右角以便进行校核。导线水平角的观测一般采用测回法和方向观测法。

3. 测边

传统导线边长可采用钢尺、测距仪（气象、倾斜改正）、视距法等方法。随着测绘技术的发展，目前全站仪已成为距离测量的主要手段。普通钢卷尺量距时，必须使用经国家测绘机构鉴定的钢尺，并对丈量长度进行尺长改正、温度改正和倾斜改正。

4. 导线定向

测区内有国家高级控制点时，可与控制点联测推求方位，包括测定联测角和联测边；当联测有困难时，也可采用罗盘仪测磁方位或陀螺经纬仪测定方向。

用于测图的控制点所连接成的导线（即图根导线）的坐标计算方法与此内容相同。

5.2.3 导线测量内业计算

1. 闭合导线的坐标计算

导线计算的目的是：推算各导线点的坐标 x_i，y_i。下面结合实例介绍闭合导线的计算方法，图 5.11 为闭合导线外业观测草图。计算前必须按技术要求对观测成果进行检查和核算，然后将观测的内角、边长填入表 5.1 的 2、6 栏，起始边方位角和起点坐标值填入表 5.1 的 5、13、14 栏顶上格（带有双横线的值）。对于四等以下导线角值取至秒，边长和坐标取至 mm，图根导线长和坐标取至 cm，并绘出导线草图。在表 5.1 内进行计算。

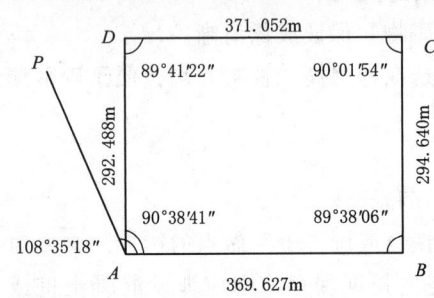

图 5.11　闭合导线外业观测草图

（1）计算并调整角度闭合差。

n 边形内角和的理论值 $\sum\beta_{理}=(n-2)\times 180°$。由于测角误差，实测内角和 $\sum\beta_{测}$ 与理论值不符，其差称为角度闭合差，以 f_β 表示，即

$$f_\beta = \sum\beta_{测} - (n-2)\times 180° \tag{5.5}$$

当 $f_\beta < f_{\beta允}$ 时，可进行闭合差调整，将 f_β 以相反的符号平均分配到各观测角去。其角度改正数为

$$v_\beta = -\frac{f_\beta}{n} \tag{5.6}$$

当 f_β 不能整除时，则将余数凑整到短边大角上去。改正后的角值为

$$\beta_i = \beta'_i + v_\beta \tag{5.7}$$

调整后的角值必须满足 $\sum\beta=(n-2)\times 180°$，否则表示计算有误。

（2）推算各边方位角。根据导线点编号，导线内角（即右角）改正后角值和起始方位角，即可按式（5.2），依次计算 α_{AB}、α_{BC}、α_{CD}、α_{DA} 直到回到起始边 α_{AB}。经校核无误，方可继续往下计算。

（3）计算坐标增量及其闭合差的调整。根据各边长及其方位角，即可按式（5.4）计算出相邻导线点的坐标增量。如图 5.12 所示，闭合导线纵横坐标增量的总和的理论值应等于零，即

表 5.1 闭合导线坐标计算表

点号	观测角/(° ′ ″)	角度改正数/(″)	改正后角度值/(° ′ ″)	坐标方位角/(° ′ ″)	距离/m	坐标增量 Δx 计算值/m	坐标增量 Δx 改正值/mm	坐标增量 Δx 改正后的值/m	坐标增量 Δy 计算值/m	坐标增量 Δy 改正值/mm	坐标增量 Δy 改正后的值/m	纵坐标 x/m	横坐标 y/m
1	2	3	4	5	6	7	8	9	10	11	12	13	14
P				335 33 07									
A	108 35 18	+3	108 35 18									12037.542	20207.028
				264 08 25	369.627	-37.736	+1	-37.735	-367.696	-1	-367.697		
B	89 38 06	0	89 38 06									11999.807	19839.331
				173 46 31	294.640	-292.903	+1	-292.902	+31.947	-1	+31.946		
C	90 01 54	-1	90 01 53									11706.905	19871.277
				83 48 24	371.052	+40.030	+1	+40.031	+368.886	-2	+368.884		
D	89 41 22	-1	89 41 21									11746.936	20240.161
				353 29 45	292.488	+290.605	+1	+29.606	-33.132	-1	-33.133		
A	90 38 41	-1	90 38 40									12037.542	20207.028
				264 08 25									
B														
∑	360 00 03	-3	360 00 00		1327.807	-0.004	+4	0.000	+0.005	-5	0.000		

辅助计算

$f_\beta = \sum \beta_{测} - 360° = +3″$ $f_x = \sum \Delta x = -4\text{mm}$ $f_y = \sum \Delta y = +5\text{mm}$ $f = \sqrt{f_x^2 + f_y^2} = 6\text{mm}$

$f_{\beta允} = \pm 10″\sqrt{n} = \pm 20″$ $|f_\beta| < |f_{\beta允}|$ 合格 $K = \dfrac{f}{\sum D} = \dfrac{1}{221301}$ $K_允 = \dfrac{1}{15000}$ $K < K_允$ 合格

$$\sum \Delta x_{理} = 0$$
$$\sum \Delta y_{理} = 0$$

由于量边误差和改正角值的残余误差，其计算的观测值 $\sum \Delta x_{测}$，$\sum \Delta y_{测}$ 不等于零，与理论值之差，称为坐标增量闭合差，即

$$f_x = \sum \Delta x_{测} - \sum \Delta x_{理} = \sum \Delta x_{测}$$
$$f_y = \sum \Delta y_{测} - \sum \Delta y_{理} = \sum \Delta y_{测}$$
(5.8)

如图 5.13 所示，由于 f_x, f_y 的存在，导线不闭合而产生 f，称为导线全长闭合差，即

$$f = \sqrt{f_x^2 + f_y^2} \tag{5.9}$$

f 值与导线长短有关。通常以全长相对闭合差 K 来衡量导线的精度。

$$K = \frac{f}{\sum D} = \frac{1}{\dfrac{\sum D}{f}} \tag{5.10}$$

式中 $\sum D$——导线全长。

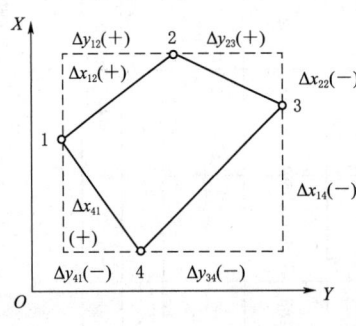
图 5.12 坐标增量闭合差

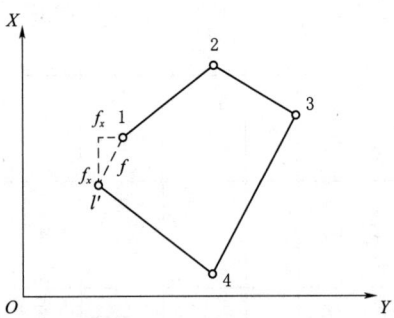
图 5.13 导线全长闭合差

当 K 在容许值范围内，可将 f_x, f_y 以相反符号按边长成正比分配到各增量中去，其改正数为

$$v_{x_i} = \left(-\frac{f_x}{\sum D}\right) \times D_i \tag{5.11}$$

$$v_{y_i} = \left(-\frac{f_y}{\sum D}\right) \times D_i \tag{5.12}$$

按增量的取位要求，改正数凑整至 cm 或 mm，凑整后的改正数总和必须与反号的增量闭合差相等。然后将相应的增量计算值加改正数计算改正后的增量。

（4）计算坐标。根据起点已知坐标和改正后的增量。按式（5.3）依次计算 2、3、4 点直至回 1 点的坐标，进行校核。

2. 附合导线的坐标计算

附合导线的计算方法和计算步骤与闭合导线计算基本相同，只是由于已知条件的不同，有以下几点不同之处。

图 5.14 中的 A、B、C、D 是已知点，起始边的方位角 α_{AB}（$\alpha_{始}$）和终止边的方位角

$α_{CD}(α_终)$为已知。分别为$α_{AB}=236°44'28''$和$α_{CD}=69°38'01''$,有关外业观测资料数据已经填入表5.2。

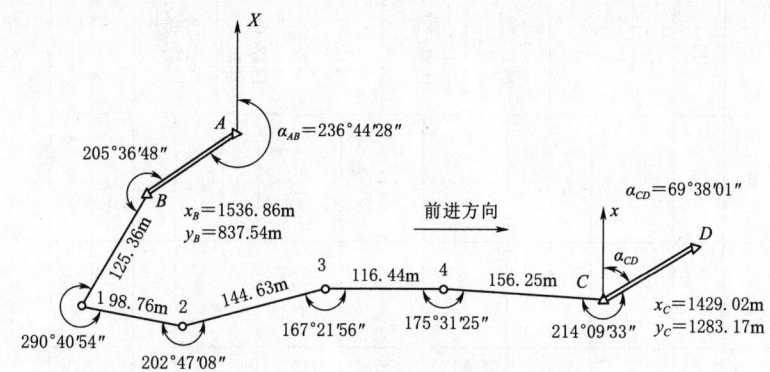

图5.14 附合导线示意图

(1)计算角度闭合差。附合导线角度闭合差计算公式为

$$f_β = α'_终 - α_终 \tag{5.13}$$

式中 $α'_终$——终边用观测的水平角推算的方位角;

$α_终$——终边已知的方位角,$α_终$推算的一般公式:

$$α'_终 = α_终 + n × 180° ± \sum_{i=1}^{n} β \tag{5.14}$$

式中 观测角累计和前的加减号是以观测角为左角或右角来取舍的。如果是右夹角,取"一"号;反之则取"+"号。如果推算出来的$α'_终$超过360°,则减去360°。

(2)测角精度的评定。测角精度的评定即$f_β = α'_终 - α_终$检核:$f_β ≤ f_{β允}$(各级导线的限差见规范)。

(3)角度改正数计算。角度改正数按式$Δβ = ±\frac{f_β}{n}$计算,公式中的n是包括连接角在内的导线转折角数。如果角度闭合差$f_β$在容许范围内,则进行角度调整,其原则是:当观测的是左角,则将角度闭合差反号平均分配到各左角;当观测的是右角,则将角度闭合差同号平均分配到各右角。按改正后的角度值,重新计算各边方位角。

(4)计算坐标增量闭合差。

$$f_x = \sum Δx - (x_终 - x_始)$$
$$f_y = \sum Δy - (y_终 - y_始) \tag{5.15}$$

(5)计算各导线点的坐标值。按照公式$x_前 = x_后 + Δx_{i改}$和$y_前 = y_后 + Δy_{i改}$,计算各点坐标。最后推算出的终点C的坐标,应和C点已知坐标相同。如图5.14所示,观测的数据在图5.14中已经标注出来。其计算过程填入表5.2。

导线计算的目的是要计算出导线点的坐标,计算导线测量的精度是否满足要求。首先要查实起算点的坐标、起始边的方位角,校核外业观测资料,确保外业资料的计算正确、合格无误。

表 5.2　附合导线坐标计算表

点号	观测右角 (° ′ ″)	角度改正数 (″)	改正后角度值 (° ′ ″)	坐标方位角 (° ′ ″)	距离/m	坐标增量 Δx 计算值/m	坐标增量 Δx 改正值/mm	坐标增量 Δx 改正后的值/m	坐标增量 Δy 计算值/m	坐标增量 Δy 改正值/mm	坐标增量 Δy 改正后的值/m	纵坐标 x/m	横坐标 y/m
1	2	3	4	5	6	7	8	9	10	11	12	13	14
A				236 44 28									
B	205 36 48	−13	205 36 35									1536.86	837.54
				211 07 53	125.36	−107.31	+4	−107.27	−64.81	−2	−64.83		
1	290 40 54	−12	290 40 42									1429.59	772.71
				100 27 11	98.76	−17.92	+3	−17.89	+97.12	−2	+97.10		
2	202 47 08	−13	202 46 55									1411.70	869.81
				77 40 16	114.63	+30.88	+4	+30.92	+141.29	−2	+141.27		
3	167 21 56	−13	167 21 43									1442.62	1011.08
				90 18 33	116.44	−0.63	+3	−0.60	+116.44	−2	+116.42		
4	175 31 25	−13	175 31 12									1442.02	1127.50
				94 47 21	156.25	−13.05	+5	−13.00	+155.70	−3	+155.67		
C	214 09 33	−13	214 09 20									1429.02	1283.17
				60 38 01									
D													
Σ	1256 07 44	−77	1256 06 25		641.44	−108.03	+19	−107.84	+445.74	−11	+445.63		

辅助计算

$\alpha'_{CD} = \alpha_{AB} + 6 \times 180° - \Sigma\beta_{测} = 60°36'44''$　　$f_x = \Sigma\Delta x_{测} - (x_C - x_B) = -19\text{mm}$

$f_y = \Sigma\Delta y_{测} - (y_C - y_B) = +11\text{mm}$　　$f = \sqrt{f_x^2 + f_y^2} = \pm 22\text{mm}$　　$f_{\beta 允} = \pm 60''\sqrt{n} = \pm 60''\sqrt{6} = \pm 147''$

$|f_\beta| < |f_{\beta 允}|$　合格　　$K = \dfrac{f}{\Sigma D} = \dfrac{1}{29156}$　　$K_允 = \dfrac{1}{5000}$　　$K < K_允$　合格

任务 5.3　控制测量仪器及工具

5.3.1　全站仪

1. 全站仪

随着现代科学技术的发展和计算机的广泛应用，一种集测距装置、测角装置和微处理器为一体的新型测量仪器应运而生。这种能自动测量和计算，并通过电子手簿或直接实现自动记录、存储和输出的测量仪器，称为全站式电子速测仪，简称全站仪。全站仪分为组合式和整体式两类，如图 5.15 和图 5.16 所示。

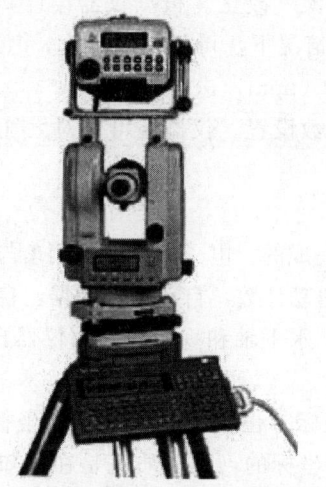
图 5.15　组合式全站仪

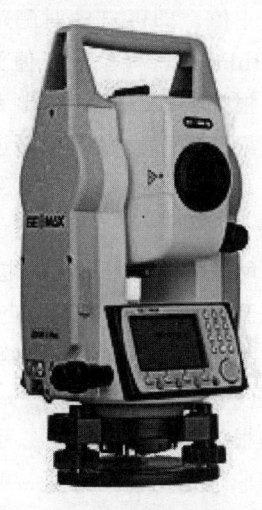
图 5.16　整体式全站仪

全站仪经历了从普通型全站仪、功能型全站仪、磁卡型全站仪、内存式全站仪到全自动智能全站仪的发展过程。

2. 全站仪的工作特点

（1）能同时测角、测距并自动记录测量数据。

（2）内置多种应用程序，能在测量现场得到归算结果。

（3）能实现计算机和仪器之间的数据交换。

3. 全站仪的构造

全站仪主要由两个系统组成：控制系统和光电测量系统，如图 5.17 所示。控制系统是全站仪的核心，主要由微处理器、键盘、显示器等软硬件组成。光电测量系统主要指全站仪各测量单元。

通过键盘（面板）可以进行各种控制操作，如参数预置，选择显示和记录模式，进行存储卡格式化，建立或选择工作文件，数

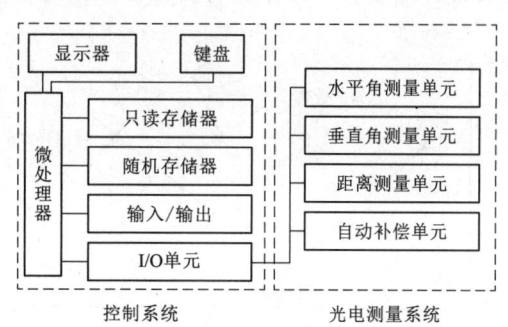
图 5.17　全站仪构造

据输入输出,确定测量模式等。

5.3.2 全站仪主要功能

1. 距离测量

全站仪大多利用内置的相位式红外测距仪进行距离测量,可设为单次测量和 N 次测量。其有三种测距模式,即精测模式、粗测模式、跟踪模式。一般情况下用精测模式观测,最小显示单位为 1mm,测量时间约为 2.5s。粗测模式最小显示单位为 10mm,测量时间为 0.7s。跟踪模式用于观测移动目标,最小显示单位为 10mm,测量时间约为 0.3s。

在距离测量前应进行大气改正和棱镜常数的设置,然后才能进行距离测量。由于仪器是利用红外光测距,光速会随着大气的温度和压力而改变,因此必须进行大气改正。仪器一旦设置大气改正值,即可自动对测距结果实施大气改正。根据仪器设计,在温度 20℃、标准大气压 1013hPa 时,气象改正值为 0;其他情况下,可以输入温度,气压值由仪器自动计算,也可以根据公式直接计算出大气改正值(ppm)进行设置。

测距时,应根据使用的棱镜型号进行棱镜常数设置。仪器还可以对大气折光和地球曲率的影响进行自动改正。

2. 角度测量

全站仪的测角是由仪器内集成的电子经纬仪完成的。电子经纬仪的测角与光学经纬仪类似,主要区别在于电子经纬仪采用光电扫描度盘自动计数,自动处理数据,自动显示、储存及输出数据,并且角度测量的三轴误差(视准轴、水平轴和垂直轴)由仪器自动进行改正。

3. 坐标测量

坐标测量是根据已知点的坐标、已知边的坐标方位角,计算未知点坐标的一种方法。全站仪坐标测量原理是用极坐标直接测定待定点坐标的,其实质就是在已知测站点,同时采集角度和距离,经微处理器实时进行数据处理,由显示器输出测量结果。

坐标测量需要具备一定的已知条件,已知两点的坐标或一个点的坐标及方位角,均可进行未知点的坐标测量。测量时,需要输入仪器高和棱镜高,以及测站点的坐标,并进行定向,全站仪可直接测定未知点的坐标。

用全站仪测待测点的三维坐标:必须输入测站点三维坐标 (x, y, H)、后视边方位角(或后视点坐标,由全站仪解算后视边方位角)、仪器高 i、棱镜高 t。

4. 放样测量

放样测量就是根据已有的控制点或地物点,按工程设计要求,将建筑物或构筑物的特征点在实地标定出来。放样时,将已知数据和待放点的数据输入仪器,根据仪器显示的待放点与已知点对应的角度、距离的差值和高差值,由测站司镜员指挥棱镜员在地面移动,在仪器随时显示的各种差值显示为零时,移动中所对应的位置就是待放点的点位(图 5.18)。在此打入木桩、标上点记,完成该点的放样。显示的差值由如下公式计算:

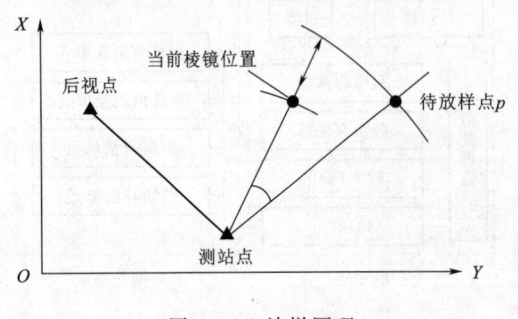

图 5.18 放样原理

斜距差值＝斜距实测值－斜距放样值
平距差值＝平距实测值－平距放样值
高程差值＝高程实测值－高程放样值
角度差值＝角度实测值－角度放样值

5.3.3 全站仪的应用

中纬 ZT20 全站仪使用简介如下。

1. 仪器各部位名称和技术术语示意

仪器各部件名称如图 5.19 所示。技术术语示意如图 5.20 所示。

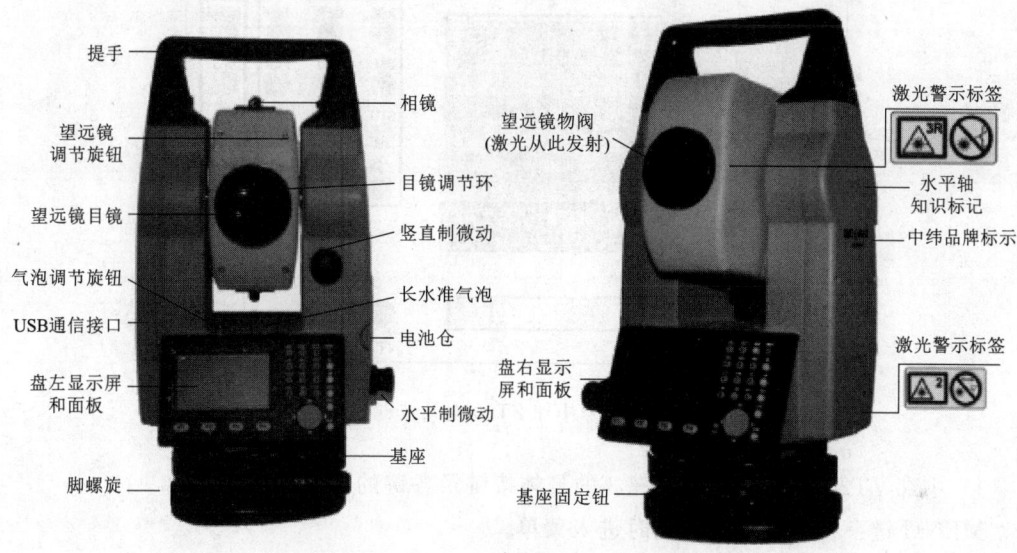

图 5.19　仪器各部件名称

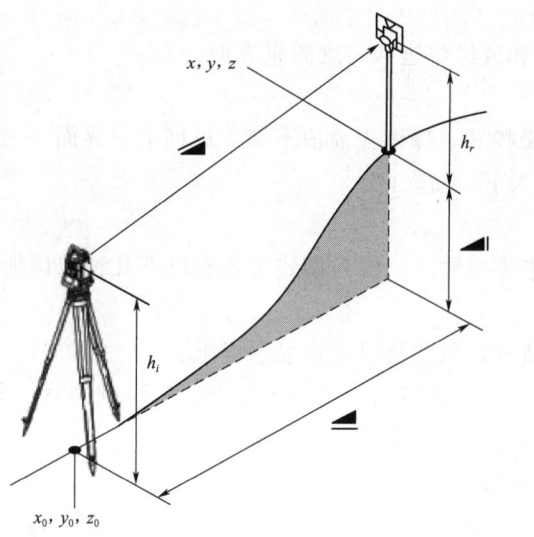

图 5.20　技术术语示意

2. 仪器操作

中纬 ZT20 全站仪除了具有上述特点外,还具有全天候、全领域,全系类的特点。

(1) 电源开关。为避免不必要的电源开关误操作,TPS400 将开关(on/off)放在仪器的侧面。

(2) 键盘及输入模式。

图 5.21 中,1 为当前操作区,2 为状态图标,3 为固定键,4 为字符数字键,5 为导航键,6 为软功能键。

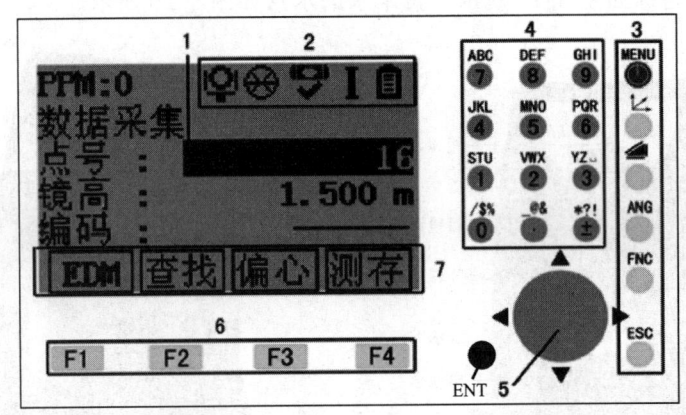

图 5.21 中纬 ZT20 全站仪键盘

1) 中纬 ZT20 键盘上的固定键 3 的具体按键及各键的作用如下所述。

MENU 键:在常规测量界面时进入菜单。

坐标键:在常规测量、数据采集和放样中进入坐标测量界面。

距离键:在常规测量、数据采集和放样中进入距离界面,再次按此键将在平距、高差和斜距之间切换。

ANG 键:在常规测量、数据采集和放样中进入角度测量界面。

FNC 键:常用测量功能键。

ESC 键:退出对话框或者退出编辑模式,保留先前值不变,返回上一界面。

ENT 键:回车键。确认输入,进入下一输入区。

2) 输入方法。

数字字符输入由软按键和确认键来完成输入,输入模式主要有以下几种,详细请参照说明书进行操作。

数字区域:在字符数字键盘 4 上按键,数字会显示在显示屏上。

字母/数字区域:可以包含数字或字母。按键后,将显示按键上所印制的第一个字母,重复按压就会在不同字母间切换。例如:1→S→T→U→1→S……

按 ESC 键,删除更改并恢复到原始值。

导航键 5 的操作如图 5.22 所示。

在编辑模式下,小数点的位置无法改变,小数点的位置可以跳过。

图 5.22 导航键 5 的操作

3. 常规测量

(1) 角度测量。

在常规测量界面按"角度"功能键 ANG 进入角度测量模式,进行测量两点的水平夹角、竖直角的测量。水平角测量操作如下:

1) 照准第一个目标 A;

2) 设置目标 A 的水平角为 $0°00'00''$,按 F1 键置零;

3) 按 F4 键确认,如图 5.23(a)所示;

4) 照准第二个目标 B,显示 B 与 A 的水平夹角,以及当前的垂直角,如图 5.23(b)所示。

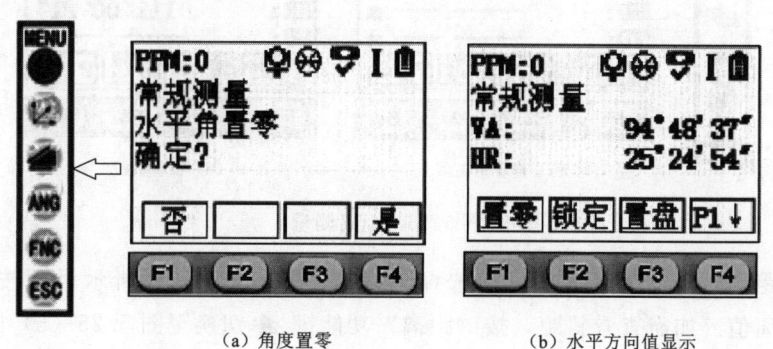

(a) 角度置零   (b) 水平方向值显示

图 5.23 水平角测量

(2) 角度设置及左、右角切换。

1) 切换左、右角:按两次 F4 键转到第三页功能,通过 F2 [R/L] 键可以在左角模式(HL)和右角模式(HR)之间切换,如图 5.24(a)所示。

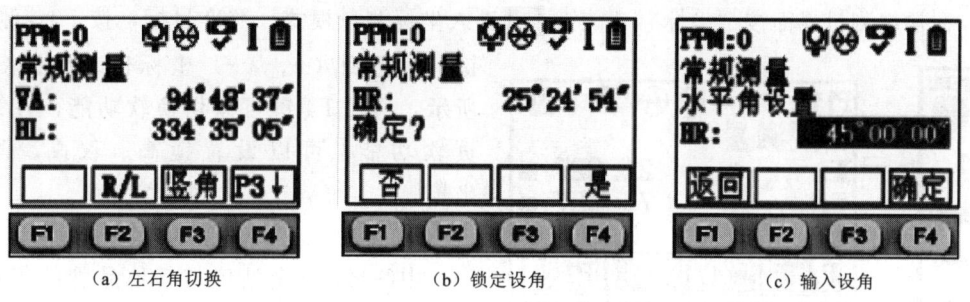

(a) 左右角切换   (b) 锁定设角   (c) 输入设角

图 5.24 角度切换与设置

2) 角度设置:在水平角度放样时使用该功能,其设置可以通过锁定角度值和键盘输入两种方法进行。

锁定角度值设置：用水平微动螺旋转到所需的角度值。按F2［锁定］键，则角度不再随着仪器的转动而改变。照准目标，按F4［是］完成水平角设置，屏幕回到正常的角度测量模式，如图5.24（b）所示。

键盘输入设置：通过设置照准目标。按F3［置盘］键。通过键盘输入要设定的角度值，如90°，然后按F4［确定］键。如图5.24（c）所示。角度的其他切换和角度的复测参见说明书。

（3）距离测量。

在常规测量界面按"距离"功能键 进入距离测量模式，再次按下"距离"功能键，屏幕内容将在两屏之间切换。图5.25（a）显示了水平角、平距、高差，图5.25（b）显示了竖直角、水平角、斜距。

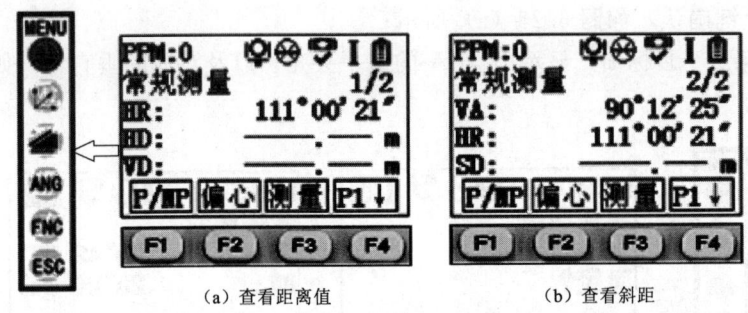

(a) 查看距离值　　　(b) 查看斜距

图5.25　距离测量

在测量距离时，要确保测量目标选择正确，在图5.25（a）所示界面按F3［测量］键，得到距离值。如需查看斜距，按"距离"功能键 切换至图5.25（b）即可。

按下F4键切换到第二页，按F1［m/ft］键，距离单位在米与英尺（1英尺＝0.3048m）间切换。按F3［EDM］键进入EDM设置。按F1［P/NP］键在"棱镜"及"无棱镜"测量模式间切换，按F4键可切换至第二页软功能，再次按下F4键切换至第一页软功能。

4. 坐标测量

在常规测量界面按"坐标"功能键 进入坐标测量模式。照准目标，按F3［测量］

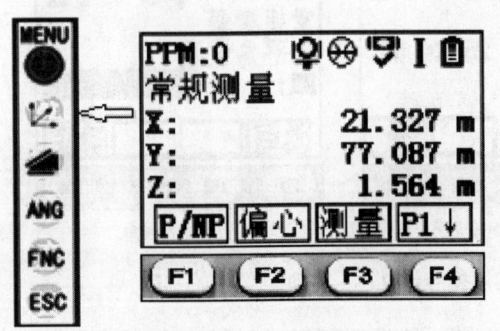

图5.26　坐标测量

键可以得到（x,y,z）坐标值。如图5.26所示，通过F4键可以切换软功能，在第二页软功能，可以设置镜高、仪高、测站坐标。

5. 应用程序

中纬ZT20全站仪与其他品牌的仪器基本上差别不大，在应用程序这部分可以完成对边测量、自由设站测量、面积测量、悬高测量、数据采集和放样等任务。

6. 启动应用程序

在开始应用程序之前，首先需要做程序开始前的准备（设置作业、设置测站和定向）。在用户选择一个应用程序（数据采集、放样、对边测量、面积测量、悬高测量）后，首先会启动程序准备界面。用户可以一项一项地进行设置。例如，在常规测量界面按 MENU 键，再按 F1［数据采集］键，首先会显示如图 5.27（a）所示的数据采集程序准备界面。

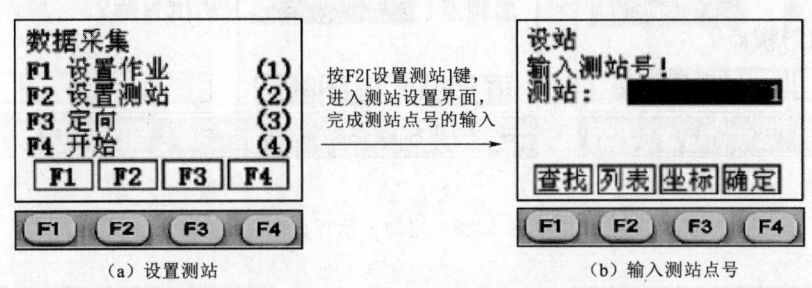

图 5.27 应用程序-测站设置

（1）设置作业：全部数据都存储在作业里，作业包含不同类型的数据（如测量数据、编码、已知点、测站等），可以单独管理，也可以分别读出、编辑或删除。按 F1［设置作业］键，进入设置作业界面，通过左右导航键选择作业，选定之后，按 F4［确定］键。如果内存中没有欲使用的作业，按 F1［新建］键可以新建一个作业，输入作业名和作业员（作业员可不输）。按 F4［确定］键，完成设置作业。

（2）设置测站：在设置测站过程中，测站坐标可以人工输入，也可以在仪器内存中读取。在图 5.27（a）所示的数据采集界面按 F2［设置测站］键，进入设置测站界面。在此界面输入测站点号，然后按 F4［确定］键。输入仪器高，按 F4［确定］键。

（3）定向：所有测量值和坐标计算都与测站定向有关。在定向过程中，可以手工设置，也可以根据测量点或内存中的点调用其数据进行设置。定向分为人工定向和坐标定向两种方法。

人工定向操作步骤如下。

在图 5.27（a）所示界面按 F3［定向］键，进入定向界面；按 F1［人工定向］键，进入人工定向界面，输入测站点至后视点连线的方位角，并照准后视点，按 F4［是］键完成定向。

坐标定向：通过已知坐标来定向，已知坐标可以人工输入，也可以在仪器内存中读取。

［注意：后视点坐标至少需要平面坐标 (x,y)，如有需要，也可输入高程。如果未定向且启动了一个程序，则仪器当前角度值就视为设定的定向值］。如图 5.27（b）所示，坐标定向的操作步骤如下。

按 F3［定向］键，进入定向界面。按 F2［坐标定向］键，进入坐标定向界面，输入后视点编号，然后按 F4［确定］键编号。此时屏幕显示计算出的方位角，照准后视点目标，按 F4［是］键完成定向。定向实际上是确定度盘的初始度数。

7. 数据采集

数据采集程序用于测量坐标，且没有点数限制。如图 5.28 所示数据采集操作程序。

按 F1 键，进入[数据采集]界面后，要按照图 5.29 和图 5.30 所示的步骤，完成程序准备设置。照准目标，按 F4 键测存，完成目标点的坐标测量并保存至当前作业，进入下一个点的测量。点号自动加 1，点号可以手动更改。按 F2 键，可以查找当前测量过的点的坐标值。按固定键可以在坐标、距离、角度模式间切换坐标模式。

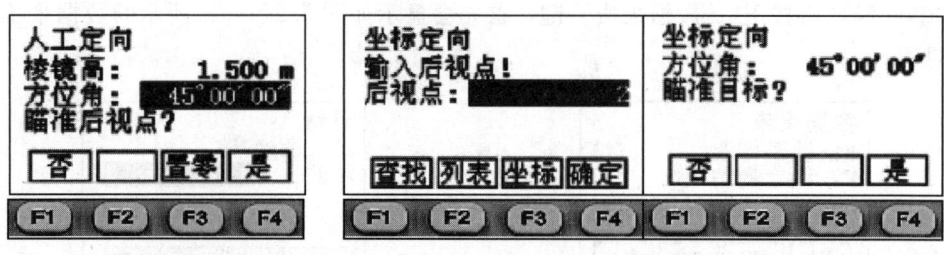

图 5.28 定向显示界面

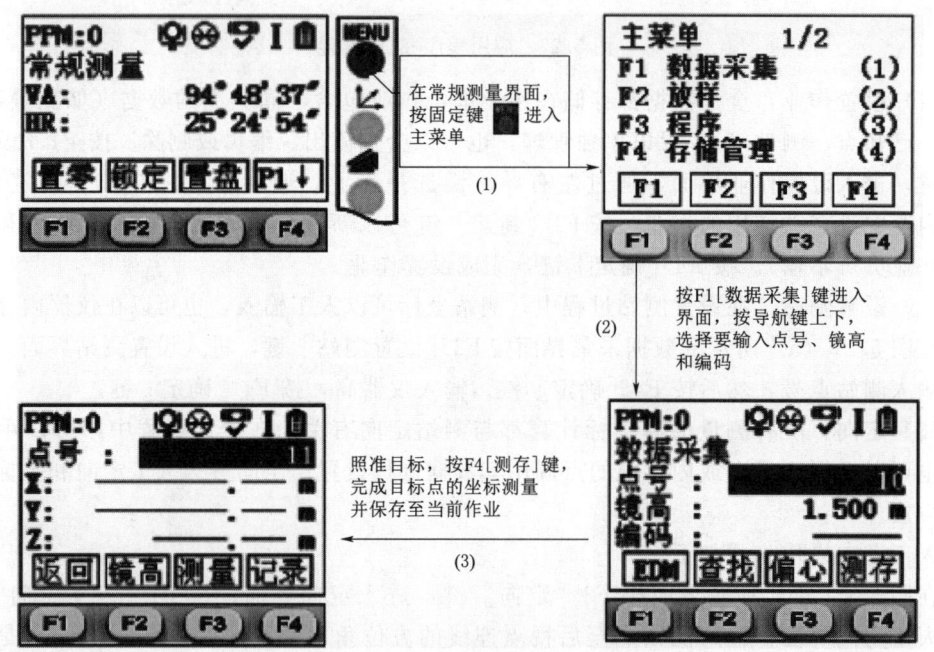

图 5.29 数据采集显示界面

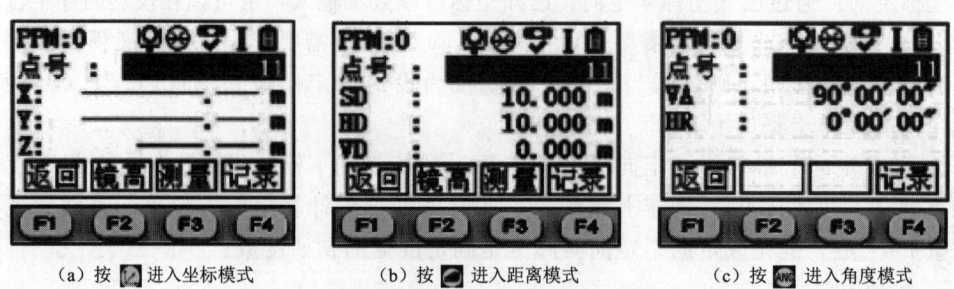

图 5.30 坐标、距离和角度模式切换

8. 放样

（1）进入放样程序界面。

放样就是在实地测设出预先定义点即待放样点的位置。使用全站仪放样，方便、快捷、高效。全站仪放样前可以将待放样点数据存放在仪器的作业中，或者放样时手动输入放样程序可以连续显示当前点和待放样点的相对位置关系。根据施工环境和计算的数据的展现形式，可以使用不同方法放样点位，常用的方法有极坐标法、正交法和笛卡儿坐标法三种。

在程序测量前，首先要完成应用程序准备设置。之后，按F4［开始］键，进入放样程序。

按左右导航键，选择要放样的点号，同时屏幕会显示此点的 x、y 坐标值。F1［镜高］键：输入棱镜高度。F2［查找］键：查找已保存的点数据。F3［坐标］键：输入待放样点的点号和坐标。

在此需要注意，放样点必须具有点号、x 坐标、y 坐标。否则只有点号或者只有点号和角度数据的点不可用于放样。

（2）极坐标法放样。

在图5.31所示操作步骤显示的最后屏，按F4［开始］键放样当前选中的点，屏幕切换至如图5.32所示的待放样点位置的计算界面，按照步骤操作，完成极坐标法的放样工作。

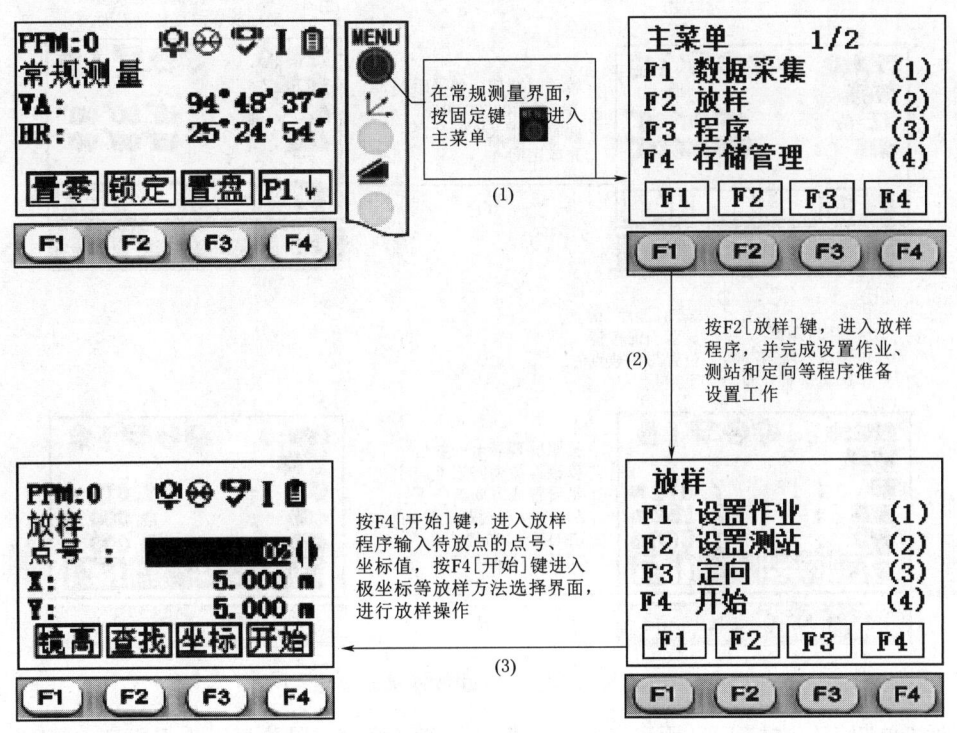

图5.31 放样程序准备

极坐标法放样操作步骤如图 5.33 所示。

屏幕中的 HZ 为测站点至待放样点连线的方位角计算值，HD 为测站点至待放样点的水平距离计算值。屏幕下方的三个软功能键对应不同的放样方法：F1［角度］键：使用极坐标法放样，进入角度测量部分；F3［正交］键：使用正交法放样；F4［坐标］键：使用笛卡儿坐标法放样。

角度差归零定向：HZ 为计算方位角，dHZ 为当前水平角与计算方位角的差值。转动照准部，当 dHZ 接近 0°00′00″时，可锁住水平制动，使用水平微动调节水平角，使 dHZ 为 0°00′00″即角度差归零，表明放样方向正确。

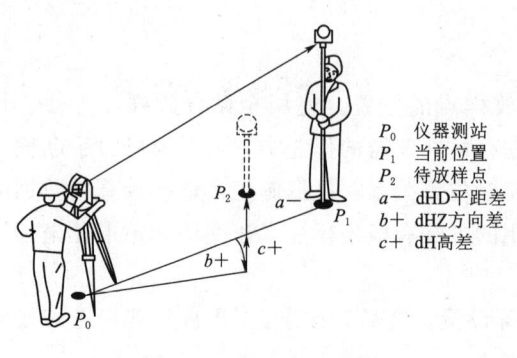

图 5.32 极坐标法放样

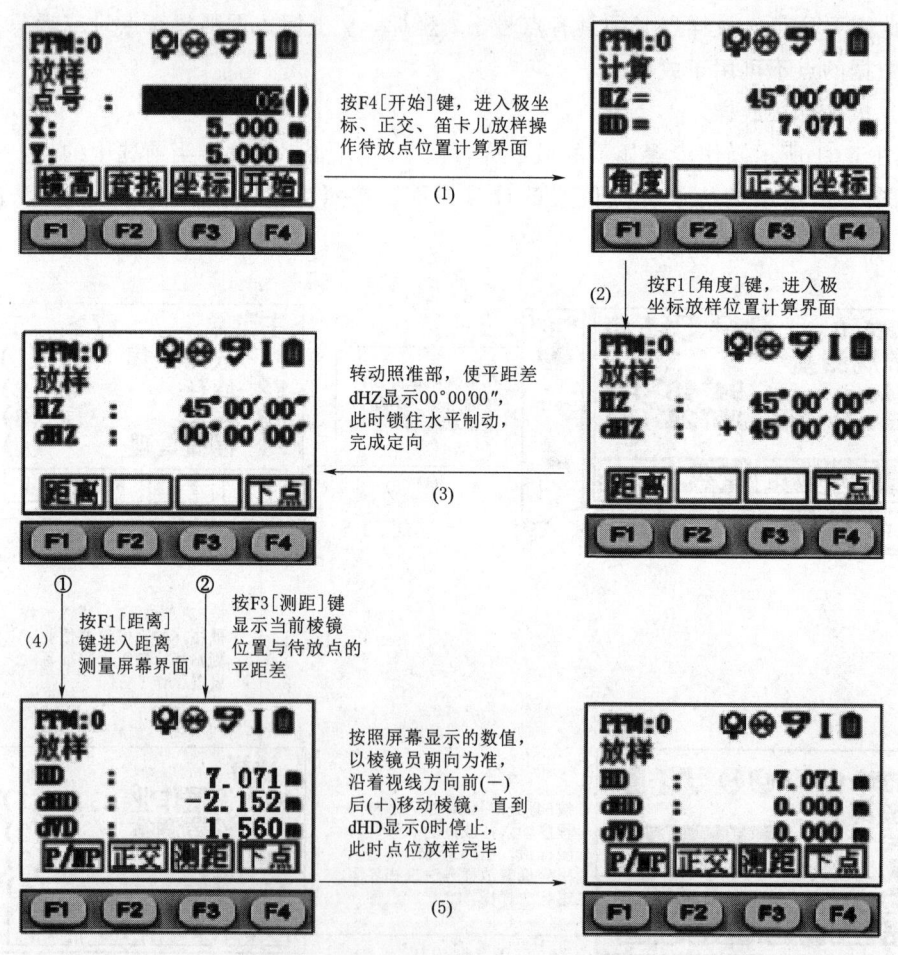

图 5.33 极坐标法放样操作步骤

距离差归零：在按 F1［距离］键进入测量距离屏幕时，屏幕显示水平距离（HD）和测量（当前）点与待放样点的水平距离（dHD），以及当前点与待放样点的垂直距离（dH）。

按照显示的数值，以棱镜员朝向为准，沿着视线方向前（一）后（+）移动棱镜，直到 dHD 显示接近 0，满足放样精度要求，定点，完成该点位的放样。在当前屏幕下，按 F4 [下点] 键进入下一个点位的放样。

（3）正交法放样。

在待放样点位置计算界面，按 F3 [正交] 键，进入如图 5.34 所示的待放样点位置的计算界面，正交法放样操作步骤如图 5.35 所示。

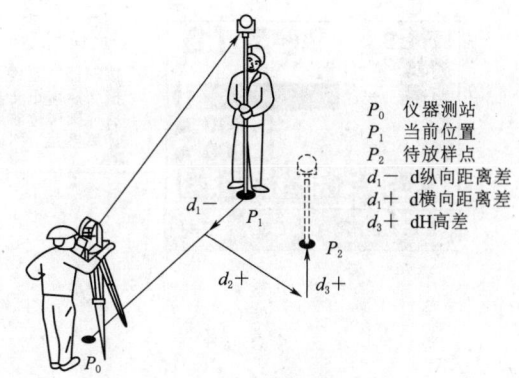

图 5.34 正交法放样

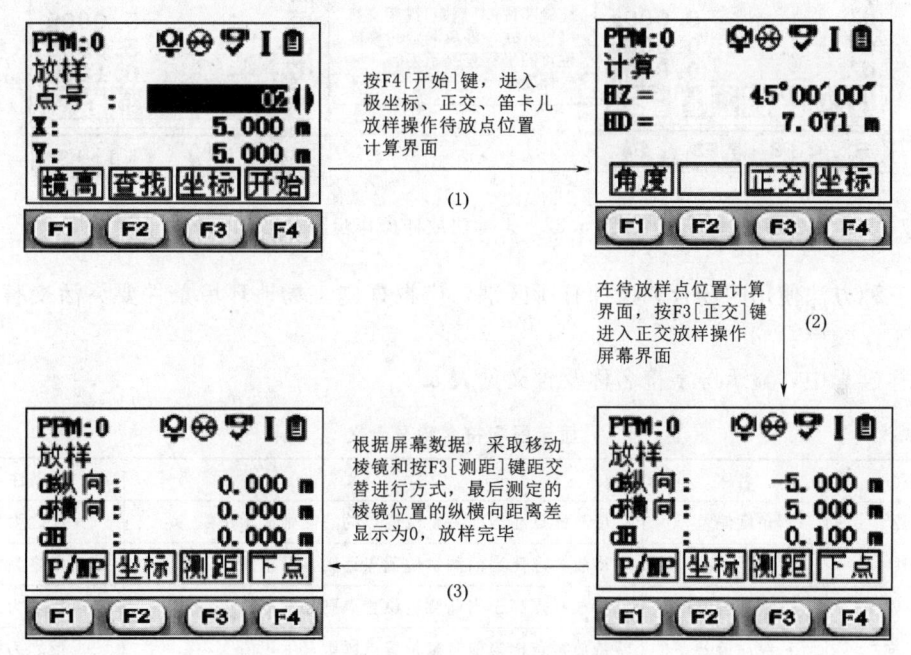

图 5.35 正交法放样操作步骤

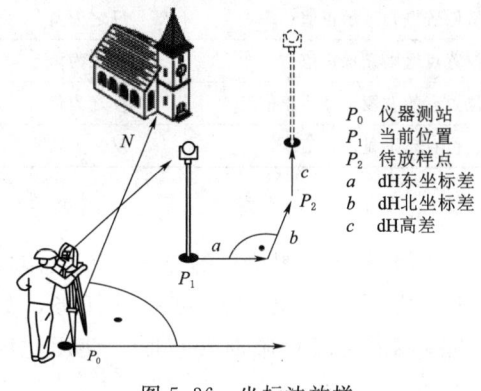

图 5.36 坐标法放样

（4）坐标法放样。

坐标法放样如图 5.36 所示，其操作步骤如图 5.37 所示。

三种方法实际上都是坐标，只是屏幕显示内容的含义有所区别，共同点是，数据显示的角度差和距离差最终归为 0，才算完成放样点位的定位，在棱镜的标定位置打下木桩，之后再将放样完毕的点用坐标测量的方法测其实测坐标，与放样用的该点坐标值对照，看其误差是否在规范的限差之内，以资校核。

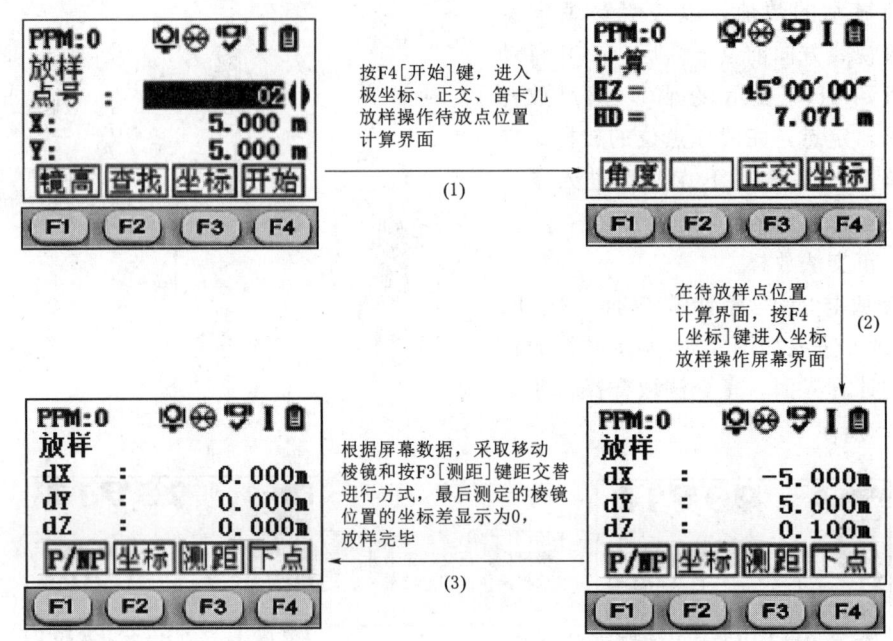

图 5.37 坐标法放样操作步骤

这三种方法使用的场合和条件有所区别,应根据施工场地环境条件要灵活交替运用,以提高工作效率。

放样过程中,显示屏字符名称及含义见表 5.3。

表 5.3 显示屏字符名称及含义

字符	名称	含　　义	备注
dHZ	角度偏差	待放样点在当前测量位置点的右侧则显示正值	反之为负
dHD	平距偏差	待放样点比当前测量位置点远则显示正值	反之为负
dVD	高程偏差	待放样点高于当前测量位置点则显示正值	反之为负
d纵向	纵向偏差	待放样点比当前测量位置点远则显示正值	反之为负
d横向	垂直偏差	待放样点在当前测量位置点的右侧则显示正值	反之为负
dH	高程偏差	待放样点高于当前测量位置点则显示正值	反之为负
dX	北坐标偏差	待放样点比当前测量位置点远则显示正值	反之为负
dY	东坐标偏差	待放样点在当前测量位置点的右侧则显示正值	反之为负
dZ	高程偏差	待放样点高于当前测量位置点则显示正值	反之为负

9. 全站仪后方交会法设点

后方交会,是指在测量中利用几个已知点,交会出未知点的位置的方法。在全站仪的程序中用全站仪内置的"自由设站"功能可完成后方交会定点的测设任务,如图 5.38 所示。当施工现场有控制点与放样点不通视或需要增设临时转点时,使用此项测量功能。

后方交会法分为距离交会和角度交会两种，前者至少需要观测 2 个已知点，并且需要在已知点上立棱镜，后者至少有 3 个以上已知点坐标，已知点上安立普通观测标志即可。两者的操作过程基本一样。

(1) 安置全站仪。

根据施工现场的实际需要，在适当的位置打上木桩、钉上铁钉作为点位的标志。在此点位架设全站仪，对中整平，开机并自检初始化，输入当时的温度和气压。

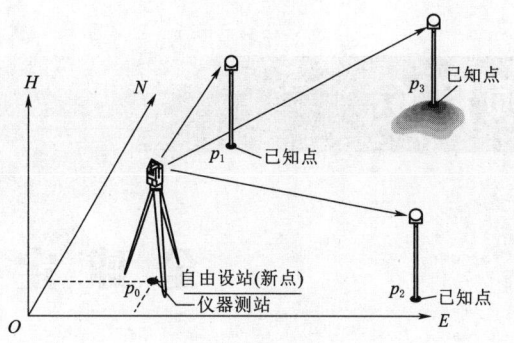

图 5.38　全站仪后方交会

(2) 交会测定点的坐标。

1) 将全站仪设置为放样模式，选择"新点"功能，进入后方交会法功能模块。

2) 输入自由设站点点号。

3) 输入第一个点的坐标和棱镜高，照准该已知点，选择"距离"或"角度"交会的对应键，按下相应的键，完成第一个点位的测量。

用同样的方法，分别观测第二、第三个点，观测完成后，仪器自动进行计算并且显示测量成果。该结果就是新设点位的坐标，利用这个坐标点和其他点位配合，进行后续点位的放样。

需要注意的是，新点应不在几个已知点构成的外接圆上，否则新点的坐标具有不确定性。

项目 6

全球定位系统

任务 6.1 全球定位系统简介

GPS 即全球定位系统（Global Positioning System），是美国从 20 世纪 70 年代开始研制，历时 20 年，耗资 200 亿美元，于 1994 年全面建成，具有在海、陆、空进行全方位实时三维导航与定位能力的新一代卫星导航与定位系统。

经近 10 年我国测绘等部门的使用表明，GPS 以全天候、高精度、自动化、高效益等显著特点，赢得广大测绘工作者的信赖，并成功地应用于大地测量、工程测量、航空摄影测量、运载工具导航和管制、地壳运动监测、工程变形监测、资源勘察、地球动力学等多种学科，从而给测绘领域带来一场深刻的技术革命。全球定位系统是美国第二代卫星导航系统。

在工程测量方面，应用 GPS 静态相对定位技术，布设精密工程控制网，用于城市和矿区油田地面沉降监测、大坝变形监测、高层建筑变形监测、隧道贯通测量等精密工程。加密测图控制点，应用 GPS 实时动态定位技术（real-time kinematic，RTK）测绘各种比例尺地形图并用于施工放样。RTK 载波相位差分技术，是实时处理两个测量站载波相位观测量的差分方法，将基准站采集的载波相位发给用户接收机，进行求差解算坐标。这是一种新的常用的 GPS 测量方法，以前的静态、动态测量都需要事后进行解算才能获得厘米级的精度，而 RTK 定位技术是能够在野外实时得到厘米级定位精度的测量方法，它采用了载波相位动态实时差分方法，是 GPS 应用的重大里程碑，它的出现给工程放样、地形测图，各种控制测量带来了新曙光，极大地提高了外业作业效率。

北斗卫星导航系统（BeiDou Navigation Satellite System，BDS）是中国自行研制的全球卫星导航系统，是继美国全球定位系统、俄罗斯格洛纳斯卫星导航系统（GLONASS）之后第三个成熟的卫星导航系统。北斗卫星导航系统和美国 GPS、俄罗斯 GLONASS、欧盟 Galileo（伽利略）卫星导航系统，是联合国卫星导航委员会已认定的供应商。

北斗卫星导航系统由空间段、地面段和用户段三部分组成，空间段包括 5 颗静止轨道卫星和 30 颗非静止轨道卫星，地面段包括主控站、注入站和监测站等若干个地面站，用户段包括北斗用户终端以及与其他卫星导航系统兼容的终端。用户接收机主要由五个部分组成：信号接收系统、测高程系统、测坐标系统、记录系统和通信系统。其中，信号接收系统是GPS的核心，通过手簿可以进行GPS接收机基本参数的设置，在内置的测量软件中输入点的要素、点的性质、测量方式，并且进行点测量、点放样、道路放样的工作等。

北斗卫星导航系统可在全球范围内全天候、全天时为各类用户提供高精度、高可靠定位、导航、授时服务，并具短报文通信能力，已经初步具备区域导航、定位和授时能力，定位精度10m，测速精度0.2m/s，授时精度10ns。

我国的北斗卫星定位系统已经投入商业化的运营，在各种GPS接收机上都配有北斗卫星接收功能。

任务6.2　GPS接收机的组成及工作原理

6.2.1　硬件组成

GPS接收机主要是由GPS接收机天线单元、GPS接收机主机单元和电源单元三部分组成。

GPS接收机作为用户测量系统，按照其构成部分的性质和功能，可分为硬件部分和软件部分。

接收机主机由变频器、信号通道、存储器、微处理器（CPU）、电源和天线等组成，GPS接收机原理图如图6.1所示。

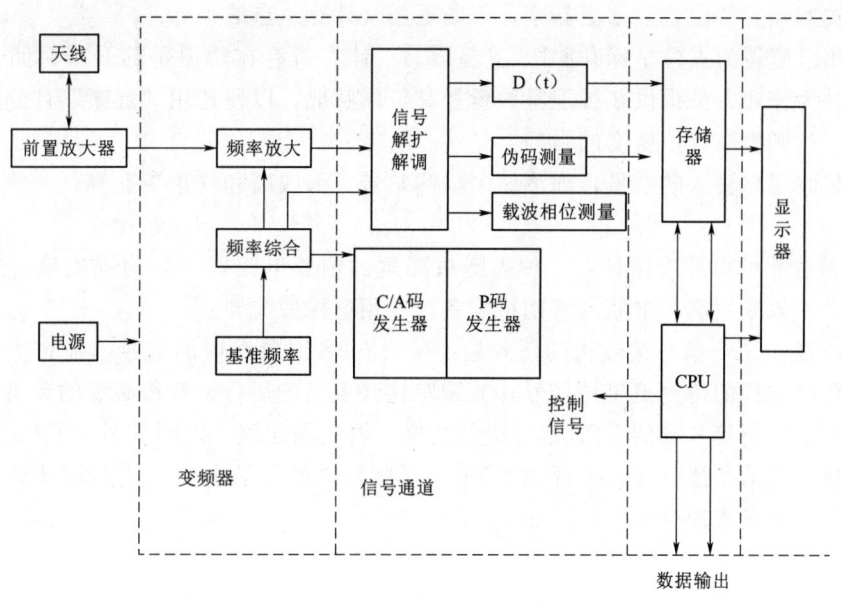

图6.1　GPS接收机原理图

1. 变频器

经过GPS前置放大器的信号仍然很微弱，为了使接收机通道得到稳定的高增益，并且使 L 频段的射频信号变成低频信号，必须采用变频器。

2. 信号通道

信号通道是 GPS 接收机的核心部分，GPS 信号通道是硬软件结合的电路，不同类型的接收机，其通道是不同的。

GPS 信号通道的作用有三：①搜索卫星，牵引并跟踪卫星；②对广播电文数据信号实行解扩，解调出广播电文；③进行伪距测量、载波相位测量及多普勒频移测量。

从卫星接收到的信号是扩频的调制信号，要经过解扩、解调才能得到导航电文，因此在相关通道电路中设有伪码相位跟踪环和载波相位跟踪环。

3. 存储器

接收机内设有存储器或存储卡以存储卫星星历、卫星历书、接收机采集到的码相位伪距观测值、载波相位观测值及多普勒频移，目前 GPS 接收机都装有半导体存储器（简称内存），接收机内存数据可以通过数据口传到微机上，以便进行数据处理和数据保存。

4. 微处理器

微处理器是 GPS 接收机工作的灵魂，GPS 接收机工作都是在微机指令统一协同下进行的，其主要工作步骤为

（1）接收机开机后，立即指令各个通道进行自检，适时地在屏幕显示窗内展示各自的自检结果，并测定、校正和存储各个通道的时延值。

（2）接收机对卫星进行捕捉跟踪后，根据跟踪环路所输出的数据码，解译出 GPS 卫星星历。当同时锁定 4 颗卫星时，将 C/A 码伪距观测值连同星历一起计算出测站的三维位置，并按照预置的位置数据更新率，不断更新（计算）点的坐标。

（3）用已测得的点位坐标和 GPS 卫星历书，计算所有在轨卫星的升降时间、方位和高度角，并为作业人员提供在视卫星数量及其工作状况，以便选用"健康"且分布适宜的定位卫星，达到提高点位精度的目的。

（4）接收用户输入的信号，如测站名、测站号、天线高和气象参数等。

5. 电源

GPS 接收机的电源有两种：一种为随机配备的内置电池，一般为锂电池；另一种为外界电源，一般采用汽车电瓶或者随机配备的专用电源适配器。

综上所述，GPS 信号接收机的任务是：接收 GPS 卫星发射的信号，捕获按一定卫星高度截止角所选择的待测卫星的信号，并跟踪这些卫星的运行，获得必要的导航和定位信息及观测量；对所接收到的 GPS 信号进行变换、放大和处理，以便测量出 GPS 信号从卫星到接收机天线的传播时间，解译出 GPS 卫星所发送的导航电文，实时地计算出测站的三维位置，甚至三维速度和时间。

6. 天线

天线由接收机天线和前置放大器两部分所组成，接收机天线的主要功能是将 GPS 卫星信号极微弱的电磁波能转化为相应的电流，而前置放大器则是对这种信号电流进行放大和变频处理。接收机单元的主要功能是对经过放大和变频处理的信号电源进行跟踪、处理和测量。

(1) 对天线的要求。

1) 天线与前置放大器一般应密封为一体，以保障其在恶劣的气象环境中能正常工作，并减少信号损失。

2) 能够接收来自任何方向的卫星信号，不产生死角。

3) 天线必须采取适当的防护和屏蔽措施，以最大限度地减弱信号的多路径效应，防止信号被干扰。

4) 天线的相位中心保持高度稳定，并与其几何中心尽量一致。GPS测量的观测量是以天线的相位中心为准的，而在作业过程中，应尽可能保持两个中心的一致和相位中心的稳定。

(2) 天线的类型。

目前，GPS接收机的天线有多种类型，其基本类型如图6.2所示。

1) 单极天线。这种天线属单频天线，具有结构简单、体积小的优点，需要安装在一块基板上，以利于减弱多路径的影响。

2) 螺旋形天线。这种天线频带宽，全圆极化性能好，可接收来自任何方向的卫星信号，但其属于单频天线，不能进行双频接收，常用作导航型接收机天线。

3) 微带天线。微带天线是在一块介质板的两面贴以金属片，其结构简单且坚固、重量轻、高度低。其既可用于单频机，也可用于双频机，目前大部分测量型天线都是微带天线。这种天线更适用于飞机、火箭等高速飞行物。

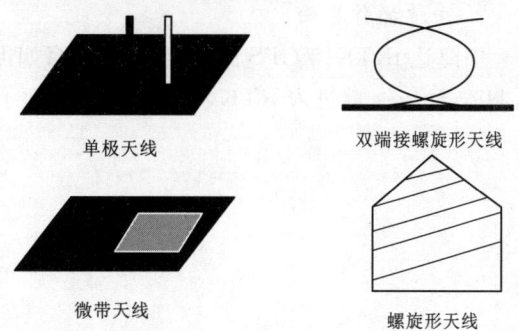

图 6.2　GPS接收机天线类型

4) 锥形天线。这种天线是在介质锥体上，利用印刷电路技术制成导电圆锥螺旋表面，也称盘旋螺线形天线。这种天线可同时在两个频道工作，主要优点是增益性好。但由于天线较高，而且螺旋线在水平方向上不完全对称，天线的相位中心与几何中心不完全一致，所以，在安装天线时要仔细定向，使之得以补偿。

5) 带扼流圈的振子天线，也称扼流圈天线。这种天线的主要优点是，可以有效地抑制多路径误差的影响。但目前这种天线体积较大且重，应用不普遍。

GPS天线接收来自20000km高空的卫星信号很弱，信号电平只有$-180\sim-50$dB，输入功率信噪比为$S/N=-30$dB，即信号源淹没在噪声中，为了提高信号强度，一般在天线后端设有前置放大器。

6.2.2　软件组成

软件部分是现代GPS测量系统的重要组成部分之一。一个功能齐全、品质良好的软件，不仅方便用户使用、满足用户的各方面需求，而且对于改善定位精度、提高作业效率和开拓新的应用领域都具有重要意义。所以，软件的质量与功能已成为反映现代GPS测量系统先进水平的一个重要标志。

一般来说，软件包括内软件和外软件。内软件是指装在储存器内的自测试软件、卫星预报软件、导航电文解码软件、GPS单点定位软件或固化在中央处理器中的自动操作程序等。这类软件已经和接收机融为一体。而外软件主要是指GPS观测数据后处理软件包。

任务6.3　GPS接收机使用说明

6.3.1　GPS接收机的应用

下面以中纬中海达iRTK10 GPS为例，简述仪器的操作及使用。

中海达iRTK10 GPS主要设备由接收机（主机）、手簿、天线等组成。在主机内部还安装有蓝牙收发器以支持手持终端操作手簿与其进行无线连接。

1. 主机

主机如图6.3所示。

2. 手簿操作界面

中海达iRTK10 GPS的手簿操作界面如图6.4所示，在手簿中，单击开始菜单，选择Hi-Survey就进入RTK测量程序主界面了。

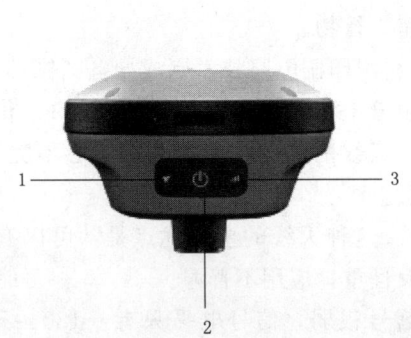

图6.3　中海达iRTK10 GPS主机
1—卫星灯；2—电源灯（电源键）；3—数据灯

图6.4　手簿操作界面

3. 操作使用

在工程开始测量之前，要进行有关基本操作与设置，检查无误后，才可以进行后续的操作使用以及有关数据测量采集或放样工作。其操作步骤如下。

（1）新建作业。

单击【项目】→【项目信息】按钮，单击界面的按钮【新建】（新建按钮可拖动），进入创建项目界面,输入项目名(必填)、创建人、备注等信息,选择所需的坐标系统和图例编码,确认无误后单击【确定】按钮完成新建项目,如图 6.5 所示。

图 6.5 新建作业

手簿设置完成后,要与主机连接,步骤如图 6.6 所示:连接设备,单击【设备】→【设备连接】按钮或直接单击右上角【请连接设备】按钮进入设备连接界面,单击【连接】选择基准站的机号进行蓝牙配对连接。

图 6.6 连接主机(一)

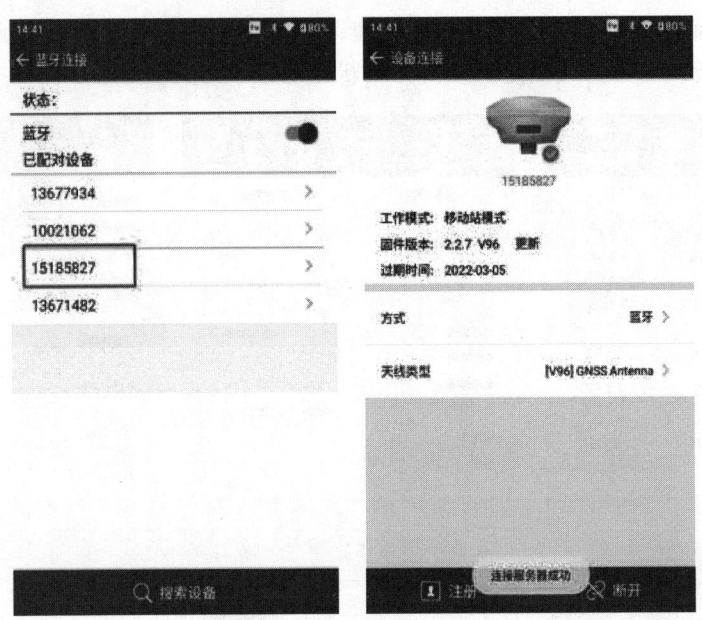

图 6.6 连接主机（二）

（2）基准站设置。

设置基准站——如图 6.7 所示，先设置基准站"接收机"位置，勾选是否保存基准站坐标，再设置"电文格式""截止高度角""数据链"；并且可以通过"高级选项"设置"定位数据频率""临时静态"等。

图 6.7 基准站设置

设置基准站位置：

1）如果基准站架设在已知点，且知道转换参数，则选择【已知点设站】，直接输入或在点库里选择该点的 WGS-84 的 BLH 坐标,也可事先打开转换参数,输入该点的当地 NEZ 坐标,这样基准站就以该点的 WGS-84 BLH 坐标为参考,发射差分数据。

2) 如果基准站架设在未知点,选择【平滑设站】,设置平滑次数;如图 6.8 所示,完成数据链、电文格式等设置后,单击悬浮按钮【设置】,接收机将会按照设置的平滑次数进行平滑,最后取平滑后的均值为基准站坐标。另外,平滑设站若勾选"保存坐标",则还需输入该坐标的目标高、选择量高类型,输入点名。

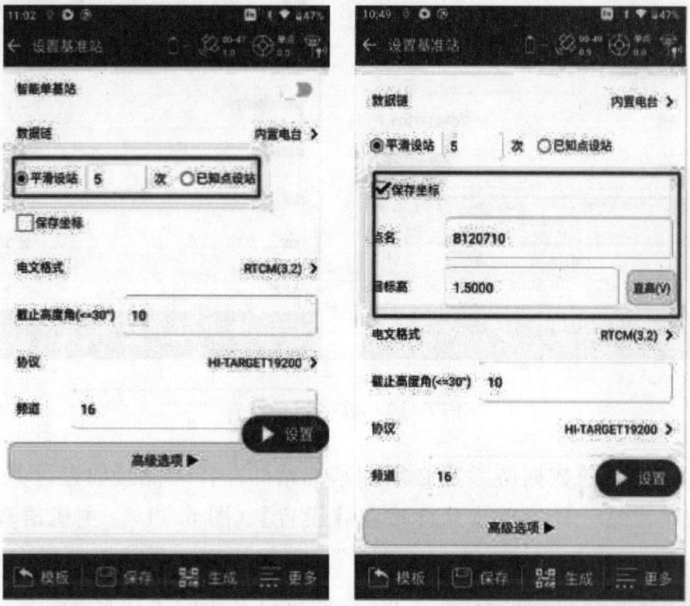

图 6.8 基准站参数设置

单击【数据链】按钮,选择数据链类型,输入相关参数,如图 6.9 所示。(例如:用中海达服务器传输数据作业时,需设置相关参数。当数据链选择内置网络模式时,分组号和小组号可变动,分组号为七位数,小组号为小于 255 的三位数;当用电台作业时,数据链则需选择内置电台模式,并需要设置电台频道。)

单击【高级选项】按钮,设置定位数据频率,是否开启临时静态等,单击悬浮按钮【设置】,软件提示设置成功,如图 6.10 所示。

查看主机差分灯是否有规律闪烁红灯;使用外挂电台时,电台收发灯一秒闪一次。如果都正常,则基准站设置成功。

(3) 移动站设置。

用蓝牙方式连接上移动台,确认移动台数据链以及其他各项参数和基准站一致。移动站的设置与基准站连

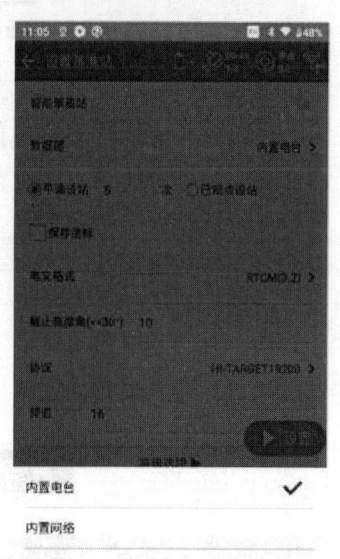

图 6.9 数据链设置

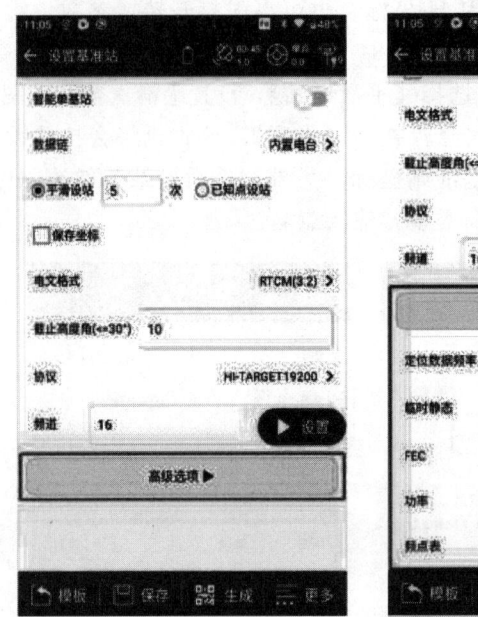
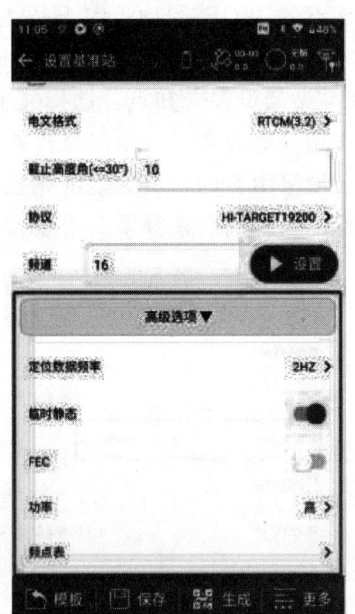

图 6.10 数据频率设置

接的步骤相同，移动站的数据链参数必须和基准站的一样才能接收差分数据。

参数设置与基准站一样后单击悬浮按钮【设置】（图 6.11），主机语音播报"UHF 移动台"。稍等片刻，顶部信息栏中解状态显示"固定"，便可以开始测量作业。

（4）参数计算。

首先建立控制点库：主界面【点数据】→【控制点】→添加控制点，可手动输入，或通过单击右上角的实时采集、点选和图选来选择点名和相应的坐标，再单击右下角【确定】按钮，如图 6.12 所示。

单击【参数计算】按钮，计算类型选"四参数＋高程拟合"，高程拟合选"固定差改正"（三个点以上，高程拟合可以选"平面拟合"方法）；随后再添加点对，选择一个采集点为源点，在目标点处输入相应控制点坐标；最后单击【添加】按钮，如图 6.13 所示。

添加完两个以上的点对后，单击【计算】按钮，显示计算出来的"四参数＋高程拟合"的结果，主要看旋转和尺度。四参数的结果平移北和平移东一般较小，旋转在 0°左右，尺度在 0.9999～1.0000 之间（一般来说，尺度越接近 1 越好），

图 6.11 移动站设置

平面和高程残差越小越好，确认无误后单击【应用】按钮，软件将自动运用新参数更新坐标点库，如图 6.14 所示。

图 6.12 控制点库建立

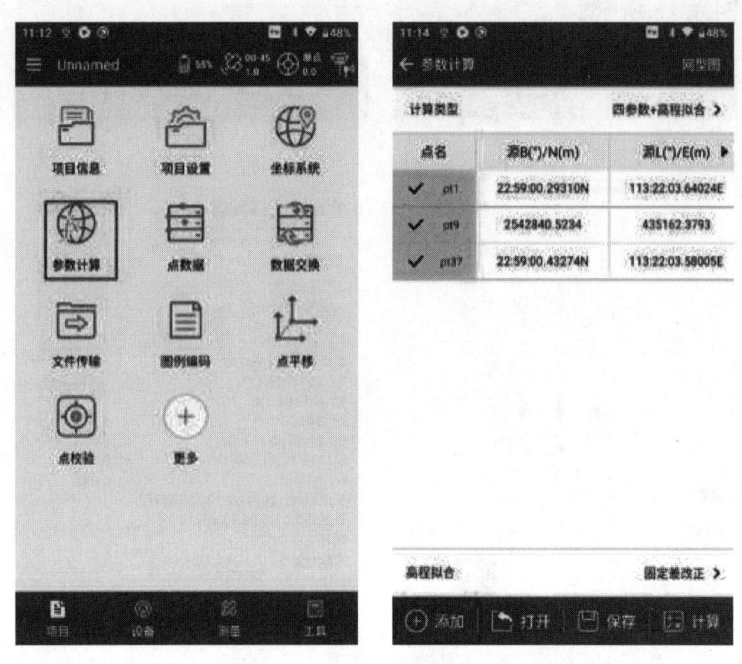

图 6.13 参数计算

图 6.14　参数应用

（5）碎部测量。

进入碎部测量界面，当显示固定后才可以采集坐标。当移动台在未知点对中好后，单击【浮动采集】按钮，输入"点名""目标高"和"图例描述"，再单击【确定】按钮即可记录该点，如图 6.15 所示。

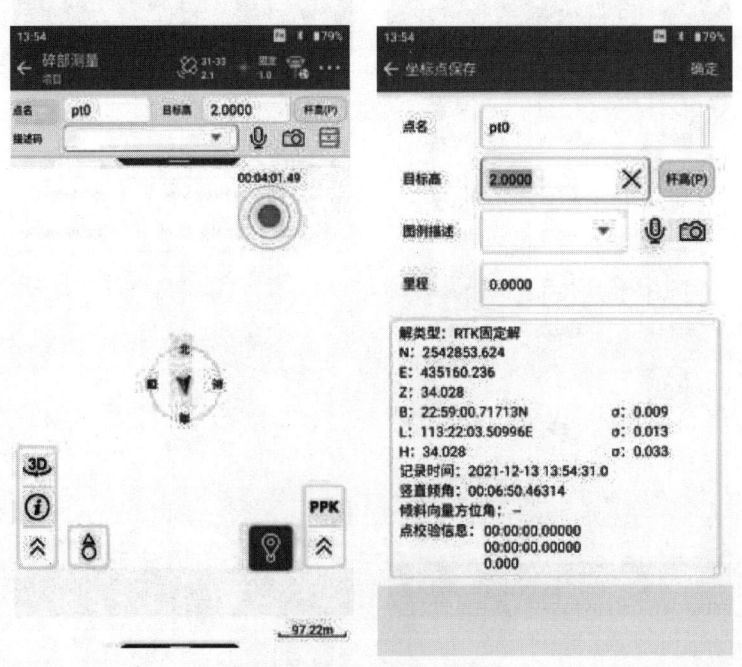

图 6.15　碎部测量

(6) 点放样。

进入【点放样】界面，单击右侧的箭头按钮选择放样的点，然后根据方向和距离提示找到放样点，即当前点（方向箭头）到目标点（圆形加十字标志）的靠近过程，如图 6.16 所示。放样提示圆圈变为绿色，则表示已接近放样点；放样提示圆圈变为红色，则放样成功并达到设置的"放样精度"。已放样的点有小红旗标志。

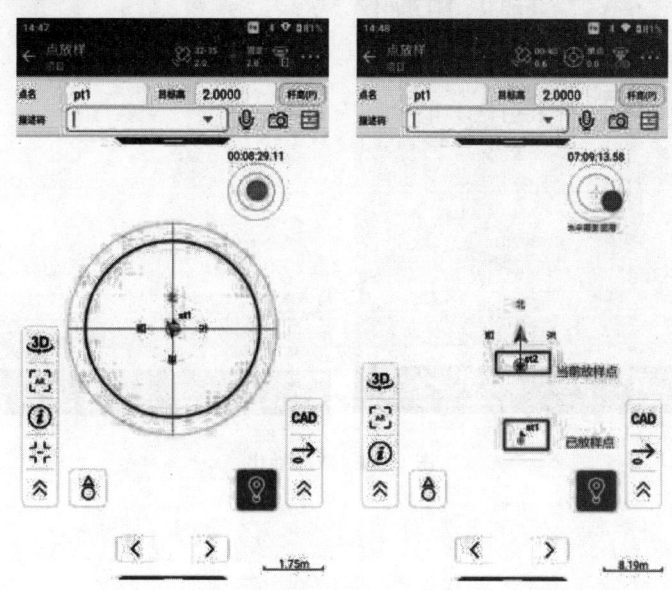

图 6.16　点放样

在放样的过程中可进行碎部点采集，同样是单击【浮动采集】按钮或者手簿上的采集按钮。

(7) 数据导出。

在【数据交换】界面，选择坐标点，选择交换类型为导出，选择对应的格式导出或"自定义"导出，输入文件名，选择文件保存路径，单击【确定】按钮即可导出数据。如果"自定义"导出，单击【确定】按钮后进入自定义格式设置界面。

选择导出内容，再单击右上角的【确定】按钮即可导出数据，如图 6.17 所示。自定义（*.csv）进行导出时也可以选择对导出模板进行加载，导出模板可以对名称、导出内容、可选字段进行设置和保存。

6.3.2　GPS 接收机使用注意事项

(1) 在设置完 GPS 接收机之后，要检查它的安装是否都按照说明书上的步骤，这样才能够保证在使用时不会出现偏差。

(2) 在对所有的设备中的线缆进行连接之后，才能够接通电源开机，而且还要严禁在有电的情况下对接口设备进行插拔。

(3) 要避免进水，如果进水，请立即关闭电源进行维修。

(4) 在使用的时候，要注意避免离大功率的电磁发射设备太近，否则会干扰 GPS 接收机的正常运作。

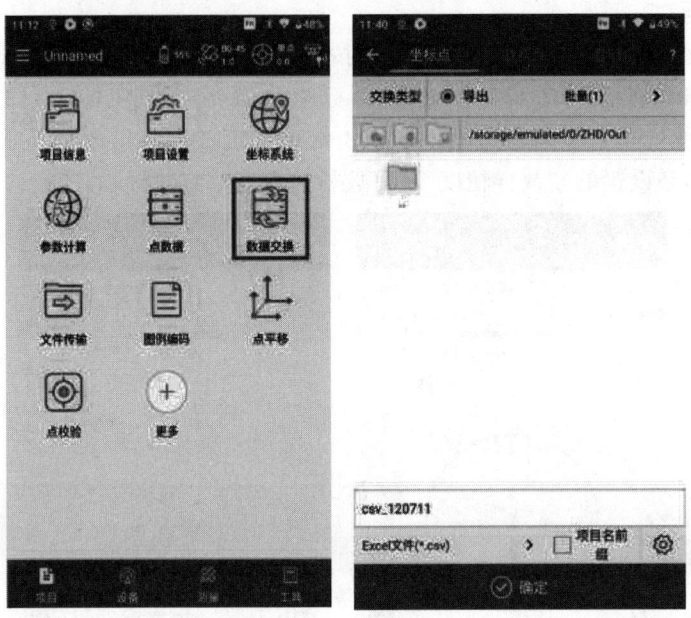

图 6.17 数据导出

项目 7

无人机航测技术应用

任务 7.1　无人机航测外业基础

无人机航测外业是指在航测前，为了航测正式开始所做的基础工作，包括加密控制测量、碎部测量、像控点布设及像控点联测等工作。

7.1.1　加密控制测量

一般情况下，测区已有高等级的控制点数量有限，分布也不是很均匀，难以满足航测成图要求，要适当加密一些基础控制点，在此基础上再进行像片控制测量和碎部测量。目前主要采用 GPS 快速静态定位方法进行导线测量。测量完后一定要认真检查原始观测记录手簿，无误后方可进行计算，确保测量成果的精度合乎规范要求。

平面加密控制采用二级 GPS 网，以满足 1∶1000 无人机航摄像控联测为主要目的，加密控制点至少保证两两通视，点位选择在地基稳定、便于设站、通视良好的地方。

高程控制测量利用测区四等以上的高程点即可，个数根据实际需要选择。也可采用 GPS 二次曲面拟合的方式，求得加密点的高程，高程误差不大于 $\pm 20mm$。当 GPS 拟合高程误差大于要求时，应采用光电测距三角高程或四等几何水准重新观测高差，具体要求执行《工程测量规范》的相应条款。采用 GPS 快速静态观测时技术要求见表 7.1。

表 7.1　　　　采用 GPS 快速静态观测时技术要求

定位模式	卫星高度角	有效观测卫星数	平均重复设站数	时段长度/min	数据采样间隔/s	PDOP
快速静态	≥15°	≥4	≥1.6	≥15	5~15	<6

7.1.2　碎部测量

为了保证质量，要对隐蔽、被遮挡、新增地物及部分高程注记点进行碎部测量，一般情况下和加密控制测量同时进行。根据测区地形划分航区，其形状一般根据测图需要，选择矩形为好，航带一般为 6~10 条，航线长度 10~18 条基线。

7.1.3　像控点布设

像控点是在测区内布设的控制点，为内业空三加密软件平差提供基础数据。测区按光束法区域网平差布设像控点，对立体测图，每个像对按照图 7.1 点选取，在测区内布设区域控制网，采用区域周边布设平高点的方式。沿航向间隔每 3~4 条基线布设 1 个高平点，沿旁向间隔布设1个高平点，区域中心布设1个高平点，区域内每3～4条基线布设1个高程点。像控点应选择在影像清晰的明显地物点，地物拐角点、接近正交的线状地物交点或固定的点状地物上。实地的辨认误差小于图上0.1mm。

像控点选测在高于地面的建（构）筑物上时，其成果应提供顶部高程，并量出其与地面的比高，1∶500、1∶2000DLG（数字线划地图）注至厘米，1∶10000DLG注至分米。

根据测区的地形情况及作业方法，为满足最佳像控点分布，可在航摄前布设地标。地标式样如图7.2所示。地标颜色根据地面背景色彩适当选择红色或蓝色，以醒目、影像易识别为要。

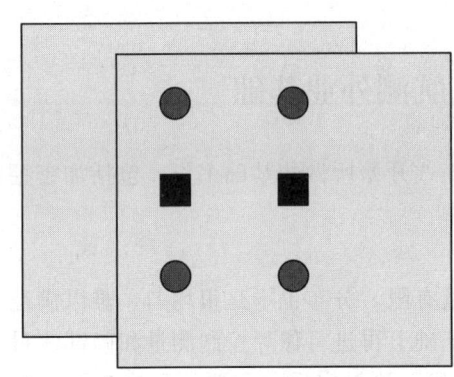

图7.1 像控布点示意图

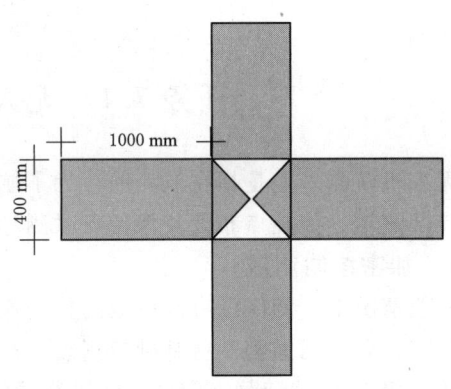

图7.2 像控点目标地标示意图

像控点布设原则如下。

（1）像控点需选择较为尖锐的标志物，以提高内业精度。

（2）像控点标志物尺寸应大于70cm，且须明确指出，具体点位是标志物的哪一部分。

（3）像控点尽量选择平坦地区，避免树下、屋角等容易被遮挡的地方。

（4）像控点应选择能够持久存在的东西，如喷漆（喷绘宽度不得低于30cm），胶布等。

（5）像控点标志物应与地表颜色形成鲜明对比（如深色的标贴白色胶带、白色地面贴红色胶带等）。

（6）若工作人员选择地物特征点作为像控点，应选择较大地物，且提供现场照片2～4张，辅助内业人员寻找像控点。

（7）现场照片内应同时包含像控点及周围地物特征，并在照片内清晰指出像控点所在位置及编号（默认照片中对中杆所在位置即为像控点位置）像控点目标地标示意图如图7.3所示。

（8）布设像控点的人员应提供像控点实际分布情况。

7.1.4 像控点联测

采用GPS进行像控点联测，像控点包括平高点、平面点、高程点三种。像片控制测量是内业采集的重要依据。目前采用的测量方法主要有GPS快速静态定位法、RTK定位测量、光电测距导线等方法，像控点成果应提供三维坐标。

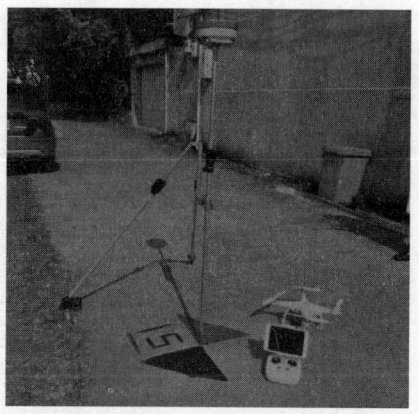

图 7.3 像控点目标地标示意图

任务 7.2 无人机航测内业处理

航测内业是指利用相关软件,对测区的航测相片进行拼图、整饰和数字化处理,最终形成所需成果的过程。

航测内业工作主要包括空三角加密测量、内业数据采集、编辑、数据入库转换、影像图制作等。

航测内业处理主要使用的软件有 Pix4D、ContextCapture、Smart3D、清华山维 EPS 等。

7.2.1 软件运行环境

软件运行参数见表 7.2。

表 7.2 软件运行参数

序号	项目		推荐匹配参数
1	软件环境	操作系统	Win7/Win10 64 位系统
2	硬件环境	CPU	InterCorei7（主频高第一,核心多第二）
		内存	32 G 以上
		硬盘空间	1 TB 以上
		显示器	屏幕分辨率为 1280×1024 像素以上,屏幕刷新率为 120 Hz 以上
		显卡	NVIDIA GTX1070 以上

7.2.2 内业工作流程

1. 数据下载

设备开机并连接至电脑后,请参考 SkyScanner 软件安装使用说明书以及 D2/DG3 使用说明书,将设备中的数据下载至电脑。

2. 设备数据定义

下载后的数据包含以下两个部分,共 9 个文件(夹),如图 7.4 所示。

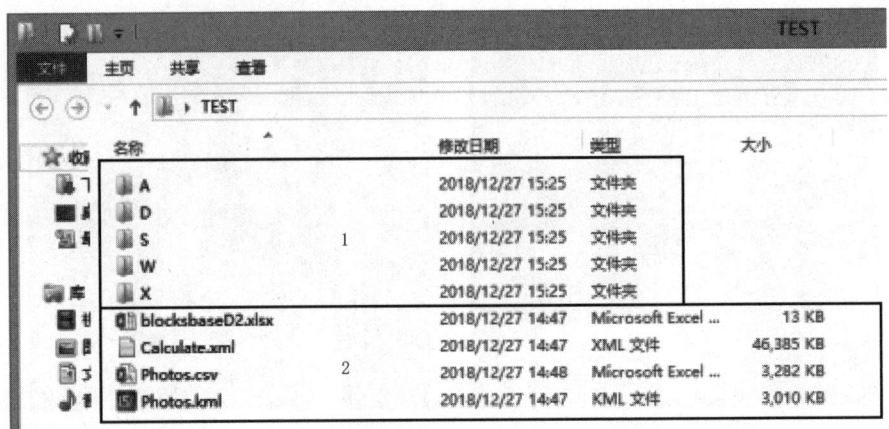

图 7.4 数据文件夹

第一部分包含 A、D、S、W、X 五个文件夹，分别储存设备对应 5 个镜头中的航片数据，如图 7.5 所示。

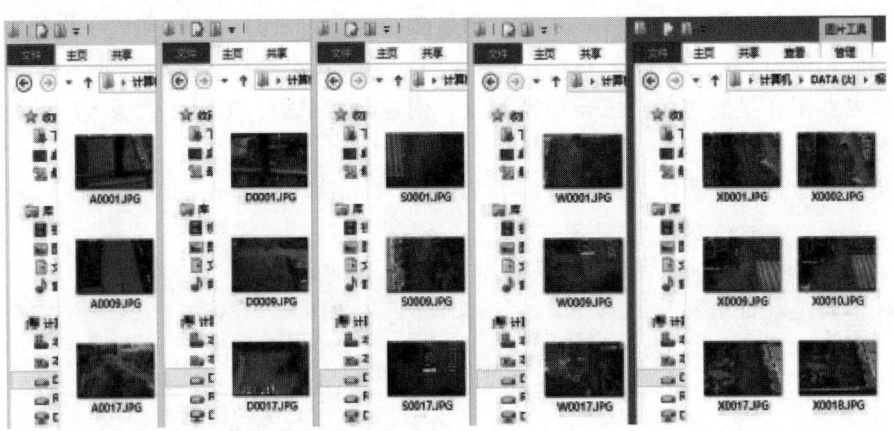

图 7.5 航片数据

第二部分包含四个文件，从上至下分别为 Excel 分区文件（模板）、xml 文件、csv 文件和 kml 文件。其中，csv 表格包含 pos 信息以及 3×3 旋转矩阵的姿态信息（图 7.6），kml 文件包含本次航飞 pos 点位数据（图 7.7，可用 Google Earth、LocaSpace Viewer 等软件打开查看）。

Name	Photogroup	Latitude	Longitude	Height	Rotation00	Rotation01	Rotation02	Rotation10	Rotation11	Rotation12	Rotation20	Rotation21	Rotation22
A\A0001.JPG	A	31.4063416	121.4302216	153.6	0.869769529	0.492797678	0.025522828	0.385063393	-0.645459303	-0.65962753	-0.30858897	0.583551828	-0.75115918
A\A0002.JPG	A	31.4063873	121.4303894	153.64	0.9633686	0.207495243	-0.169901926	0.063284863	-0.791534526	-0.60783889	-0.26060692	0.574820683	-0.77567081
A\A0003.JPG	A	31.4064179	121.4305725	153.71	0.966265279	0.2043185	-0.156797199	0.066110418	-0.785174881	-0.61573519	-0.24891931	0.584597602	-0.772194807
A\A0004.JPG	A	31.4064465	121.430748	153.66	0.967208694	0.204871342	-0.15011687	0.073807316	-0.792264991	-0.60569684	-0.24302227	0.574755828	-0.781406592
A\A0005.JPG	A	31.4064751	121.4309158	153.66	0.965620245	0.197000425	-0.169612427	0.050956552	-0.783246391	-0.61961966	-0.25491366	0.589674422	-0.766357034
A\A0006.JPG	A	31.4065056	121.4310837	153.65	0.962762213	0.205395115	-0.175788988	0.051661872	-0.778020337	-0.62611134	-0.26536762	0.593714748	-0.759659677
A\A0007.JPG	A	31.4065361	121.4312515	153.64	0.96826829	0.201242587	-0.148182118	0.061844098	-0.76668448	-0.63906747	-0.24221652	0.609669032	-0.754741565
A\A0008.JPG	A	31.4065685	121.4314194	153.64	0.971526889	0.197657089	-0.130641411	0.06511371	-0.752904409	-0.65490088	-0.2278063	0.627747263	-0.744337065
A\A0009.JPG	A	31.406599	121.4315872	153.54	0.971513761	0.205061535	-0.118788801	0.07930697	-0.753678544	-0.65244085	-0.22331909	0.62443448	-0.748471886

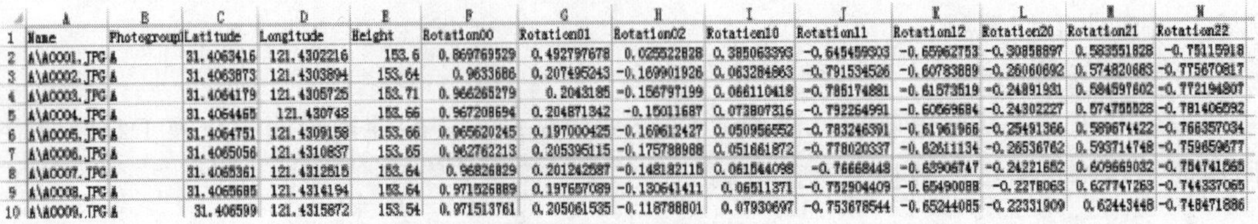

图 7.6 csv 文件信息

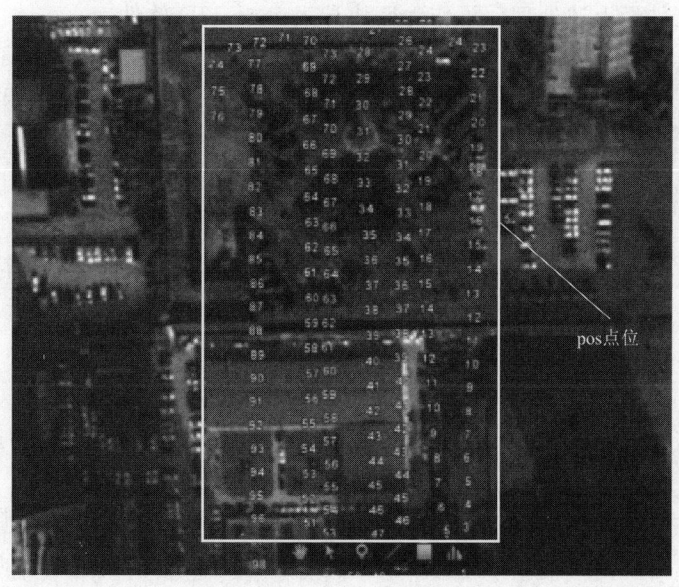

图 7.7 kml 文件信息（LocaSpace Viewer 中打开）

3. Excel 分区文件整理

（1）手动将 csv 文件中的所有数据复制至 Excel 分区文件中的第二个表格（Photos）中，如图 7.8 所示。

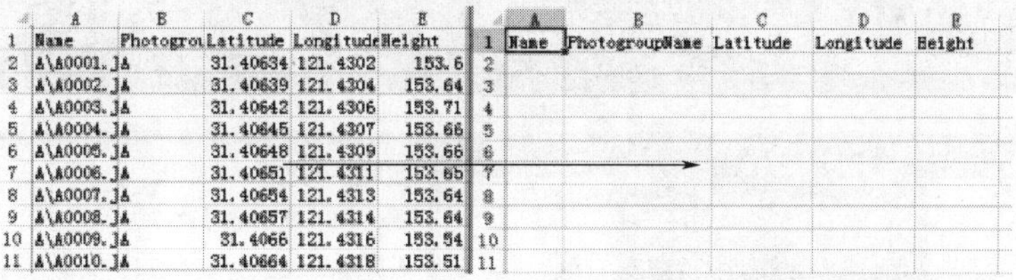

图 7.8 数据复制

（2）如图 7.9 所示，在 Excel 分区文件第四个表格（Options）中，修改 BaseImagePath 栏为数据所在目录。（注：若数据所在目录为网络路径，则必须选择为原始网络路径而不是映射盘符路径，且不能出现中文路径）。

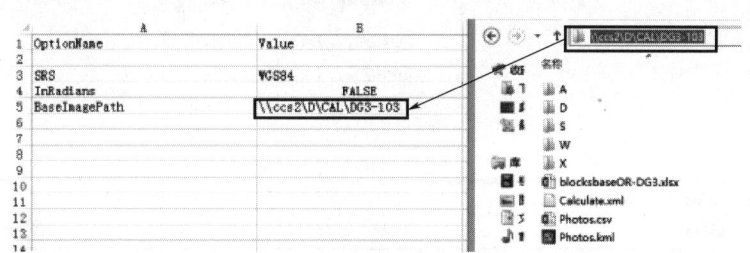

图 7.9 修改数据目录

Excel 分区文件经上述处理后可作为区块导入 Smart3D 软件。

图 7.10 新建工程

4. 将数据导入 Smart3D

(1) 如图 7.10 所示,打开 Smart3D 软件创建新的工程,输入工程名,选择工程目录(需要原始的网络路径而非盘符路径,不允许中文字符),并取消"创建空区块"处的"√"符号。

(2) 如图 7.11 所示,右击工程名,选择"导入区块",在弹出的对话框中选择原始数据目录中的 Excel 区块文件或者 xml 文件,两者均可选择导入。

(3) 若导入 Excel 区块文件,则需要手动导入设备对应的 .opt 文件:右击每个影像组,选择"导入光学属性",如图 7.12 所示,在弹出的对话框中选择相应镜头的 .opt 文件。

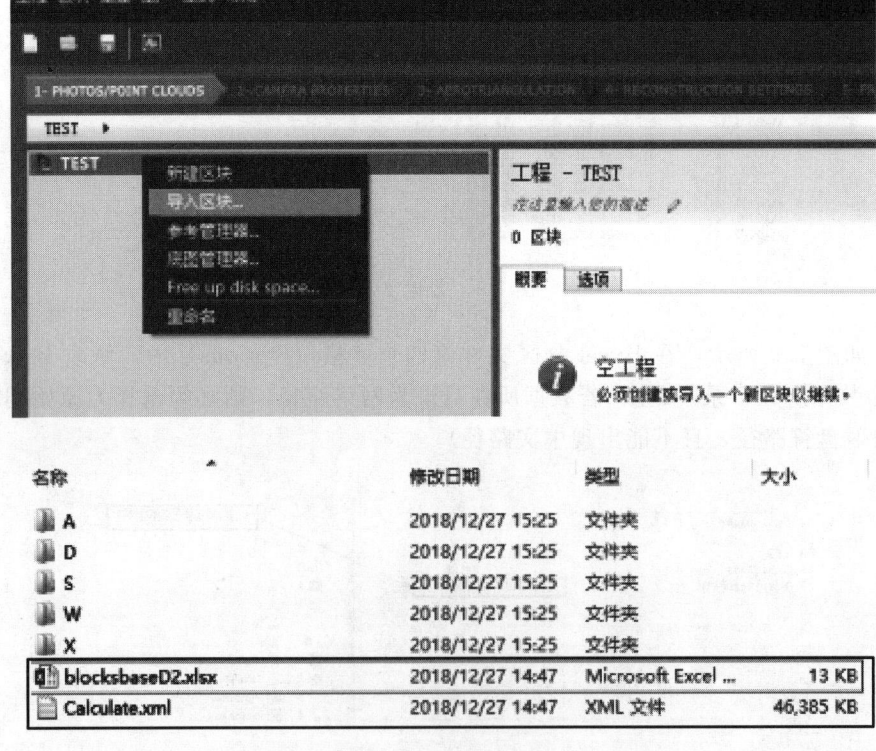

图 7.11 区块导入

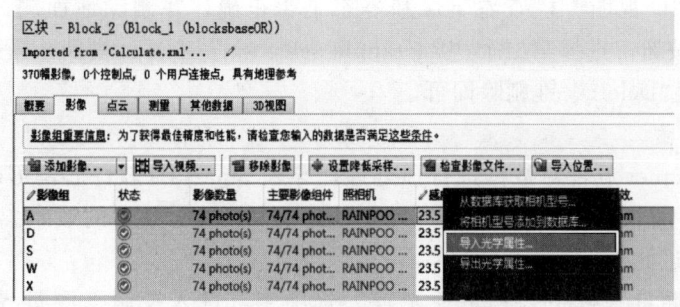

图 7.12 导入设备 .opt 文件

（4）若导入 xml 文件，则不需要导入 .opt 文件，此时查看影像路径是否正确，若单击航片，软件右侧显示"无法打开影像或蒙版"，则需要修改影像路径：单击软件左上角"工程"—"参考管理器"按钮，复制当前影像路径后单击"替换输入路径"按钮，将当前路径替换为原始数据所在路径即可（图 7.13）。

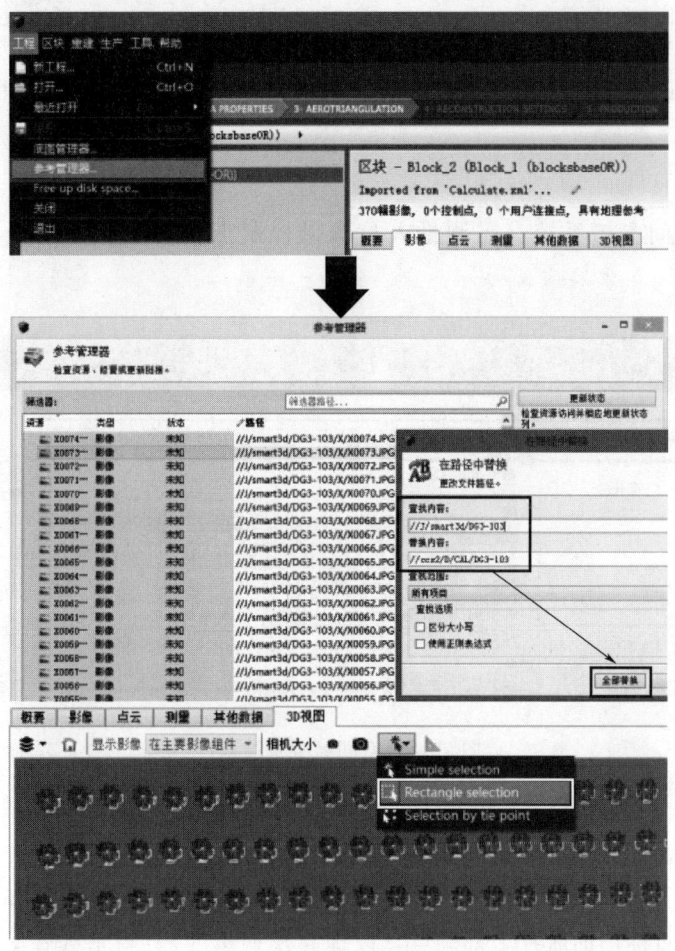

图 7.13 参考管理器

(5) 进入"3D 视图"栏查看 pos 和姿态是否正确,并删除地面测试的航片:单击"selectphotos"按钮,选择第二个"Rectangle selection"工具,找到并框选地面测试的航片,按键盘上的"Delete"键删除即可。

5. 控制点测量

经过 SkyScanner 软件对数据进行预处理,导入 Smart3D 软件后,可以直接进行控制点测量操作,而不需要先空三再测量,大大提升了内业数据处理的效率。(注:若数据无控制点,则可跳过此步)

(1) 单击"测量"栏中"编辑控制点"选项卡,进入控制点测量界面,如图 7.14 所示。

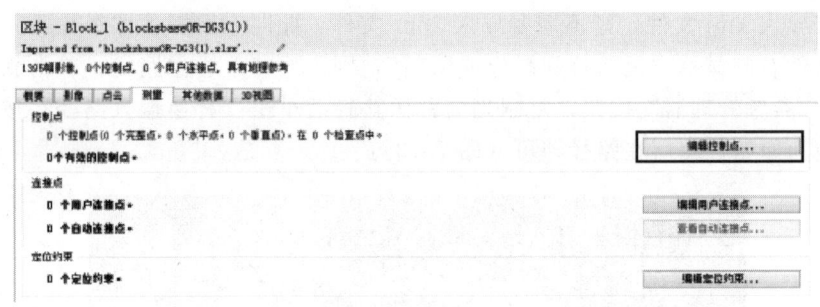

图 7.14 控制点编辑

(2) 选择空间参考系统(需测量人员提供控制点坐标系和中央经线),如图 7.15 所示。

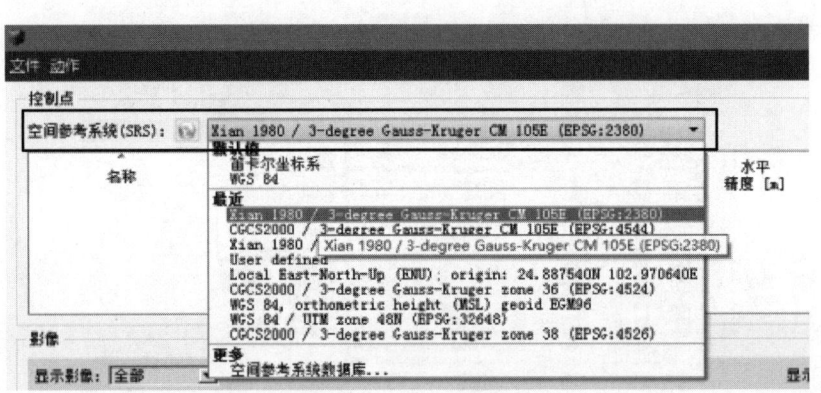

图 7.15 空间参考系统选择

单击左上角"文件"按钮,选择"导入",导入控制点坐标的 txt 文件,控制点文件格式如图 7.16 所示。

(3) 在航片上找准控制点位置,按住 Shift 键进行刺点,如图 7.17 所示(注:尽量在每张能看清控制点标记的航片上都刺点,以提高模型精度)。刺完点后,单击"保存"按钮后即可退出该界面。

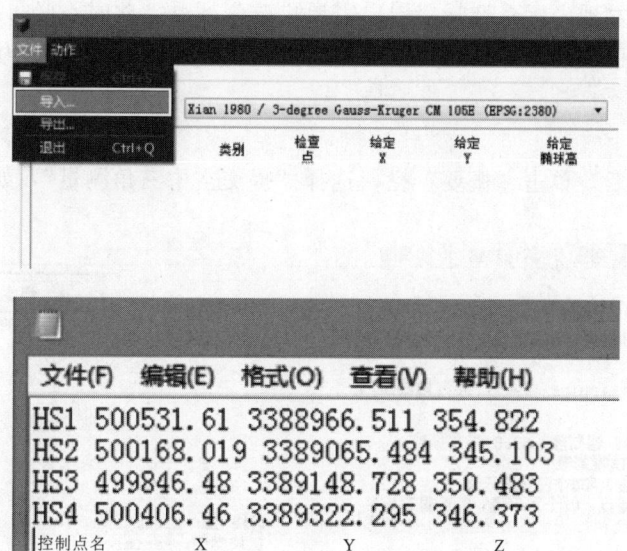

图 7.16 控制点文件格式（以空格键分隔）

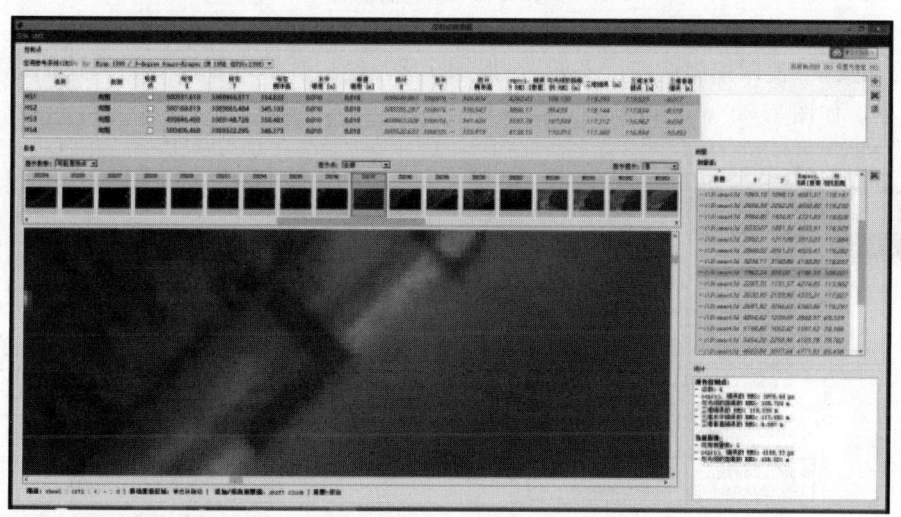

图 7.17 刺点

（4）刺点完成后更改坐标系，如图 7.18 所示。

图 7.18 更改坐标系

若刺点完成后发现坐标系选择错误，需要更改坐标系，此时不必再刺一遍控制点，只需要将坐标系改为正确的坐标系后，单击右侧"将所有点的 SRS 设置为选定 SRS"按钮，然后保存即可。

6. 空三设置

（1）刺点完成后，单击"概要"栏，选择"提交空中三角测量"，如图 7.19 所示。

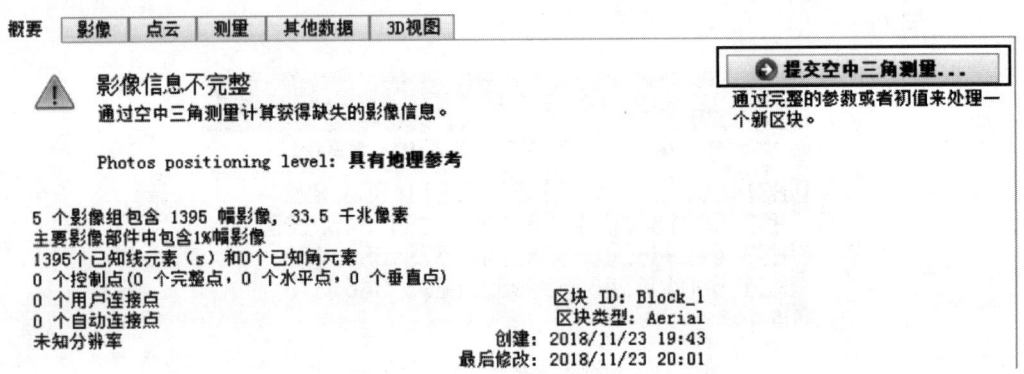

图 7.19 空三测量

（2）选择"使用控制点进行平差"，如图 7.20（a）所示；若该数据无控制点，则选择第五项，如图 7.20（b）所示。

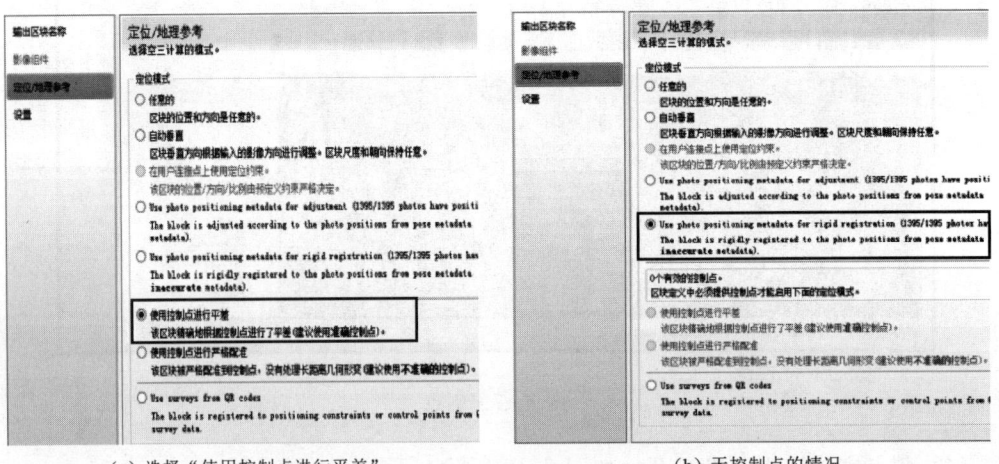

（a）选择"使用控制点进行平差"　　　　（b）无控制点的情况

图 7.20 平差计算

（3）修改空三部分设置，其余保持默认，如图 7.21 所示，单击"提交"按钮后，打开 CCEngine，即可开始空三。

7. 控制点精度检查

（1）空三完成后，在控制点测量界面查看控制点精度，如图 7.22 所示。

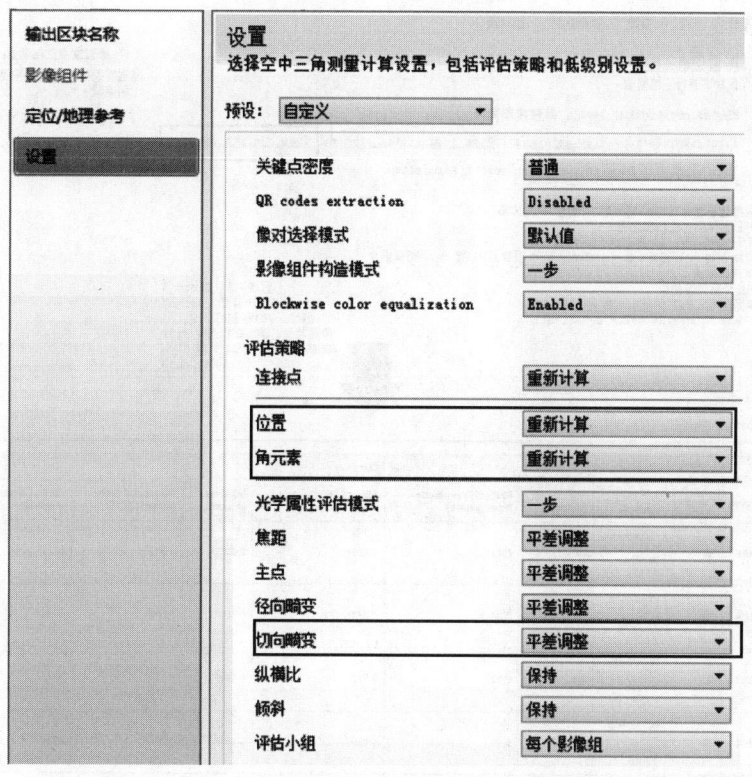

图 7.21 空三计算

控制点

空间参考系统(SRS)： Xian 1980 / 3-degree Gauss-Kruger CM 105E (EPSG:2380)

名称	类别	检查点	给定X	给定Y	给定椭球高	水平精度 [m]	垂直精度 [m]	估计X	估计Y	估计椭球高	reproj. 误差的 RMS [像素]	与光线的距离的 RMS [m]	三维误差 [m]	三维水平误差 [m]	三维垂直误差 [m]
HS1	完整	□	500551.610	3388966.511	354.822	0.010	0.010	500551.612	3388966.513	354.822	0.09	0.026	0.003	0.003	0.000
HS2	完整	□	500168.019	3389065.484	345.103	0.010	0.010	500168.015	3389065.486	345.104	0.13	0.026	0.004	0.004	0.001
HS3	完整	□	499846.480	3389148.728	350.483	0.010	0.010	499846.480	3389148.727	350.483	0.02	0.042	0.001	0.001	0.000
HS4	完整	□	500406.460	3389322.295	346.373	0.010	0.010	500406.462	3389322.292	346.373	0.10	0.036	0.003	0.003	0.000

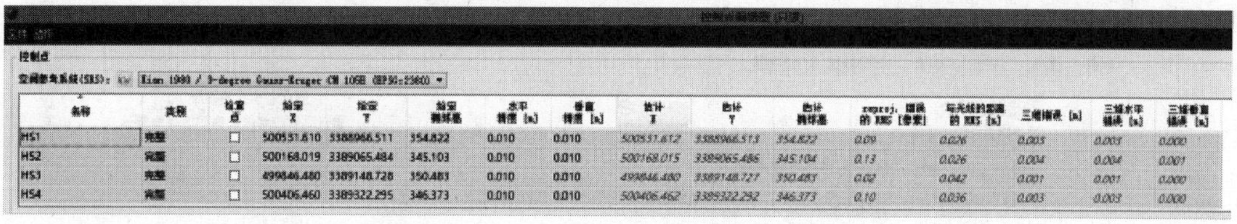

图 7.22 控制点精度检查

若某个点显示为红色而非绿色，则说明该点存在问题，首先需要检查刺点时是否准确，若确认无误，则说明可能该点在测量时存在误差，需要联系外业测量人员重新测量；若某点显示为黄色，则需综合考虑精度要求，选择重刺或重测点位。

（2）单击“概要”栏中的“View quality report”查看空三报告文档，如图 7.23 所示。

查看中误差是否在精度要求范围（1cm）内。

8. 建模设置

控制点精度检查满足要求后，即可开始建模操作。

（1）单击“概要”栏中“新建重建项目”按钮，如图 7.24 所示。

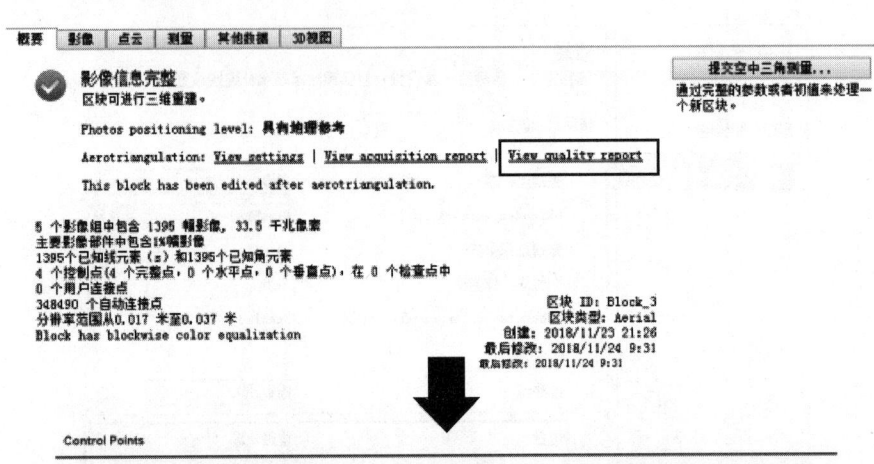

图 7.23 空三报告查看

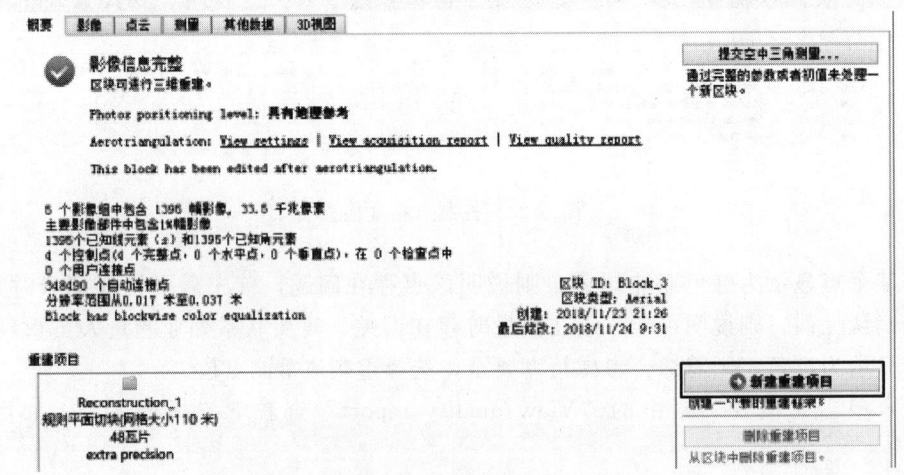

图 7.24 三维建模

(2) 选择"空间框架"栏：①切块模式修改为"规则平面格网切块"；②调整瓦片大小数值，直至下方"RAM 使用量"控制在本机内存的 1/3 最佳；③单击模型上方 3 处的按钮，即可在下方视图中通过调整模型边界来确定模型的范围；④通过 4 处的"从 KML 文件导入"来确定模型的范围：单击该选项卡，在弹出的对话框中选择需要出模型的范围（kml 文件）加载即可（如果控制点和 WGS84 坐标系存在偏移，需要使用偏移后的 kml 范围）（图 7.25）。

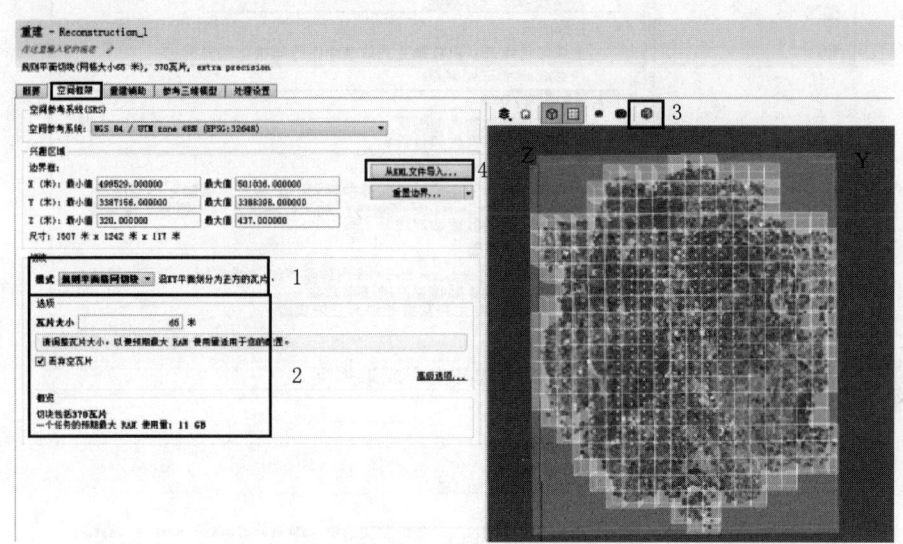

图 7.25　建模参数设置

（3）确认上述操作无误后，即可在"概要"选项卡中选择"提交新的生产项目"，如图 7.26 所示。

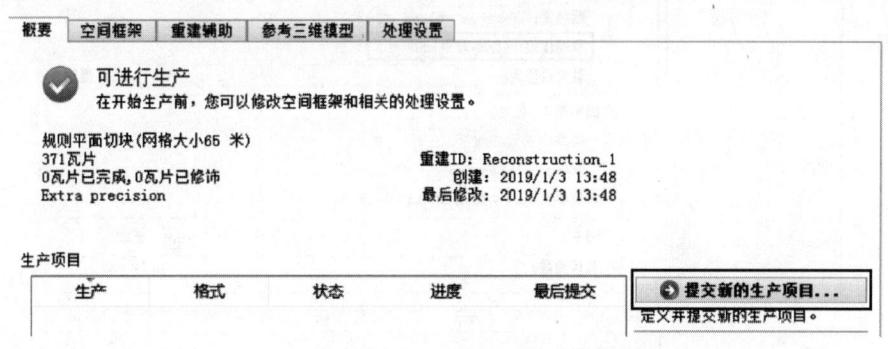

图 7.26　选择三维模型

（4）选择生产成果的类型。"三维网格"提供各类模型成果格式，若选择生成"正射影像/DSM"，则需准备参考三维模型，参考三维模型可由"三维网格""三维点云"附带生成，或者直接选择生成"仅参考三维模型"，如图 7.27 所示。

（5）常用的三维模型格式为 3MX、3DTiles、SLPK、OBJ、FBX、OSGB、S3C 等，根据用户需要进行选择，纹理压缩质量选择 100%，其余参数默认即可，如图 7.28 所示。

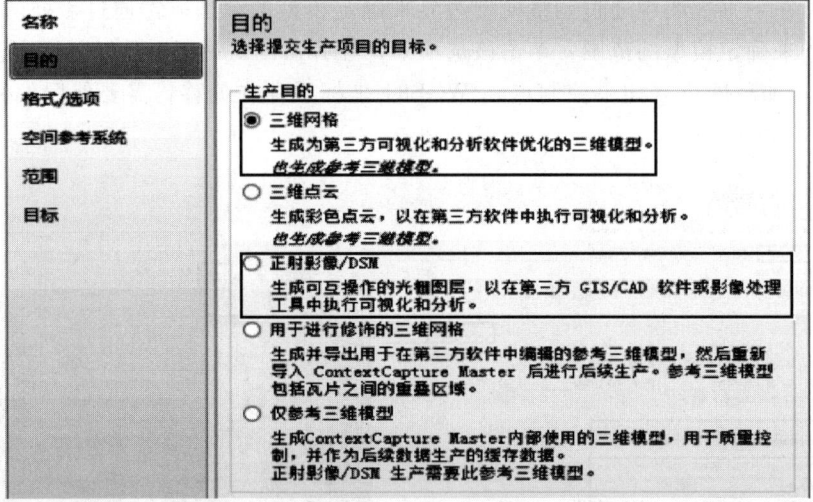

图 7.27 选择生产成果类型

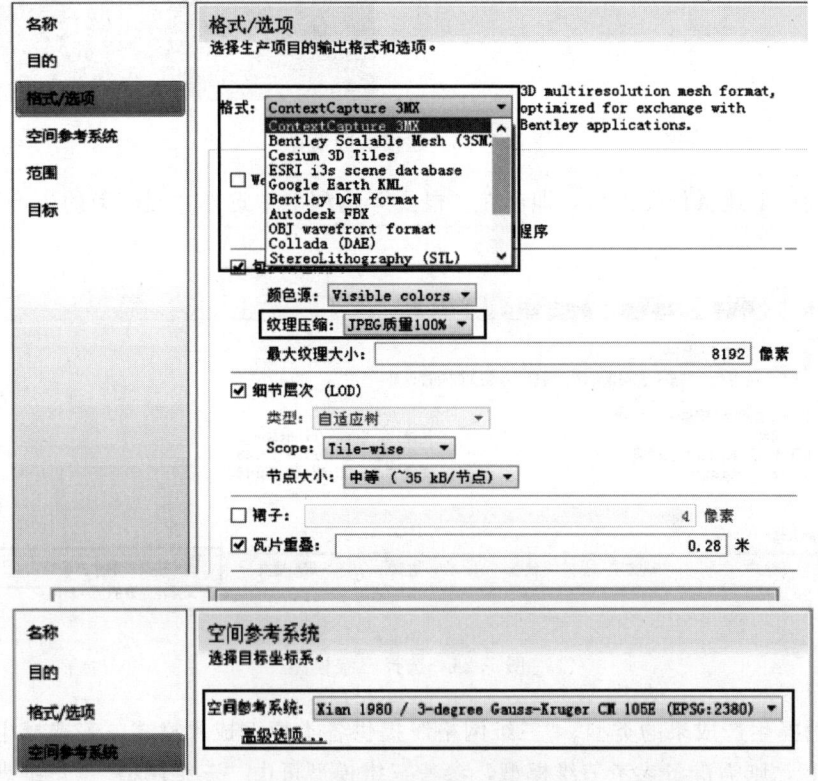

图 7.28 空间参考系统与控制点坐标系保持一致

(6) 选择所有需要的瓦片, 如图 7.29 所示。

(7) 选择成果输出目录, 默认为工程目录下, 单击"提交"按钮即可建模, 如图 7.30 所示。

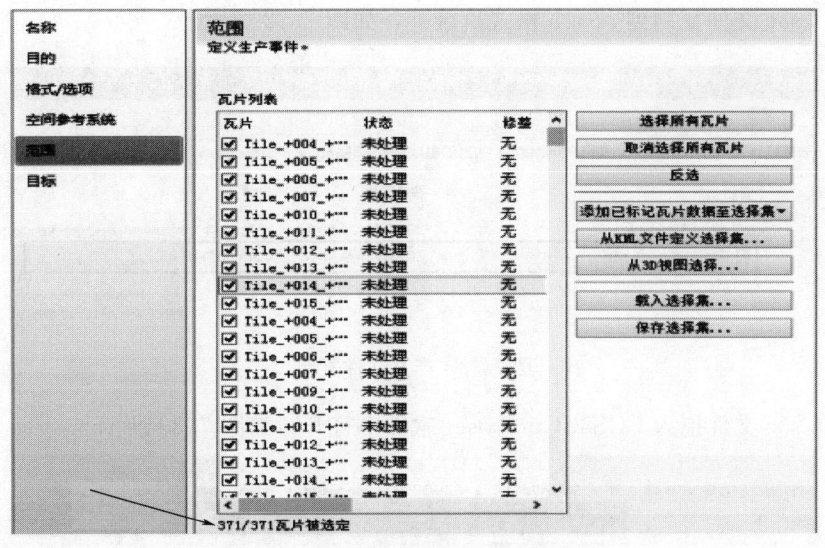

图 7.29　选择瓦片

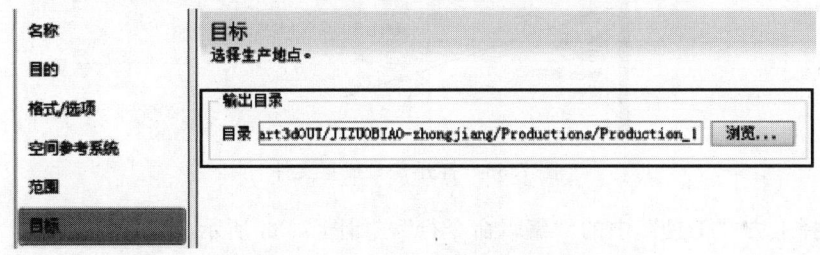

图 7.30　选择成果输出目录

（8）.osgb 格式数据用 3DViewer 预览操作。在上一步中选择生成三维模型的格式若为.osgb，该数据成果无法在"3D 视图"和 3DViewer 浏览器中直接查看模型效果，若想要直接查看，则需要使用.s3c 索引文件重新配置。

1）提交生产 S3C 项目后立即停止，工程目录下会出现 Production.s3c 索引文件，单击"打开输出目录"按钮，如图 7.31 所示。

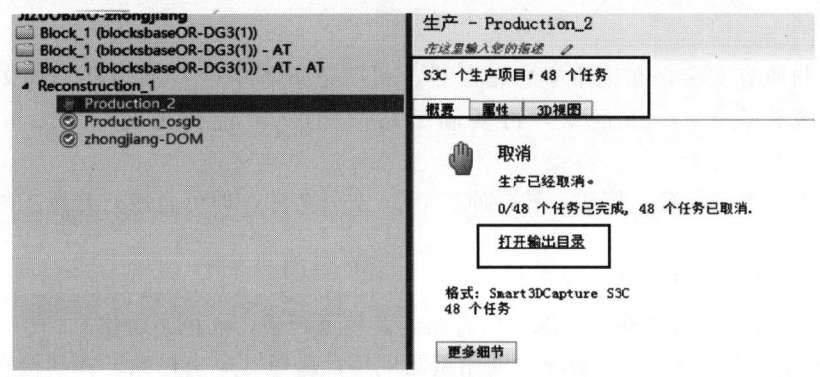

图 7.31　打开输出目录

2）将.s3c 文件复制到.osgb 格式目录下，如图 7.32 所示。

图 7.32　产品文件复制

3）将.s3c 文件拖入 CCS3CCpmposer 软件中打开，如图 7.33 所示。

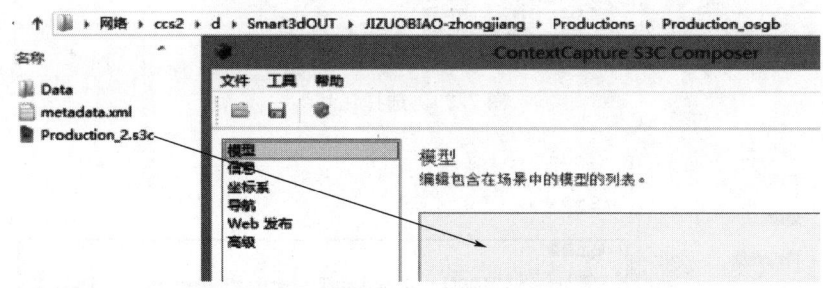

图 7.33　打开 S3C 成果文件

4）选择上方"工具"中的"编辑命令行"，如图 7.34 所示。

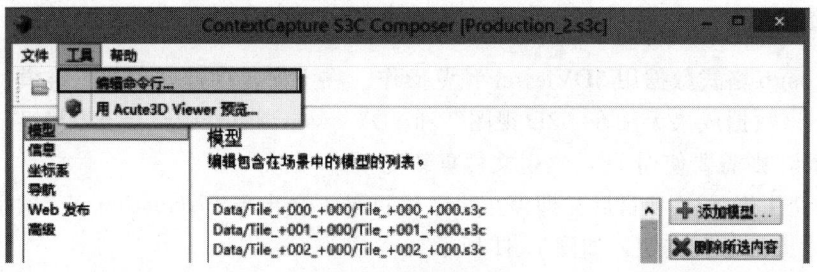

图 7.34　编辑命令

5）复制所有文字，在记事本中粘贴后，利用记事本中的替换功能，将文本中所有的.s3c 后缀替换为.osgb 后缀，再复制粘贴回图 7.35 左侧的窗口中，单击"OK"按钮。

6）单击上方"保存"按钮，替换原有.s3c 索引文件，即可直接打开该文件以查看模型效果。

9. 控制点与检查点精度评定

（1）空三控制点精度检查，绿色为合格，黄色可合格，红色不合格。

（2）模型检查，在 3DViewer 中使用量测工具，选择对应坐标系，找到检查点位置与所给坐标值进行比对。

图 7.35　更改文件后缀

（3）将模型、控制点、检查点文件导入 EPS 软件。

1）使用空间量测工具测量各点位与模型中控制点的距离差，统计精度误差。

2）重新绘制房屋轮廓线，利用辅助线纠正后，与所给检查点进行比对，统计精度误差。

7.2.3　空中三角测量

由于外业控制点个数有限，为满足内业平差要求，需要加密控制点，空三因其加密成本低、周期短、精度均匀而被采用。在进行空三加密测量前，需要将软件安装到电脑里，安装前要注意软件运行的环境和条件，本书以中测新图 TOPGRID_AAT 为例来介绍软件的使用及加密过程。

TOPGRID 2016 是中测新图（北京）遥感技术有限责任公司经多年研发、推出的一款全数字航空摄影测量系统，适用于通用中高空、低空无人机航空摄影测量数据的处理，亦可用于应急条件下的区域影像快速拼接。

1. 软件运行环境

软件运行参数见表 7.3。

表 7.3　软件运行参数

序号	项目		推荐匹配参数
1	软件环境	操作系统	Windows2000/XP/Win7 64 位系统
2	硬件环境	CPU	IntelPentium Ⅳ 2.0GHz（8核以上）
		内存	8G 以上
		硬盘空间	1TB 以上
		显示器	屏幕分辨率为 1280×1024 像素以上，屏幕刷新率为 120Hz 以上
		显卡	如果需要进行立体刺点，则显卡需要支持 3D（三维）立体成像驱动器，否则一般显卡即可

TOPGRID 2016 软件界面如图 7.36 所示。

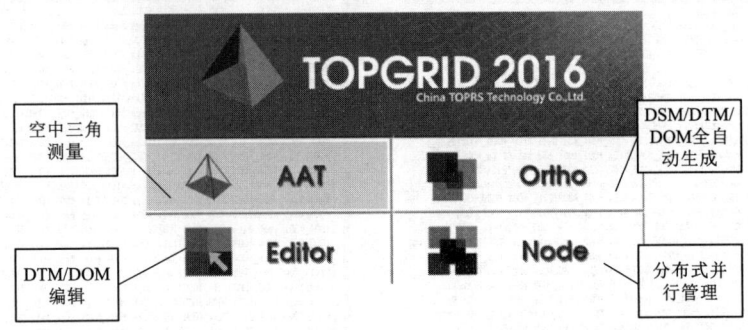

图 7.36　TOPGRID 2016 软件界面

2. 工作流程

工作流程如图 7.37 所示。

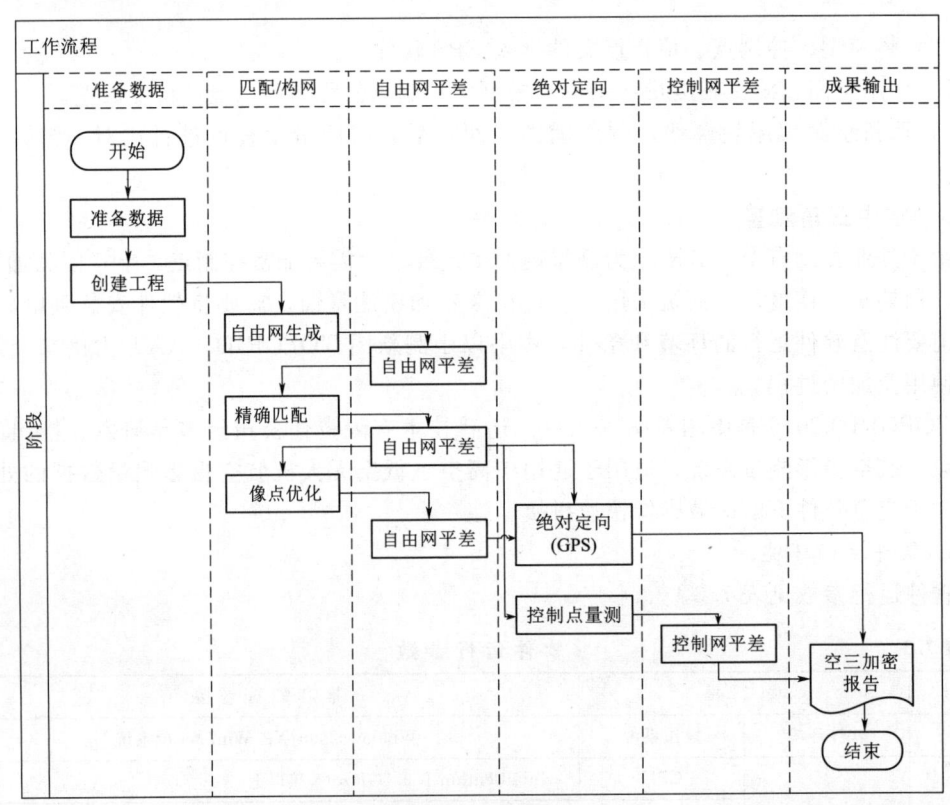

图 7.37　工作流程

3. 数据准备及工程创建

(1) 建立文件及文件夹。

在空三处理中，创建工程是数据处理的第一步，创建工程文件对数据有一定的格式和内容要求，软件系统可以经受两种数据准备方式，即手工准备和系统自带的工具准备。创建工程所需文件包括影像目录、相机文件、控制点文件、POS 文件、POS 文件的格式描述文件，如图 7.38 所示。其中，控制点文件为非必需文件。数据输入文件描述见表 7.4。

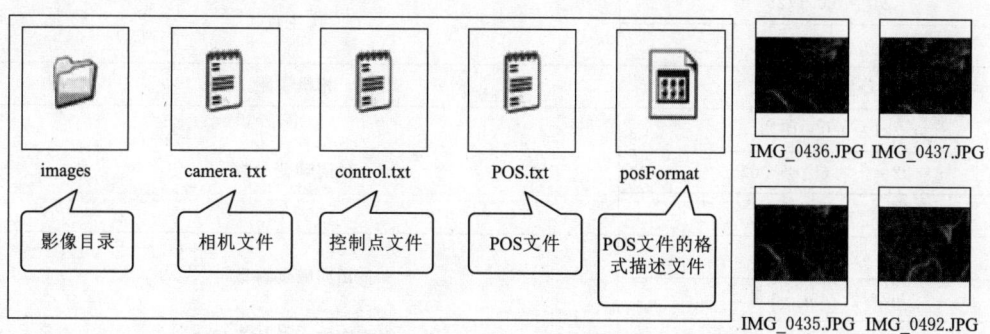

图 7.38 工程文件与影像数据

表 7.4 数据输入文件描述

序号	数据项目	描述
1	文件名为 POS.txt	POS 文件：影像的 GPS/IMU（惯性测量单元）信息，作为建立航带的依据
2	文件名为 posFormat	POS 文件的格式描述文件：POS 文件的格式描述文件。作为系统读取 POS 文件的依据（软件可自动生成）
3	文件名为 camera.txt	相机文件：存放拍摄影像的相机信息
4	文件名为 control.txt	控制点文件：存放外业测量控制点的坐标、精度及类型信息
5	文件夹名称为 images	影像目录：存放建立过程需要的影像文件序列，可以接受 tif 格式和 jpg 格式的影像

注 以上 5 个文件名是固定的。

（2）数据准备。

首先建立一个工程文件夹用于存放工程文件，建立方法是在工程目录下建立 images 文件夹，将待处理影像复制至该文件夹。

各类数据在软件中的表达格式见表 7.5 和表 7.6。

表 7.5 控制点坐标（control）

点号	X	Y	Z	点号	X	Y	Z
P9	453157.779	4312902.756	957.592	P6	453157.779	4312902.756	957.592
P12	453710.14	4313082.753	980.856	P5	453710.14	4313082.753	980.856
P8	453429.156	4313631.943	1082.244	P10	453429.156	4313631.943	1082.244
P7	453157.627	4314263.465	963.639	P20	453157.627	4314263.465	963.639

表 7.6　　　　　　　　　　　相机文件格式及其示例（camera）

相机文件内容	描述
camera_name=Canon4D	相机名称
type=mm	单位类型，包括两种：mm 代表毫米，pixel 代表像素
x0=−0.1729	像主点
y0=0.0148	
f=24.4141	相机主距
k1=0.0001823	径向畸变参数
k2=−2.687e−007	
k3=0.000000	
p1=2.847e−005	切向畸变参数
p2=2.769e−006	
pixel_width=3888	影像宽度，单位为像素
pixel_height=2592	影像高度，单位为像素
mm_width=22.1616	影像宽度，单位为毫米
mm_height=14.7744	影像高度，单位为毫米

为便于理解 POS 文件中各列数据和 posFormat 文件的含义，将这两种数据对应，见表 7.7 和表 7.8。

表 7.7　　　　　　　　　　　POS 文 件 示 例

1（ID）	2（X）	3（Y）	4（Z）	5（Phi）	6（Omega）	7（Kappa）
434	541067.6	4312958	1880.081	−9.7	0.8	87
435	541072.7	4312853	1878.769	−7.9	0.3	87.6
436	541077.5	4312750	1882.176	−9.6	2.9	88.3
437	541077.9	4312647	1879.875	−9.6	−3.4	92.6
438	541073.3	4312544	1878.826	−8.2	−8	91.7
490	541425.3	4312444	1894.215	−9.7	−4.3	269.5
491	541423.7	4312546	1893.653	−9.1	−4.6	269.2
492	541421.5	4312650	1889.856	−10.6	−5.6	269.2
493	541420.6	4312755	1889.404	−9.6	−7.1	−89.7
494	541420.3	4312857	1891.965	−9.1	−7.7	269.4
495	541417.3	4312958	1890.437	−9.3	−6	267.9

表 7.8　　　　　　　　　　　posFormat 文 件 示 例

posFormat 文件内容	描述
beginpos_file_format	文件开始标志
Start_Row：2	POS 数据开始行

续表

posFormat 文件内容	描述
ID_Col：1	相片 ID 所在列
X_Col：2	相片 X 坐标所在列
Y_Col：3	相片 Y 坐标所在列
Z_Col：4	相片 Z 坐标所在列
Phi_Col：5	相片旋转角 Phi 所在列
Omega_Col：6	相片旋转角 Omega 所在列
Kappa_Col：7	相片旋转角 Kappa 所在列
IsPlane：yes	相片坐标是否平面坐标
Separator：""	列与列之间的分隔符，用双引号括起来。默认用空格和 tab 分隔
endpos_file_format	文件结束标志

使用软件中【执行工程】菜单下的【准备数据】菜单项，将弹出【选择路径】对话框，选择已经存在 POS 文件、控制点文件和影像数据的工程路径之后，会弹出【数据准备】对话框。该对话框有四个标签，分别为姿态、相机、控制点、帮助，如图 7.39 所示。

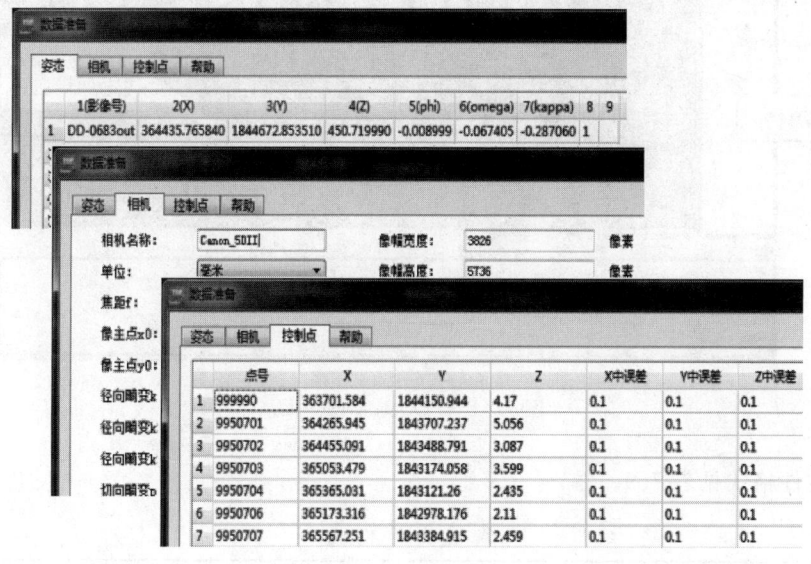

图 7.39 飞行姿态、相机和控制点参数界面

(3) 工程创建。

数据准备好之后，执行创建工程命令。执行菜单【文件】下的菜单项【创建工程】，弹出创建工程对话框，如图 7.40 所示，单击按钮，选择已准备好的工程目录，或直接将目录地址写在工程路径编辑框内，在状态一栏会显示创建所需文件是否存在。在相机文件和 POS 文件都存在的情况下，单击确定按钮，创建工程。

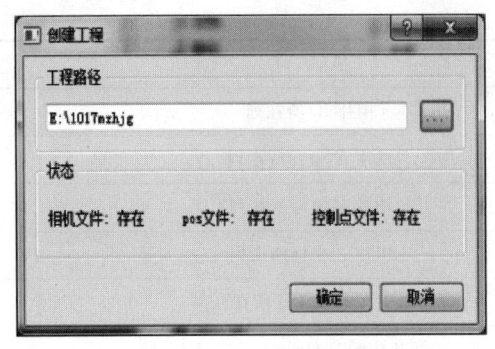

图 7.40　工程创建界面

创建工程完成后，在工程文件夹下生成：工程文件 project.txt；物点文件 objPoint.txt；控制点文件 controlPoint.txt；相机文件 CameraParam.txt；影像外方位元素文件 imageEO.txt；temp、result 两个文件夹。

如果准备数据时没有准备 control.txt 文件，则不会生成控制点文件 controlPoint.txt。

工程创建后，主界面显示根据飞行时观测的 POS 得到的航带图，如图 7.41 所示。航带图中，可分别显示控制点、影像、航带号等信息。自由网航带图因为还没有外方位元素，只显示控制点，这一步要注意检查航带是否正确。

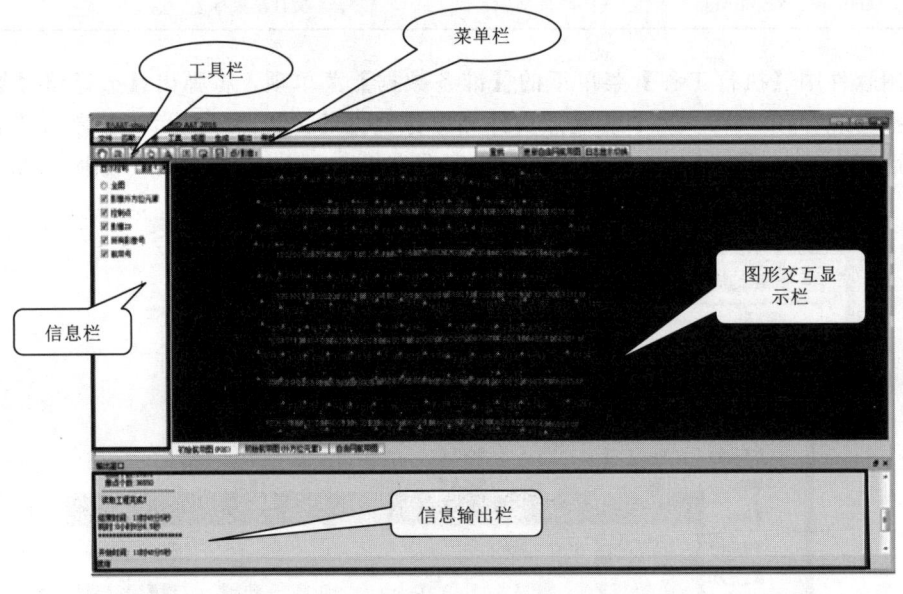

图 7.41　POS 航带图界面

输出文件格式见表 7.9。

表 7.9　　　　　　　　　　输 出 文 件 格 式

输出文件名称	输出内容以及单位	说　　明
objPoint.txt	物点号，X(米)，Y(米)，Z(米)	工程主目录下，平差后物点坐标
imageEO.txt	影像号，X(米)，Y(米)，Z(米)，phi(度)，Omega(度)，Kappa(度)	工程主目录下。如果该影像没有加入区域网，外方位元素均为 −999
CameraParam.txt	和 camera.txt 内容相同	工程主目录下

续表

输出文件名称	输出内容以及单位	说　明
controlPoint.txt	控制点号，X（米），Y（米），Z（米），X 标准偏差，Y 标准偏差，Z 标准偏差，控制点类型（XYZ：平高控制点，XY：平面控制点，Z：高程控制点），控制点类别（CONTROL：控制点，CHECK：检查点）	工程主目录下
project.txt	记录每张影像的连接点像方坐标和已刺控制点像方坐标，以及每张影像的初始外方位元素等信息	作业时的主要文件。保存工程和读取工程均需要此文件

（4）创建影像金字塔。

创建影像金字塔的目的是为下一步的匹配打基础。由于航测过程中，航测影像是每隔一定的时间间隔拍摄的，航片编号相邻的影像是有重叠的，对于地面一个固定的区域，从航测进入开始到飞出该区域是在不同的角度拍摄同一个区域，飞行距离变化过程是：远—近—远，即远处拍摄的影像小、近处拍摄的影像大，由此造成同一个区域的影像呈金字塔的规律连续（图7.42）。影像金字塔的创建分为内部创建和外部创建两种，在匹配阶段创建影像金字塔称为内部创建，使用软件专用的创建菜单即按照【菜单】→【工具】→【金字塔影像生成】创建影像金字塔称为外部创建。

图 7.42　影像金字塔

在软件主程序界面下的"工具"菜单，有"刺点""指定影像刺点""金字塔影像生成"等下拉菜单，完成不同功能，如图7.43所示，单击即可进行自动处理。

4. 匹配

匹配是解决同一点位的对应性问题，是数字摄影测量的核心，匹配的基本理论是频谱分析，匹配基本的方法是模板匹配，匹配的基本策略是金字塔数据结构。

主程序界面含匹配菜单，此菜单下有自由网生成、精确匹配等下拉菜单，可完成不

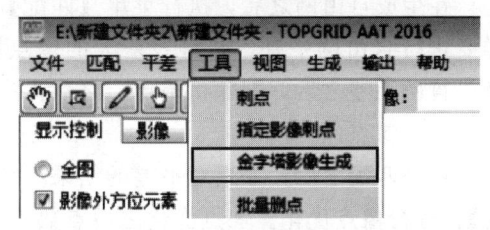

图 7.43　影像金字塔生成界面

同功能，如图 7.44 所示。

(1) 建立自由网。

执行菜单【匹配】下菜单项【自由网生成】。系统将自动进行图 7.45 所示操作。

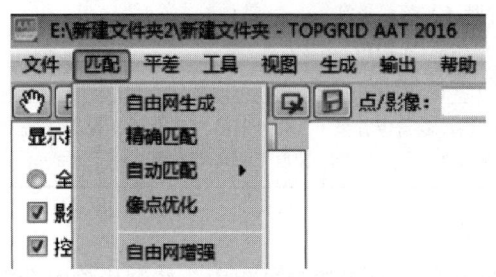

图 7.44 "匹配"界面

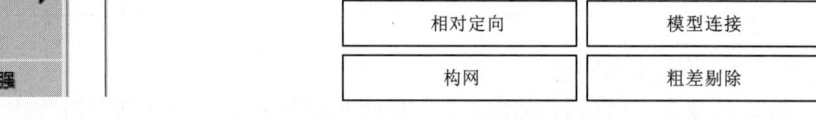

图 7.45 匹配操作内容

自由网构网完成后所有的影像应该均加入网内，若有未入网的影像，则应执行【自由网增强】，直至所有影像加入网内。

所有影像入网后执行自由网平差，执行菜单【平差】下的菜单项【光束法平差】，弹出平差界面，单击自由网平差按钮进行平差，如图 7.46 所示。由于【自由网生成】中生成的连接点是比较粗略的点，因此在这一步进行平差时，只需将像点残差过大的点删除即可，一般删除像点 xy 残差大于 10 个像素的点。

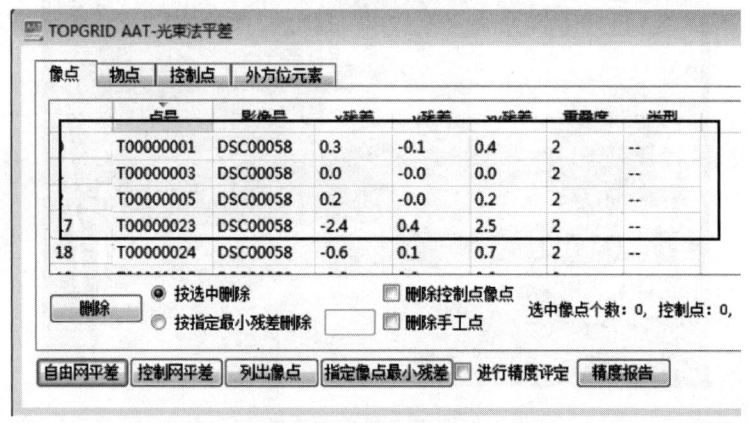

图 7.46 自由网平差

(2) 精确匹配。

在生成自由网之后，执行菜单【匹配】下菜单项【精确匹配】。精确匹配完成之后同样要进行自由网平差，并将残差大的像点删除，一般删除像点 xy 残差大于 2 个像素的点。自由平差之后，剔除粗差点，之后再进行像点优化。

(3) 像点优化。

精确匹配之后，如果对平差的结果不满意，可以执行菜单【匹配】下菜单项【像点优化】，进行像点优化。像点优化之后点数不一定会增加，有时反而会减少，这是为了防止点数过多，应当做限制点数的处理。像点优化完成之后同样要进行自由网平差，并将 xy

残差大（大于 1.5 个像素）的像点删除。通过视图—连接点分布图，查看点位分布情况，若不理想，执行像点优化，提高连接点的重叠度。

5. 刺点与像控点测量

刺点就是找到相邻 2 张航片同一点的位置。为航片连接奠定基础。一般立体图的像控点为 4~6 个。控制点现在利用空三加密来获取，因为其成本低、周期相对较短、精度均匀。点中任意一张影像的边框，通过 ADWS 键左右上下移动进行点位微调，找到之后，选择立体模式，进入立体量测状态，就可以进行立体图各部位的尺寸数据采集测量。

（1）进入刺点对话界面的方法。

菜单中"工具"→"刺点"或"指定影像刺点"，选中或输入待刺点影像后，单击确定按钮，进入刺点界面，如图 7.47 所示，对选中影像进行同名点量测。

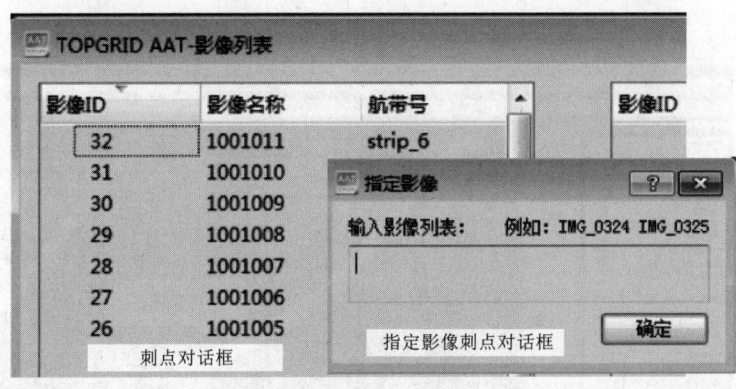

图 7.47 刺点界面

在主界面航带图的【初始航带图（外方位元素）】或【自由网航带图】中，选中影像号后，单击刺点图标，如图 7.48 所示。

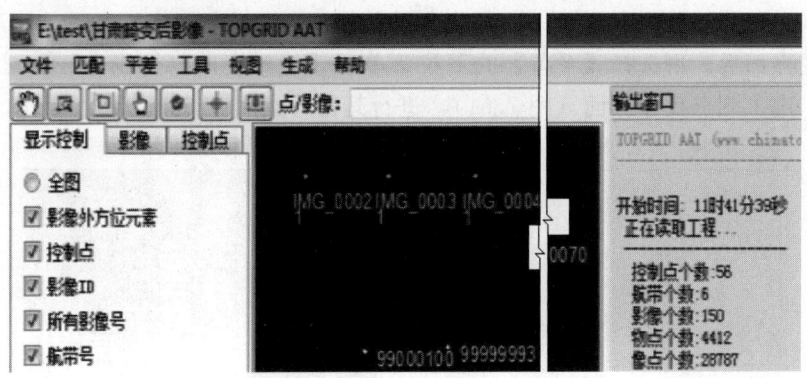

图 7.48 刺点航带操作显示界面

平差界面中【像点】【物点】【控制点】页面，选中任何一行，并双击即可进入刺点平差界面，然后对该行像点、物点或控制点修测，如图 7.49 和图 7.50 所示。

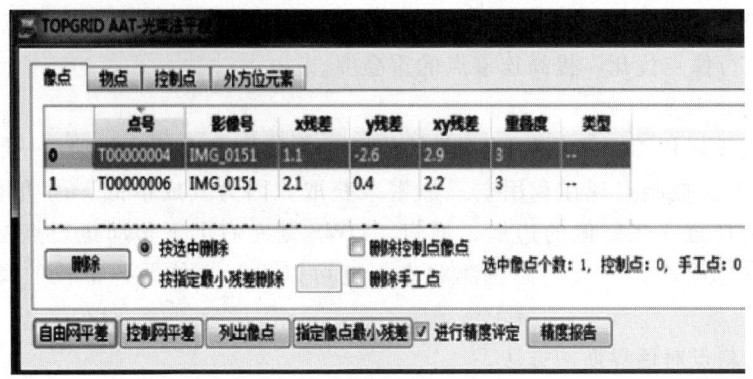

图 7.49　刺点平差界面（1）

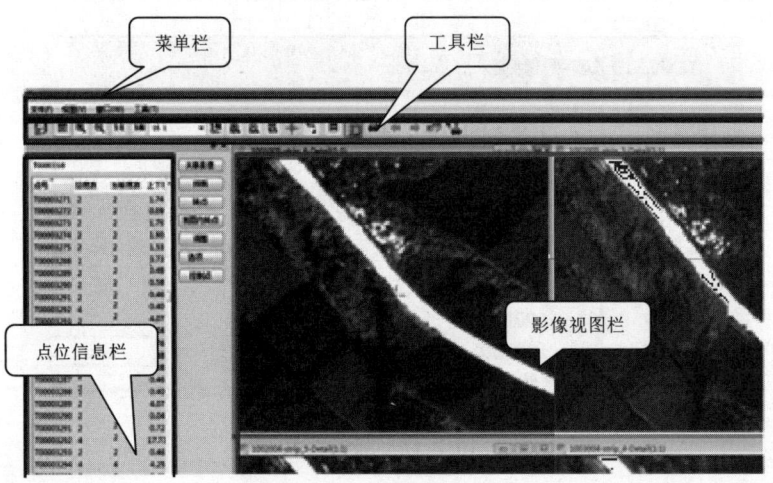

图 7.50　刺点平差界面（2）

（2）刺点操作。

根据点之记确认控制点位置，选刺 3 个以上分布在区域范围内的点。关闭刺点平差界面、返回主界面后，再选择【平差】的下拉菜单项【绝对定向（控制点）】，进行控制点绝对定向；进入刺点操作界面（图 7.51），进行其他外业测量点位的刺点操作。

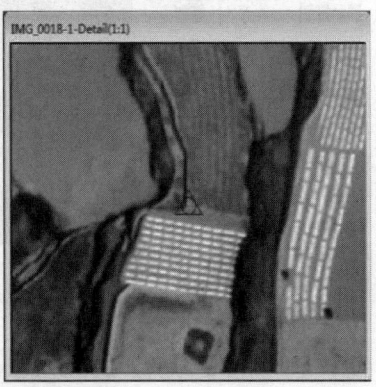

图 7.51　刺点操作界面

内业像控点的选刺要求：

1) 像控布点位置要求：应布设在航向及旁向六度重叠范围内；距像片边缘不得小于 1.5cm；应选在旁向重叠中线附近，离开方位线不应小于 5cm；旁向重叠过小相邻航线的点不能共用时，可分别布点，但两点裂开的垂直距离应小于 1cm；旁向重叠过大时也应分别布点；位于自由图边的像控点，应布设在离图廓线 4mm 以外；航线两端上下像控点在同一像对内相互偏离不应超过半条基线，规则区域网中间的像控点左右偏离不应超过一条基线。

2) 像控点选刺要求：像控点应选刺在航线主片上，实地辨认误差应小于图上 0.1mm；平面点位应选刺在影像清晰、明显的地物拐角处和线状地物的交叉处，在地物稀少地区，也可选刺在线状地物的端点、田地内角和尖山顶处；高程控制点点位应选刺在线状地物的交点和高程变化较小的地方，尖顶地物和高程变化较大的斜坡等处不宜作为刺点目标；像控点选刺时，不宜选择阴影、遮盖、人字脊房檐等位置，采用 GPS 测定时，高压输电线和微波无线电传送通道等附近 50m 内不宜作为刺点目标；像控点选刺点后，应由第二人在实地进行 100% 检查。

刺点操作过程：

第一步，选中某控制点，单击预测按钮，图 7.52 所示。

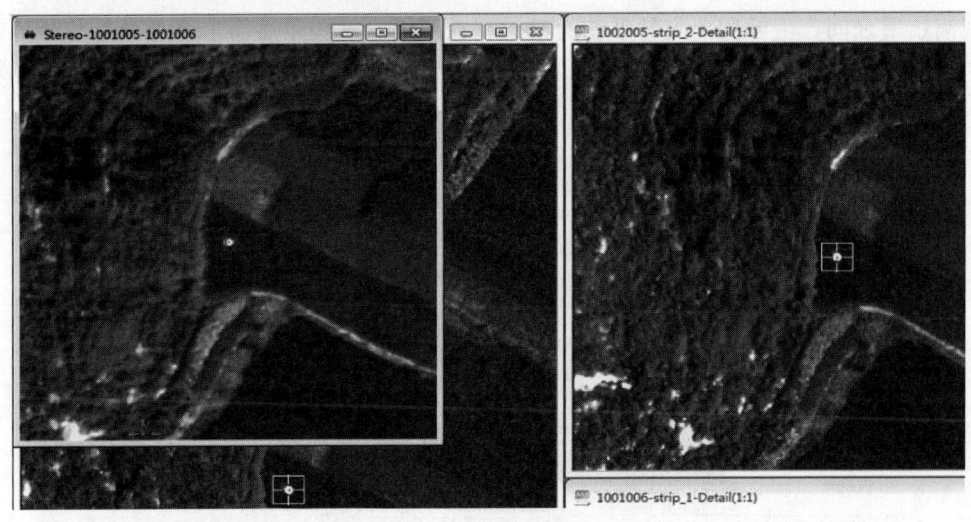

图 7.52　刺点操作过程示意图

第二步，根据点之记确认控制点位置。

第三步，先刺任意一张影像上的控制点。

第四步，单击视图内转点按钮，则其他影像上的点会自动刺中。如果单击转点按钮，则可能控制点在边缘的影像也会被转点；如果没有刺中，手工点刺即可。

第五步，再次单击预测按钮，查看该控制点对应的像控点是否全部刺中。

删除控制点操作：选中某控制点，单击删除按钮；弹出该点对应的影像列表对话框；选中需要删除的点，单击确定按钮，完成点位删除，如图 7.53 所示。

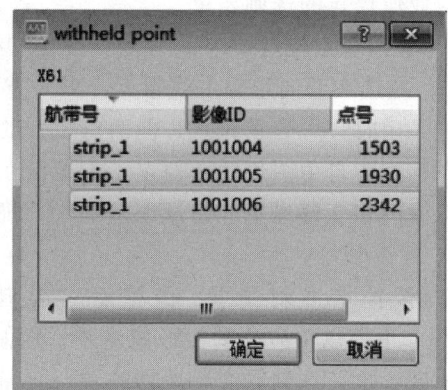

图 7.53　控制点删除操作界面

6. 光束法平差和联合平差

测量离不开控制，通常用控制网来进行控制，为了评定、检测控制网的精度，就要对控制网进行平差。由于测量仪器的精度不完善和人为因素及外界条件的影响，测量误差总是不可避免的。为了提高成果的质量、处理好测量中存在的误差问题，观测值的个数往往要多于确定未知量所必须观测的个数，也就是要进行多余观测，因为有了多余观测，就会在观测结果之间产生矛盾，测量平差的目的就在于消除这些矛盾而求得观测量的最可靠的结果，并评定测量成果的精度。平差的方法有光束法平差和联合平差两种，如图 7.54 所示。

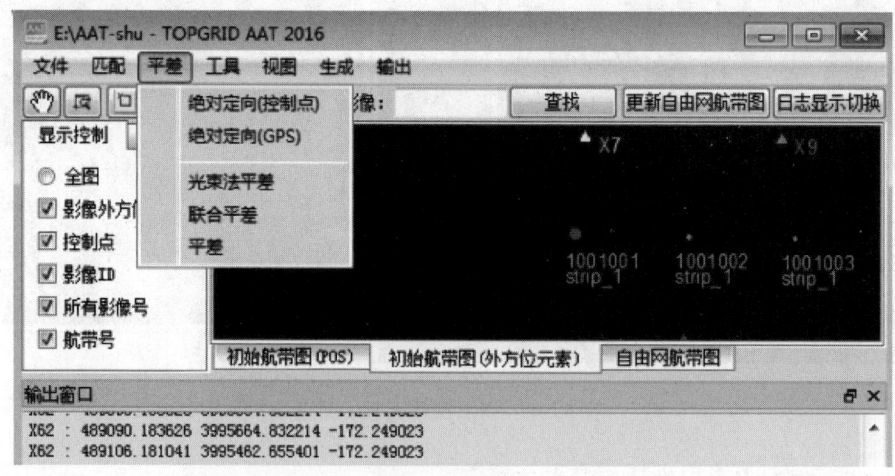

图 7.54　光束法平差和联合平差操作界面

内定向的操作：内定向是数字摄影测量的第一步。这是因为数字影像是以"扫描坐标系 OIJ"为准，即像素的位置是由它所在的行号 I 和列号 J 来确定的，它与像片本身的像坐标系 OXY 是不一致的。一般来说，数字化时影像的扫描方向应该大致平行于像片的 X 轴，这对以后的处理十分有利。扫描坐标系的 I 轴和像坐标系的 X 轴应大致平行，如图 7.55 所示。

内定向的目的就是确定扫描坐标系和像片坐标系之间的关系以及消除数字影像可能存在的变形。数字影像的变形主要是在影像数字化过程中产生的,而且主要是仿射变形。

(1)光束法平差的目的是提高加密点的加密精度,获取加密点的大地坐标和像片的外方位元素,如图 7.56 所示。

(2)联合平差。是将 GPS 定位数据和 IMU 提供的惯性导航数据在空三测量中同步使用,完成平差的方法,其界面如图 7.57 所示。GPS/IMU 系统应具有以下功能:GPS 辅助惯性导航与回归平滑功能、差分 GPS 数据处理功能、像片外方位元素计算功能、系统检校与质量控制功能、连接点半自动量测功能。

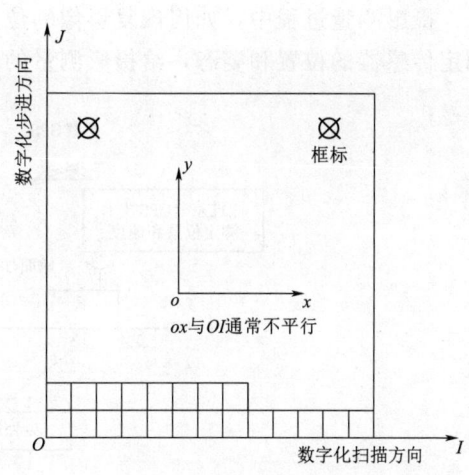

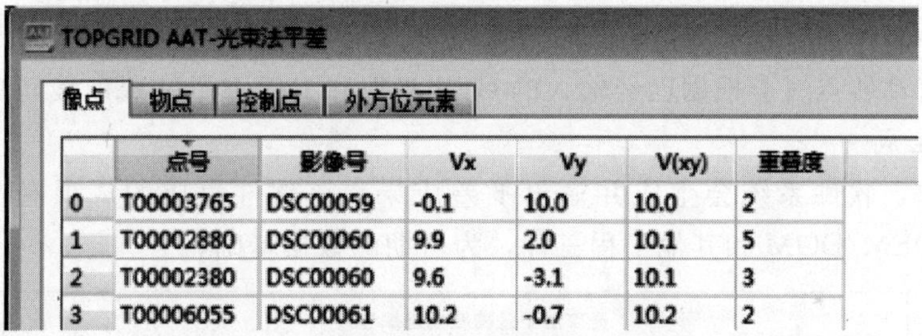

图 7.55 扫描坐标与像坐标之关系

图 7.56 光束法平差

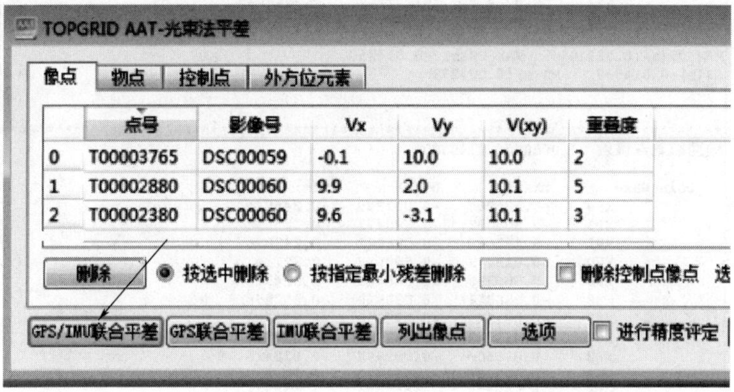

图 7.57 联合平差界面

实践证明,利用带少量地面控制的 GPS 辅助光束法区域网平差精度好,能达到自检校光束法区域网平差精度。无地面控制 GPS 辅助光束法区域网平差具有较大的系统误差,实际精度与理论精度相差较远,但成果仍能满足一定比例尺地形图航测成图的精度要求。

摄影测量过程中,如何恢复影像的位置和姿态是一个关键问题,GPS 联合 IMU 可以测定传感器的位置和姿态,给摄影测量的过程带来深远的影响。其原理如图 7.58 所示。

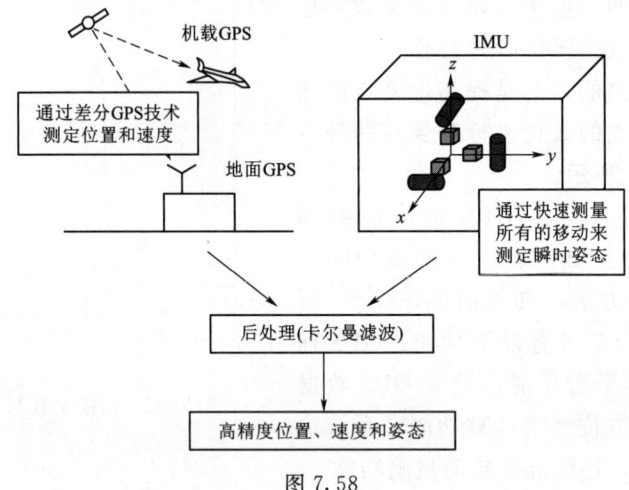

图 7.58

使用软件时,当完成 GPS 和 IMU 参数的输入后,用户不需要继续量测航线间的偏移点。系统在自动转点时会根据已经输入的 GPS 参数和 INS 参数完成航线间的相对定位。

7. 成果生成

经过平差,软件系统会生成并输出平差成果。该软件生成的成果有空三精度报告(图 7.59)、DEM/DOM 和其他工程三种,为后期的数据基础。

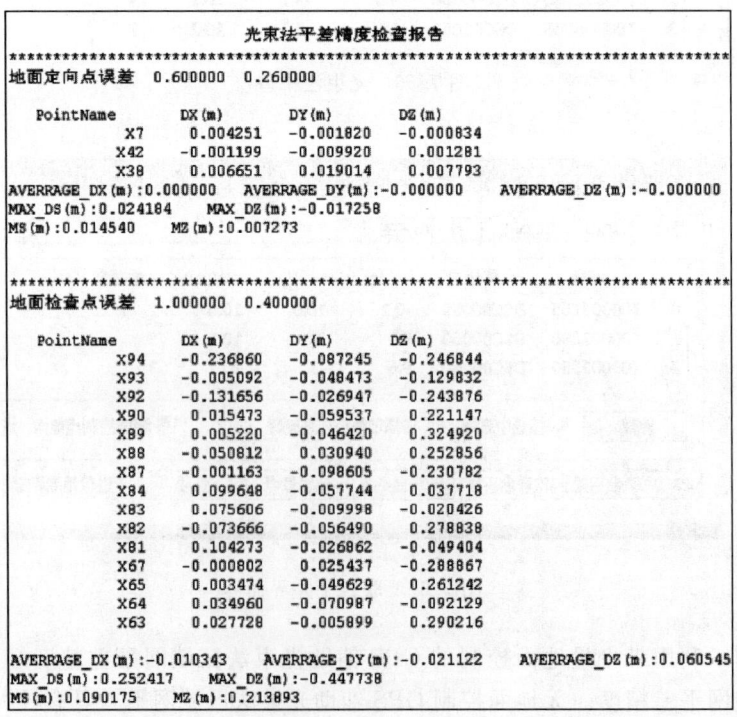

图 7.59　空三精度报告

任务 7.3　无人机航测技术的应用

7.3.1　航测技术在国土测绘中的应用

国土测绘是指使用以计算机技术、光电技术、网络通信技术、空间科学、信息科学为基础，以全球定位系统（GPS）、遥感（RS）、地理信息系统（GIS）为技术核心，将地面已有的特征点和界线，通过测量手段获得反映地面现状的图形和位置信息，供工程建设的规划设计和行政管理之用。无人机航测技术在一定程度上提高了工作效率与工作质量，减少相关人力、物力，降低工作成本，促进我国国土测绘工作水平的提升。

7.3.2　航测技术在电力行业中的应用

传统的电力选线手段已不能满足其快速、高效发展的要求。利用航空摄影测量技术能够高效完成电力建设规划。目前，许多电力线路工程电压等级低，线路长度较短等工程还是以传统的工程测量方法进行路径选择设计，成本高、效率低，特别是在交通条件较差的高山区，更是劳动强度大、效率低；同时不能对整体的智能电网建设提供详尽且丰富的基础数据。在经济高速发展的当下，传统的方法已经不能满足设计要求，利用载人航飞不仅时间长，而且费用相对也比较高。而无人机航测可以很好地用于此类工程的电力选线。

7.3.3　航测技术在矿山监测中的应用

传统矿山监测主要采用全野外测量方式（GPS-RTK 或全站仪实测）对矿山进行测绘及储量计算。无人机航摄是近年来迅速发展的空间数据获取手段，具有较高的机动灵活性，受地形限制小，能够避免因地形复杂无法完成测量而产生盲区，大大减少外业工作的劳动量、降低其难度。相比难度大、周期长的传统矿山测量方式，无人机遥感技术可快速对地质环境信息和过时的 GIS 数据库进行更新、修正和升级。无人机因其低成本、高效率，且所获取的数据具有很强的现势性等特点，在小区域和飞行困难地区高分辨率影像快速获取方面有明显优势，对数字矿山建设和矿山灾害应急等工作均具有重要的意义。

项目 8

地形图测绘

任务 8.1 地形图基本知识

从狭义来讲,地形指地貌;从广义来讲,地形是地物和地貌的总称。为研究地物、地貌状况及地面点的相互位置关系,测量学中用地形图来表示,如图 8.1 所示。地形图具有广泛的用途,特别是在各种工程建设中,它是不可缺少的重要资料。

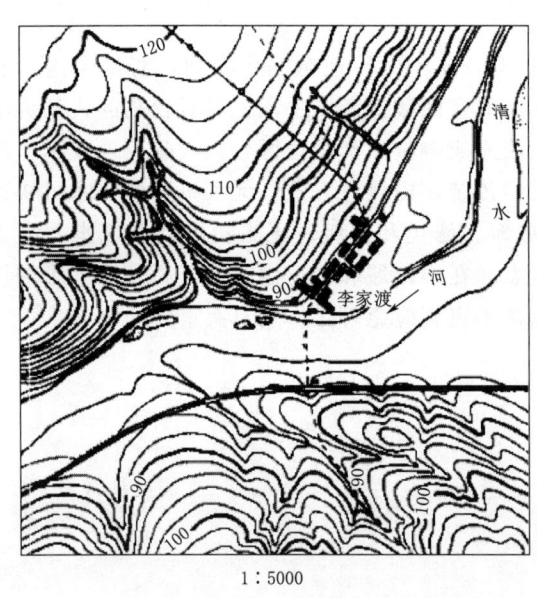

1∶5000

图 8.1 地形图

地形图是将地面一系列地物与地貌,通过综合取舍,按比例缩小后用规定的符号描绘在图纸上的正射投影图。

所谓正射投影(等角投影),就是将地面点沿铅垂线投影到投影面,并使投影前后图形的角度保持不变。另外,还有数字图,它是把密集的地面点用三维坐标存储在计算机中,通过计算机即可转化成各种比例尺的地形图,也可直接用于工程设计和信息查询等。

地形图是把地面的地物和地貌形状、大小和位置,采用正射投影方法,运用特定符号、注记、等高线,按一定比例尺缩绘于平面的图形。它既表示地物的平面位置,也表示地貌的形态。如果只反映地物的平面位置,不反映地貌的形态,则称平面图。

地形图详细地反映了地面的真实面貌,人们可以在地形图上获得所需要的地面信息。例如:某一区域高低起伏、坡度变化、地物的相对位置、道路交通等状况,可以量算距离、方位、高程,了解地物属性。

8.1.1 地形图比例尺

1. 比例尺的概念

图上某线段的长与相应实地水平距离之比叫地图比例尺。比例尺是一种没有单位的比值，相比的两个单位必须相同，单位不同不能比。地图比例尺的分子通常用 1 表示，以便了解地图缩小的倍数，如 1∶50000 即缩小 5 万分之一，1∶100000 即缩小 10 万分之一。

2. 比例尺的大小

根据用途不同，地图比例尺有大小之分。比例尺的大小，是按比值大小来衡量的，即比的前项除以比的后项所得的商。例如 1∶2＝0.5，0.5 就是比值。因地图比例尺分子都是 1，所以，比值的大小又依比例尺分母确定。分母小则比值大，比例尺就大；分母大则比值小，比例尺就小。如 1∶50000 大于 1∶100000，1∶100000 大于 1∶200000。

3. 比例尺的特点

图幅面积大小相同的地图，比例尺越大，其图幅所包括的实地范围就越小，但图显示的内容就越详细；比例尺越小，图幅包括的实地范围就越大，但图显示的内容就越简略。这是因为地图的精度是随着比例尺的缩小而降低的，所以，地图比例尺越大，则误差越小，图上量测的精度越高；比例尺越小，误差越大，图上量测的精度也就越低。由于用图目的和要求不同，因而地图的比例尺也不同。比例尺不同，图上长度相当于实地的水平距离也就不一样。

4. 比例尺的表示形式

地图比例尺通常绘注在地图南图廓的下方中央，其表示形式有：

(1) 数字比例尺。

数字比例尺以分子为 1、分母为正数的分数表示，如 1/500、1/1000、1/2000，一般书写为比例式形式，即 1∶500、1∶1000、1∶2000。

当图上两点距离为 1cm 时，实地距离为 10m，该图比例尺为 1∶1000；若图上 1cm 代表实地距离为 5m，该图比例尺为 1∶500。分母越大，比例尺越小；相反，分母越小，比例尺越大。比例尺的分母代表了实际水平距离缩绘在图上的倍数。

【例题 8.1】 在比例尺为 1∶1000 的图上，量得两点间的长度为 2.8cm，求其相应的水平距离。

【解】 $$D = Md = 1000 \times 0.028 = 28 (\text{m})$$

【例题 8.2】 实地水平距离为 88.6m，试求其在比例尺为 1∶2000 的图上相应长度。

【解】 $$d = \frac{D}{M} = \frac{88.6}{2000} = 0.044 (\text{m})$$

(2) 直线比例尺。

使用中的地形图，经长时间存放，将会产生伸缩变形，如果用数字比例尺进行换算，其结果包含一定的误差。因此绘制地形图时，用图上线段长度表示实际水平距离的比例尺，称为直线比例尺。如图 8.2 所示，直线比例尺由两条平行线构成，在直线上 0 点右端为若干个 2cm 长的线段，这些线段称为比例尺的基本单位。最左端的一个基本单位分为十等份，以便量取不足整数部分的数。在右分点上注记的 0 向左及向右所注记数字表示按数字比例尺算出的相应实际水平距离。使用时，直接用图 8.2 所示的线段长度与直线比例尺对比，读出实际距离长度，不必进行换算，还可以避免由图纸伸缩变形产生的误差。下面举例说明直线比例尺的用法。

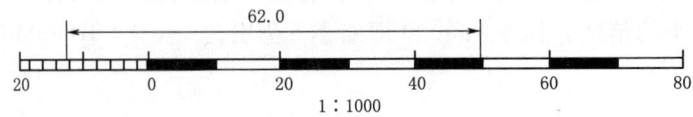

图 8.2 直线比例尺（单位：m）

【例题 8.3】 用分规的两个脚尖对准地形图上要量测的两点，再移至直线比例尺上，使分规的一个脚尖放在 0 点右面适当的分划线上，另一脚尖落在 0 点左面的基本单位上，如图 8.2 所示，实地水平距离为 62.0m。

5. 比例尺的精度

人们用肉眼在图上能分辨的最小距离为 0.1mm，因此地形图上 0.1mm 所代表的实地水平距离称为比例尺精度，即

$$比例尺精度 = 0.1 \times M$$

式中 M——比例尺分母。

比例尺大小不同，比例尺精度不同，常用大比例尺地形图的比例尺精度见表 8.1。

表 8.1　　　　　　　　　常用大比例尺地形图的比例尺精度

比例尺	1：500	1：1000	1：2000	1：5000	1：10000
比例尺精度/m	0.05	0.1	0.2	0.5	1

比例尺精度的概念有两个作用：一是根据比例尺精度，确定实测距离应准确到什么程度。例如：选用 1：2000 比例尺测地形图时，比例尺精度为 $0.1 \times 2000 = 0.2$m，测量实地距离最小为 0.2m，小于 0.2m 的长度，图上就无法表示出来。二是按照测图需要表示的最小长度来确定采用多大的比例尺地形图。例如：要在图上表示出 0.5m 的实际长度，则选用的比例尺应不小于 $0.1/(0.5 \times 1000) = 1/5000$。

6. 比例尺的分类

地形图比例尺通常分为大、中、小三类。其大小是用分数的比值来衡量的，比值大的，称为大比例尺；比值小的，称为小比例尺。通常把 1：10000～1：500 比例尺的地形图，称为大比例尺地形图；1：100000～1：25000 比例尺的地形图，称为中比例尺地形图；1：100 万～1：20 万比例尺的地形图，称为小比例尺地形图。

8.1.2 地物符号

为了清晰、准确地反映地面真实情况，便于读图和应用，在地形图上，地物用国家统一的图式符号表示，地形图的比例尺不同，各种地物符号的大小详略各有不同。另外根据行业的特殊需要，各行业再补充图式符号。

归纳起来，表示地物的符号有依比例符号、非比例符号、半依比例符号和地物注记。

1. 依比例符号

地物的形状和大小，按测图比例尺缩绘，使图上的形状与实地形状相似，称为依比例符号。如房屋、居民地、森林、湖泊等。依比例符号能全面反映地物的主要特征、大小、形状、位置。

2. 非比例符号

当地物过小、不能按比例尺绘出时，必须在图上采用一种特定符号表示，这种符号称为非比例符号。如独立树、测量控制点、井、亭子、水塔等。非比例符号多表示独立地物，能反映地物的位置和属性，不能反映其形状和大小。

3. 半依比例符号

地物的长度按比例尺表示、宽度不能按比例尺表示的狭长地物符号，称半依比例符号或线形符号。如电线、管线、小路、铁路、围墙等，这种符号能反映地物的长度和位置。

4. 地物注记

对于地物，除了应用以上符号表示外，用文字、数字和特定符号加以说明和补充，称为地物注记。如道路、河流、学校的名称，楼房层数、点的高程、水深、坎的比高等。

8.1.3 地貌符号

地貌通常用等高线表示，按比例尺缩绘于图纸上，加上高程注记，就形成了表示地貌的等高线图，如图 8.3。

相邻等高线之间的水平距离 d 越小，说明地面坡度越陡；平距越大，说明地面坡度越平缓。

1. 等高线的分类

为了更详细地反映地貌的特征与便于读图和用图，地形图常采用以下几种等高线，如图 8.4 所示。

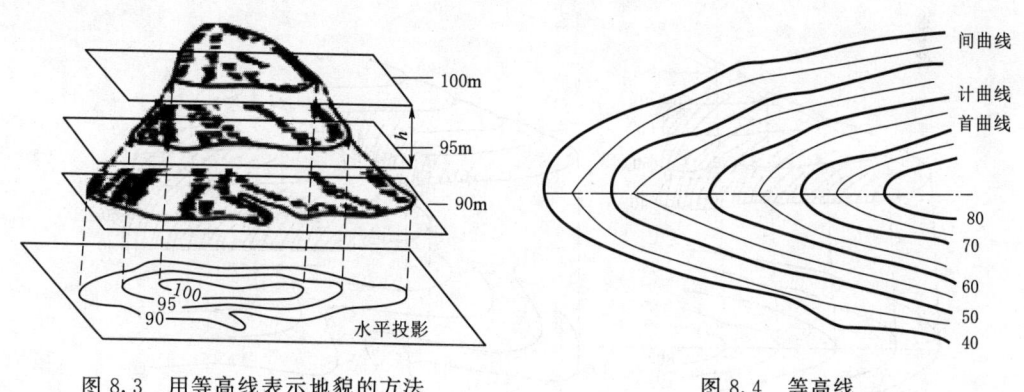

图 8.3　用等高线表示地貌的方法　　　　图 8.4　等高线

（1）首曲线又称基本等高线，是按基本等高距绘制的等高线，用细实线表示。

（2）计曲线又称加粗等高线，是以高程起算面为 0m 等高线计，每隔四根首曲线用粗实线描绘的等高线。计曲线标注高程，其高程应等于 5 倍的等高距。

（3）间曲线又称半距等高线，是当首曲线不能显示地貌特征时，按 1/2 等高距描绘的等高线。间曲线用长虚线描绘。

（4）助曲线又称辅助等高线，是当首曲线和间曲线不能显示局部微小地形特征时，按 1/4 等高距加绘的等高线。助曲线用短虚线描绘。

2. 基本地貌的等高线

(1) 山头和洼地。图 8.5（a）是山头等高线的形状，图 8.5（b）是洼地等高线的形状，两种等高线均为一组闭合曲线，可根据等高线高程字头冲向高处的注记形式加以区别，也可根据示坡线判断，示坡线是指向下坡的短线。

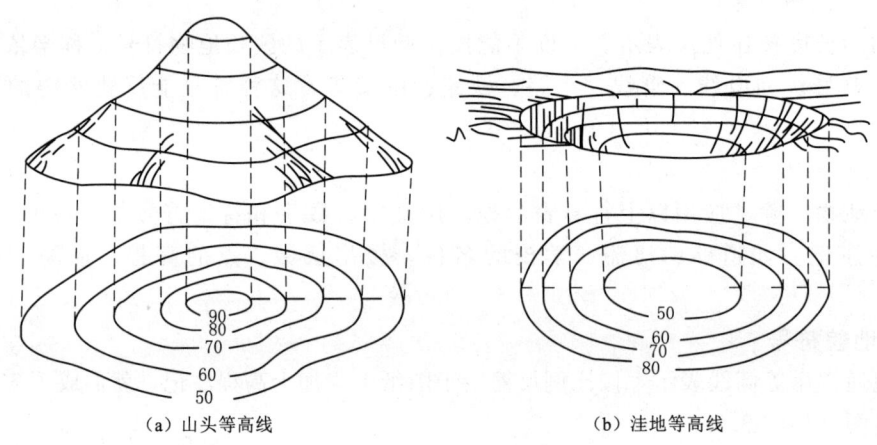

(a) 山头等高线　　　　　　　(b) 洼地等高线

图 8.5　山头与洼地的等高线

(2) 山脊和山谷。山脊是山的凸棱沿着一个方向延伸隆起的高地。山脊的最高棱线，称为山脊线，又称为分水线，其等高线的形状如图 8.6（a）所示，是凸向低处。山谷是两山脊之间的凹部，谷底最低点的连线，称为山谷线，又称为集水线，其等高线的形状如图 8.6（b）所示，是凸向高处。

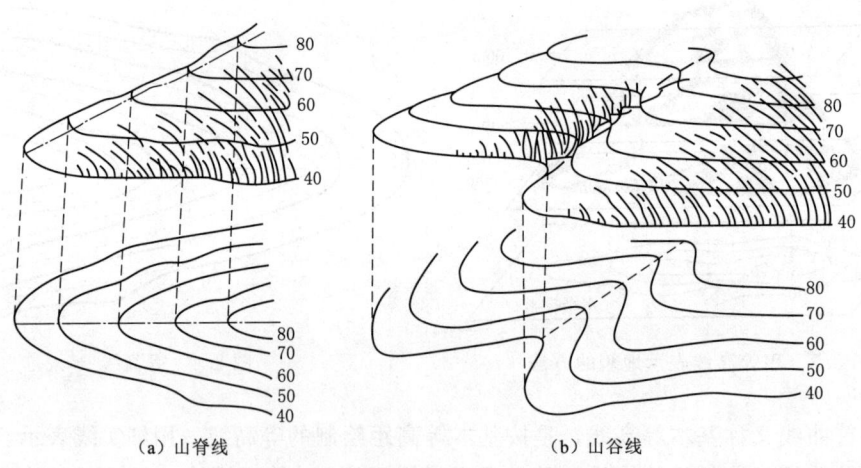

(a) 山脊线　　　　　　　　　(b) 山谷线

图 8.6　山脊与山谷的等高线

(3) 鞍部。相邻两个山顶之间的低洼处形似马鞍，称为鞍部，又称垭口。鞍部等高线如图 8.7 所示，是一圈大的闭合曲线内套有两组相对称且高程不同的闭合曲线。

(4) 陡崖与悬崖。除上述用等高线表示的基本地貌外，还有不能用等高线表示的特殊地貌，如陡崖、悬崖、冲沟、梯田等。

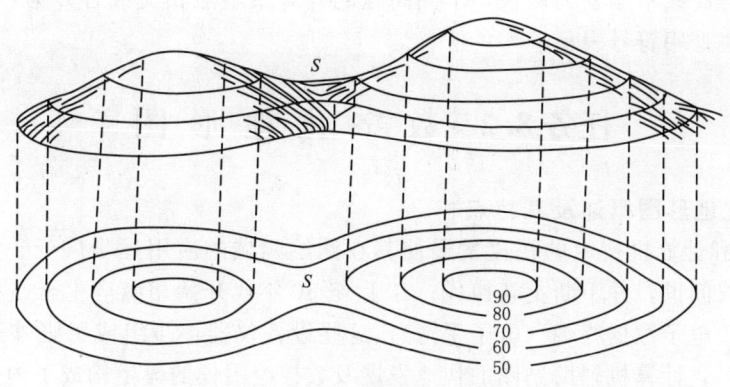

图 8.7 鞍部等高线

山坡坡度 70°以上、难以攀登的陡峭崖壁称为陡崖，由于等高线过于密集且不规则，用图 8.8（a）所示的符号表示。悬崖是上部突出、中间凹进的山坡，此时上部的等高线投影与下部等高线的投影相交，下部凹进去的投影线用虚线表示，如图 8.8（b）所示。

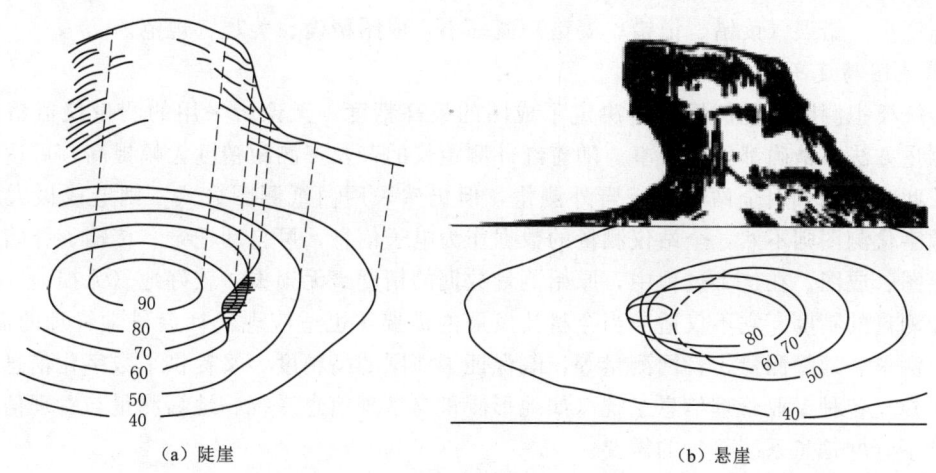

（a）陡崖　　　　　　　　　　　　（b）悬崖

图 8.8 陡崖与悬崖的符号表示

3. 等高线的特性

掌握等高线的特性有助于绘图与读图，等高线的特性如下所述。

（1）在同一条等高线上的各点，其高程必然相等。但高程相等的点不一定都在同一条等高线上。

（2）凡等高线必定为闭合曲线，不能中断。闭合圈有大有小，若不在本幅图内闭合，则在相邻其他图幅内闭合。

（3）在同一幅图内，等高线密表示地面的坡度陡，等高线疏表示地面坡度缓，等高线平距相等表示地面坡度均匀。

（4）山脊、山谷的等高线与山脊线、山谷线呈正交。

(5) 一条等高线不能分为两根，不同高程的等高线不能相交或合并为一根，在陡崖、陡坎等高线密集处用符号表示。

任务8.2 数字化地形图

8.2.1 数字化地形图概述及其特点

电子技术和计算机技术的快速发展使其在测绘领域的应用逐步广泛。20世纪70年代，红外测距仪问世，并不断更新换代；20世纪80年代开始相继产生全站型电子速测仪（简称全站仪）、电子数据终端（电子手簿），这些设备仪器逐步组成了野外测量数据采集系统。与此同时，计算机辅助制图的快速发展及数控绘图仪的诞生构成了内业机助制图系统。于是在20世纪80年代初就形成了一套从外业数据采集到内业制图全过程数字化、自动化的大比例尺测量与制图系统。利用这种系统进行测图，被称为大比例尺地面数字化测图或全野外数字化测图，它是一种全解析、机助测图的方法。

数字化地形图有以下3个特点。

1. 自动化程度高

数字化测图实现了野外测量数据自动记录、自动解算处理、自动绘图成图，效率高、劳动强度小，错误（读错、记错、展错）概率小，成图精确、美观、规范。

2. 地图精度高

传统模拟测图的比例尺精度决定了成图的最高精度，无论所采用的测量仪器精度多高、测量方法多精确都无济于事。随着红外测距仪的普及，测距精度大幅提高，可达到厘米级；此时如果采用全站仪进行野外测量，但仍然采用白纸测图方式，则造成极大的浪费。数字化测图则不然，全站仪测量的数据作为电子信息，可自动记录、传输、存储、处理、绘图、成图。在这个过程中，原始测量数据的精度毫无损失，较好地（无损地）体现了外业测量的精度。它不仅适应当今科技发展的需要，也适应现代社会科学管理的需要，如地形测量、地籍测量、管网测量等，既保证了地图的高精度，又提供了数字化信息，能够满足建立各种专业管理信息系统（如地形测量与管理信息系统、地籍测量与管理信息系统、地下管网信息系统等）的需要。

3. 数据采集方法简便

随着数字化测绘技术的发展和应用，地图编制从传统的手工制图转向数字制图，使地图制图的效率大大提高。传统的数字绘图中，野外数据采集采用草图法，它是在数据采集的同时把地物的形状用草图的方法绘制出来，以便清楚地区分所采集的数据类别，然后在内业中清楚地绘制出来，这种野外数据采集方法至少需要三人才能达到理想的采集速度。而数字化测图采用编码法，它是利用各类地物对应的编码进行数据采集，这样可区分出不同地物与采集点之间的关系，根据编码的不同，高效快速地完成内业成图。

8.2.2 地形图测绘外业工作

1. 野外数据采集

大比例尺数字测图野外数据采集按碎部点测量方法，分为全站仪测量方法和GPS

RTK 测量方法。目前，主要采用全站仪测量方法，在控制点、加密的图根点或测站点架设全站仪，全站仪经定向后，观测碎部点上放置的棱镜，得到方向、竖直角（或天顶距）和距离等观测值，记录在电子手簿或全站仪内存；或者是由记录器程序计算碎部点的坐标和高程，记入电子手簿或全站仪内存。如果满足观测条件，也可采用 GPS RTK 测定碎部点，将直接得到碎部点的坐标和高程。野外数据采集，除碎部点的坐标数据外，还需要与绘图有关的其他信息，如碎部点的地形要素名称、碎部点连接线型等，由计算机生成图形文件，进行图形处理。为了便于计算机识别，碎部点的地形要素名称、碎部点连接线型信息也都用数字代码或英文字母代码来表示，这些代码称为图形信息码。根据给予图形信息码的方式不同，野外数据采集的工作程序分为两种：一种是在观测碎部点时，绘制工作草图，在工作草图记录地形要素名称、碎部点连接关系。然后在室内将碎部点显示在计算机屏幕上，根据工作草图，采用人机交互方式连接碎部点，输入图形信息码和生成图形。另一种是采用笔记本电脑和 PDA（掌上电脑）作为野外数据采集记录器，可以在观测碎部点之后，对照实际地形输入图形信息码和生成图形。

大比例尺数字测图野外数据采集除硬件设备外，需要数字测图软件的支持。不同的数字测图软件在数据采集方法、数据记录格式、图形文件格式和图形编辑功能等方面会有一些差别。

数据记录内容和格式。大比例尺数字测图野外采集的数据包括以下几种。

（1）一般数据，如测区代号、施测日期、小组编号等。

（2）仪器数据，如仪器类型、仪器误差、测距仪加常数、乘常数等。

（3）测站数据，如测站点号、零方向点号、仪器高、零方向读数等。

（4）方向观测数据，如方向点号、目标的觇标高、方向、天顶距和斜距的观测值等。

（5）碎部点观测数据，如点号、连接点号、连接线型、地形要素分类码、方向、天顶距和斜距的观测值以及觇标高（或者是计算的 x、y 坐标和高程）等。

（6）控制点数据，如点号、类别、x、y 坐标和高程等。

为区分各种数据的记录内容，用不同的记录类别码放在每条记录的开头来表示。需要规定各种数据的字长，根据数据的字长和数据之间的关系，确定一条记录的长度。每条记录具有相同的长度和相同的数据段，按记录类别码可以确定一条记录中各数据段的内容，对于不用的数据段可以用零填充。

图 8.9 是一种数据记录格式，分为 8 个数据段。A1 表示记录类别，后面的记录按记录类别表示相应的内容。例如，一条碎部点记录，A2 表示点号，A3 表示连接点号，A4 表示线型和线序，A5 表示地形要素代码，A6、A7、A8 分别表示碎部点的 x、y 坐标和高程。

| A1 | A2 | A3 | A4 | A5 | A6 | A7 | A8 |

图 8.9　数据记录格式

2. 地形图要素分类和代码

按照 GB 13923—2022《1∶500，1∶1000，1∶2000 地形图要素分类与代码》标

准，地形图要素分为9个大类：测量控制点、居民地和垣栅、工矿建（构）筑物及其他设施、交通及附属设施、管线及附属设施、水系及附属设施、境界、地貌和土质、植被。地形图要素代码由四位数字码组成，从左到右，第一位是大类码，用1～9表示，第二位是小类码，第三、第四位分别是一、二级代码。例如一般房屋代码为2110，简单房屋为2120，围墙代码为2430，高速公路为4310，等级公路为4320，等外公路为4330等。

3. 连接线代码

除独立地物外，线状地物和面状地物的符号由两个或更多的点连接起来构成。对于同一种地物符号，连接线的形状也可以不同。例如房屋的轮廓线多数为直线段的连线，也有圆弧段。因此在点与点连接时，需要有连接线的编码。连接线分为直线、圆弧、曲线，分别以1、2、3表示，称为连接线型码。为了使一个地物的点由点记录按顺序自动连接起来、形成一个图块，需要给出连线的顺序码，如用0表示开始，1表示中间，2表示结束。

4. 图形信息码的输入

（1）输入方式。输入图形信息码是数字测图数据采集的一项重要工作，如果只有碎部点的坐标和高程，计算机处理时无法识别碎部点是哪一种地形要素以及碎部点之间的连接关系。因此要将测量的碎部点生成数字地图，就必须给碎部点记录输入图形信息码。输入图形信息码是在数据采集过程中完成的。根据草图将有关的图形信息码输入相应的点记录，这种方式，可减少野外观测时间，在野外不需要有显示图形功能的记录器，但不直观，在地形要素复杂的情况下易出错。采用笔记本电脑或掌上电脑，可在现场输入图形信息码和显示图形，及时发现数据采集中的错误。

（2）公共点记录的增加。在连接线状地物、面状地物轮廓边界线时，遇到同一点有3个或多于3个连接方向（这种点为结点），或者是同一个点属于不同的地形要素，在这种情况下就需要增加公共点记录。每个公共点记录只输点号和图形信息码，公共点记录的点号和原点号相同，图形信息码按实际输入，其他各项记录为零，但实际的值和原点号记录相应的记录项相同。

（3）图块各点连接方向。除控制点以及无方位的独立符号表示的地物外，应将所测地物点连接成图块。根据测图系统绘制地形图符号的要求，图块上各点应按规定的方向顺序连接，如某一测图系统对图块各点连接方向做如下规定。

1）有方位的独立地物，如窑洞、矿井中的斜井和平硐等，在对应于地物符号中心的两侧对称各测一点，所绘地物符号位于连线的右侧。

2）对于围墙、陡坎、栏杆等线状地物，连接各轮廓点，短线符号绘在连接方向的右侧。而对双线道路、河流等两侧应分别连接，并使另一侧位于连接方向的右侧。

3）对于房屋、池塘、地类界等闭合的面状符号，按顺时针方向连接各轮廓点。

4）对于一些特殊图块，必须按系统规定的顺序连接，如台阶、双线桥、依比例的地下出入口等图块。

5. 工作草图

在数字测图野外数据采集中，绘制工作草图是保证数字测图质量的一项措施。工作草图是图形信息编码碎部点间接坐标计算和人机交互编辑修改的依据。

在进行数字测图时,如果测区有相近比例尺的地图,则可利用旧图或影像图并适当放大复制,裁成合适的大小作为工作草图。在这种情况下,作业员可先进行测区调查,对照实地将变化的地物反映在草图上,同时标出控制点的位置,这种工作草图也起到工作计划图的作用。在没有合适的地图可作为工作草图的情况下,应在数据采集时绘制工作草图。工作草图应绘制地物的相关位置、地貌的地性线、点号、丈量距离记录、地理名称和说明注记等。草图可按地物相互关系一块块地绘制,也可按测站绘制,地物密集处可绘制局部放大图。草图上点号标注应清楚正确,并和电子手簿记录点号一一对应,如图 8.10 所示。

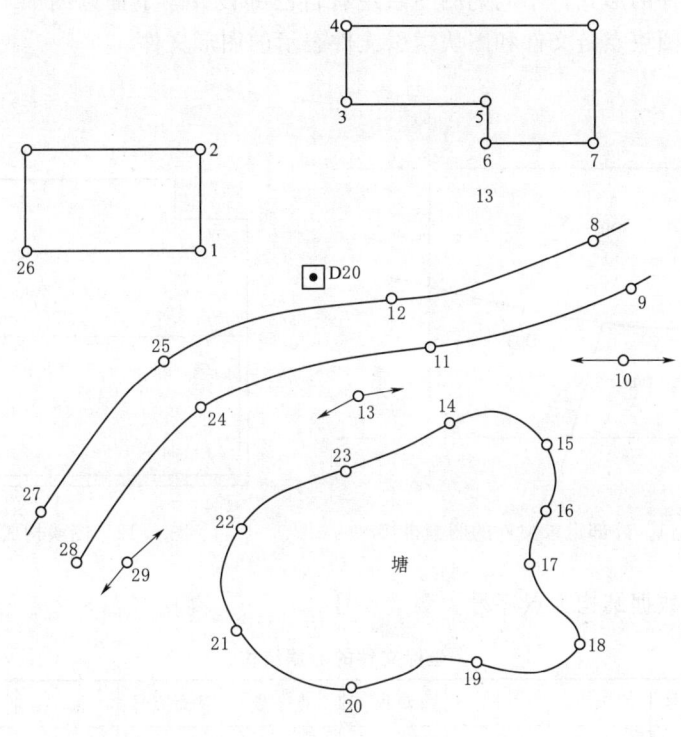

图 8.10　工作草图

8.2.3　数字化成图内业工作

野外采集的碎部数据,在计算机上显示图形,经过计算机人机交互编辑,生成数字地形图。计算机地形图编辑是操作测图软件(或菜单)来完成的。大比例尺地面数字测图软件具有以下功能。

(1)碎部数据的预处理,包括在交互方式下碎部点的坐标计算及编码、数据的检查及修改、图形显示、数据的图幅分幅等。

(2)地形图的编辑,包括地物图形文件生成、等高线文件生成、图形修改、地形图注记、图廓生成等。

(3)地形图输出,包括地形图的绘制、数字地形图数据库处理及储存。

1. 数据的图幅分幅和图形文件生成

地面数字测图的碎部记录文件，通常不是以一幅图的范围作为一个文件来记录的，这是由于作业小组的测量范围是按河流、道路的自然分界来划分，同时记录文件的大小也取决于电子手簿的记录容量。因此，一个碎部记录文件可能涉及几幅图，或者是一幅图由多个记录文件拼接生成。完整的碎部记录文件应该完成碎部点的坐标计算和编码。坐标计算和编码可以在原来的记录手簿上完成，或者是在计算机上完成。当碎部记录文件在计算机上显示的图形和实地地形（或工作草图）对照符合后，再按图幅生成图形文件。如图 8.11 所示，一幅图的图形文件由三个碎部记录文件拼接生成，其中，D01、D02、D03是碎部点记录文件。

对于图形文件的形式，不同的测图系统有自己的设计。下面以图 8.12 为例，介绍一种由坐标文件、图块点链文件和图块索引文件表示的图形文件。

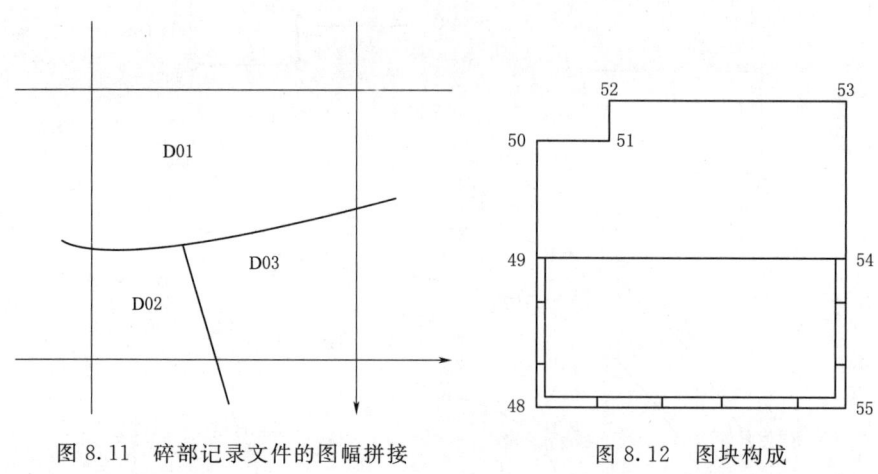

图 8.11　碎部记录文件的图幅拼接　　　　图 8.12　图块构成

坐标文件的数据结构为点序号、测量点号、x、y、高程（表 8.2）。

表 8.2　　　　　　　　　　　　坐标文件的数据结构

点序号	测量点号	x	y	高程	点序号	测量点号	x	y	高程
1	50	10	45	11.82	5	54	50	30	11.83
2	51	20	45	11.86	6	49	10	30	11.80
3	52	20	50	11.50	7	55	50	10	11.76
4	53	50	50	11.68	8	48	10	10	11.58

2. 等高线文件

按图幅形成离散高程点临时文件，离散点经构网、等高线追踪，得到表示等高线特征点的有序点列，存入等高线文件。等高线文件由点链文件和索引文件表示。

等高线点链文件的数据结构为特征点链序号 x、y。

等高线索引文件的数据结构为等高线序号、起始点链序号、特征点数、高程值、等高线代码。

绘制等高线时，由等高线索引文件获取某一等高线的起始点链序号和特征点数，在点链文件中，从起始点链序号开始，根据点数逐一读取特征点的坐标，然后用曲线光滑方法并根据等高线高程值绘制首曲线或者是计曲线。

3. 图形的修改

图形修改的基本功能包括删除、平移、旋转等。

（1）删除。

删除各种地物符号、等高线和注记时，用光标选中删除对象，即从相应的文件中调出图形信息，然后用背景色绘制，并在文件中删除该记录。

（2）平移。

某些地物配置符号、注记，当其位置不合要求时，可以进行平移。在选中平移对象后，用光标拖动，将图形移到合适位置，由光标的移动量求得在 x、y 方向上的移动量 Δx、Δy，并将图形原来的坐标加上 Δx、Δy，即

$$x'_i = x_i + \Delta x$$
$$y'_i = y_i + \Delta y$$

然后，删除原来的图形，按新的坐标重新绘制图形，并存入文件。

（3）旋转。

有方向要求的独立符号，某些土质符号和植被符号、注记，当其方向不合要求时，可以进行旋转。旋转是围绕符号的定位点旋转。在选中旋转对象后，给出方向线到合适的位置。设旋转角为 $\Delta \alpha$，则图形各点新的坐标为

$$x'_i = x_i \cos\Delta\alpha + y_i \sin\Delta\alpha$$
$$y'_i = y_i \cos\Delta\alpha + x_i \sin\Delta\alpha$$

然后，删除原来的图形，按新的坐标重新绘制图形，并存入文件。

4. 注记

地形图上起说明作用的文字和数字称为注记。注记是地形图内容的基本要素之一，分为专有名称注记（如居民地、河流等）、说明注记（如房屋结构、树种等）和数字注记（如地面点高程、比高、房屋层数等）。

地形图上注记的字体、大小、字向、字空、字列和字位均有规定。注记的绘制一般通过人机交互完成。注记内容，除一部分（如等高线计曲线高程、高程点高程等）可从文件中调出外，大多数将通过键盘输入。由注记参数对话框选择字体、大小、字空等参数，然后由游标选择注记位置后，绘制注记。如果注记的位置不合适，可以通过平移、旋转、改变注记位置来调整。

5. 图廓生成

图廓的内容包括内外图廓线、方格网、接图表、图廓间和图廓外的各种注记等。其中，图形部分按图幅的大小由程序自动绘制。各种注记，其内容有些从文件中调出（如比例尺、图廓间的方格网注记等），有些通过键盘输入，然后按注记规定的位置、字体、大小、字空绘制。

6. 绘制地形图

大比例尺地形图在完成编辑后，可储存在计算机内或其他介质上，或者是由计算机控

制绘图仪绘制地形图。

绘图仪可分为矢量绘图仪和点阵绘图仪。矢量绘图仪又称有笔绘图仪,绘图时逐个绘制图形,绘图的基本元素是直线段。点阵绘图仪又称无笔绘图仪,这类绘图仪有喷墨绘图仪、激光绘图仪等。绘图时,将整幅矢量图转换成点阵图像,逐行绘出,绘图的基本元素是点。

由于点阵绘图仪的绘图速度较矢量绘图仪快,因此,目前大比例尺地形图多数采用属于点阵绘图仪的喷墨绘图仪绘制。

任务 8.3　地 形 图 的 应 用

8.3.1　地物与地貌的判读

地物判读主要包括测量控制点、居民地、工业建筑、公路、铁路、管道、管线、水系、境界等。在地形图上地物是用图例符号加以注记表示的,同一地物在不同比例尺地形图的图例符号可能会不同,为了正确使用地形图,应熟悉图例符号代表地物的名称、位置、方向等。

地貌判读除了要熟悉山头、洼地、山脊、山谷、鞍部等基本地貌要素及其等高线外,还要善于判读显示地貌轮廓的山脊线和山谷线。地貌复杂时,可在图上先勾绘出山脊线和山谷线形成地貌轮廓,这样就很快地看出地形全貌。

8.3.2　地形图的基本应用

地形图的用途十分广泛,主要是利用地形图等高线解决工程中的实际问题。

1. 确定点的高程

当地面点位于等高线上时,点的高程等于等高线高程;当地面点位于两等高线之间时,按高差与平距成比例的方法求得。

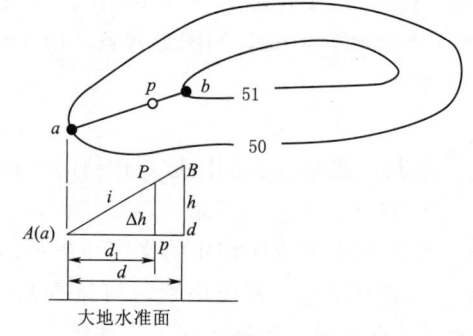

图 8.13　高程的求法

【例题 8.4】　如图 8.13 所示,求 P 点的高程。

通过 P 点作近似垂直于相邻等高线的直线 ab,量取 ab 长度为 10mm,ap 长度为 6mm,则 P 点的高程按下式计算:

$$H_P = H_a + \frac{ap}{ab} \times h$$

$$H_P = 50.0 + \frac{6}{10} \times 1.0 = 50.6 \,(\text{m})$$

式中　H_a——a 点的高程;

　　　h——等高距。

2. 确定直线的坡度

如图 8.13 所示,先确定直线两端点的高程,计算出两点的高差 h,再量取直线之间

的平距 d，用式（8.1）计算坡度。

$$i = \frac{h}{d} = \frac{\Delta h}{d_1} \tag{8.1}$$

3. 确定点的坐标

图上一点的位置，通常采用量取坐标的方法来确定，图框边线上所注的数字就是坐标格网的坐标值，它们是量取坐标的依据。

【例题 8.5】 如图 8.14，设地形图比例尺为 1∶1000，求 A 点的平面直角坐标。

解：通过 A 点作平行于坐标格网的两条直线，交邻近的格网线于 f、g、h、e。

用比例尺量取 eA 和 gA 的距离，计算出 $eA=63.5$m、$gA=54.5$m。

$$\begin{aligned} x_A &= x_a + e_A \\ y_A &= y_a + e_A \\ x_A &= 27800 + 63.5 = 27863.5(\text{m}) \\ y_A &= 5210 + 54.5 = 5264.5(\text{m}) \end{aligned} \tag{8.2}$$

当精度要求较高时，就要考虑图纸的伸缩误差，即方格网的长度不等于 10cm，要按公式计算。

4. 确定直线的长度和方向

确定直线的长度和方向，常用的方法有解析法和图解法两种。如图 8.15 所示，确定直线 AB 的长度和方向。

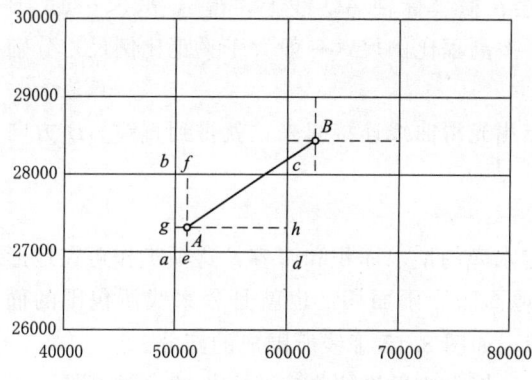

图 8.14 在地形图上确定一点的平面位置

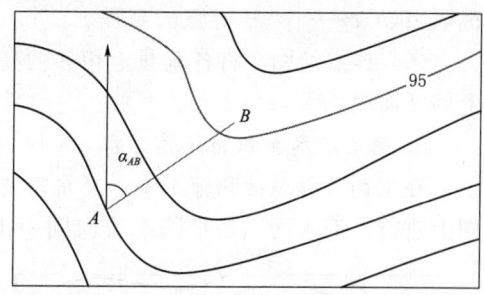

图 8.15 在地形图上的长度和方向

用直尺量取 AB 的长度，过直线 AB 的端点 A 作纵轴 x 的平行线，然后用量角器直接量取该平行线的北端直线 AB 的交角，即方位角。

5. 绘制某方向的断面图

如图 8.16（a）所示，欲沿直线 AB 方向绘制断面图，步骤如下。

（1）标交点：先标出直线 AB 与图上等高线的交点，如 b、c 等点。

（2）建坐标轴：以横坐标 AQ 代表水平距离，纵坐标轴 AH 代表高程，建立坐标轴，如图 8.16（b）所示。

（3）量平距：在地形图上，沿 AB 方向量取 b、c、…、p、B 各点至 A 点的水平距离。

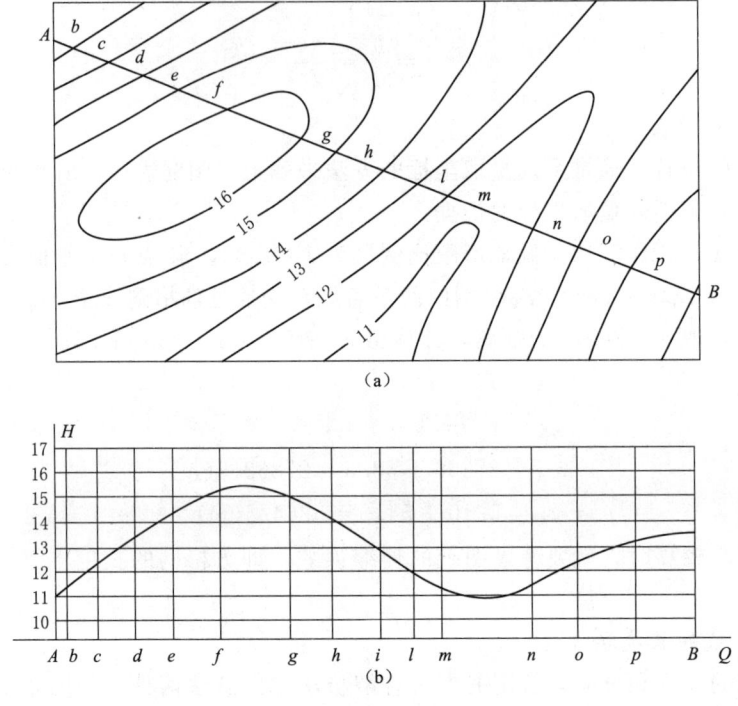

图 8.16 利用地形图绘制断面图

(4) 轴上展点：按比例尺将这些距离展绘在横坐标轴 AQ 线上，得 A、b、c、…、p、B 各点；通过这些点作 AQ 的垂线，在垂线上，按高程比例尺（一般大于平距比例尺）分别截取 A、b、c、…、p、B 等点的高程。

(5) 连点绘图：将各垂线上相邻的高程点用光滑曲线连接起来，就得到直线 AB 方向上的断面图。

6. 确定汇水面积和计算库容

在水利工程设计和施工中，经常需要确定水库的汇水面积和库容，这项工作可在地形图上进行。汇水面积是指雨水流向同一山谷地面的受雨面积，也就是分水线所包围的面积，如图 8.17 虚线所围成的部分。

汇水边界线的确定：由坝的一端开始，沿着分水线，最后回到坝的另一端点，形成闭合环线。

库容计算：

(1) 确定水库大坝的溢洪道高程即水库的设计水位。由此确定该水位下水库淹没线所围成的区域，如图 8.17 中的阴影部分。

(2) 计算水库库容：先在地形图上逐一量算淹没线及其以下各等高线所围成的面积 A_0、A_i…（$i=1, 2, 3, …, n$ 为淹没线以下等高

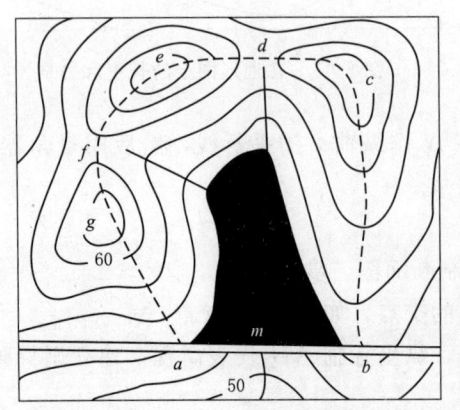

图 8.17 在地形图上确定汇水面积和水库库容

线的编号），后根据等高距 h、淹没线至其下第一根等高线的高差 h' 和最底一根等高线至库底的高差 h''，分别计算其之间的体积。

淹没线至其下第一根等高线的体积：$v' = \dfrac{A_0 + A_1}{2} \times h'$。

各相邻等高线之间的体积：$v' = \dfrac{A_0 + A_1}{2} \times h'$。

最后一根等高线至库底的体积：$v'' = \dfrac{A_n}{3} \times h''$（最底部的体积按近似锥形体积计算，故其分子为3），将所有体积累加即得水库库容。

项目 9

渠 道 测 量

渠道是水利工程给水、排水的主要输水建筑物,在水利水电、农田水利等工程中普遍使用。渠道测量在工程规划、设计、施工和运行管理中的各个阶段都有所涉及。

渠道测量根据不同的阶段,其测量任务和内容有所侧重,各阶段之间的测量内容有交叉重叠的情况存在。从总体来看,渠道测量可以分为规划勘测阶段的踏勘选线测量、中线测量、纵横断面测量和施工阶段的中线复测、纵横断面中边桩的测设和修坡桩的测设等工作任务。其中,施工阶段的测量是按照设计图纸和施工要求,测设中线和高程,作为细部放样的依据。

因渠道工程属于条带形建筑,其测量技术、方法和程序在公路、管道等工程中经常用到,所以本项目的内容同样适用于类似公路、管道等工程。

任务 9.1 渠道测量的基本过程

9.1.1 渠道测量阶段

从工程项目的角度看,渠道工程项目实施的中期包括规划、设计、施工和竣工四个阶段。渠道工程项目中期阶段的渠道测量包括踏勘选线、勘测设计和施工放样三个阶段。

1. 踏勘选线阶段

渠道选线的任务就是在地面选定渠道的合理路线,标定渠道中心线的位置。踏勘选线阶段既要考虑渠道沿线的自然条件,包括地形、地质、土壤、水文等因素,还要考虑灌溉渠道应位于灌区地势较高处,以便自流引水灌溉,而排水则在地势较低处。规划选线的过程分为室内图纸选线、实地选线、方案论证三个阶段。

为了满足渠线的探高测量和纵断面测量的需要,在渠道选线的同时,应沿渠线附近每隔 1~3km 在施工范围以外布设一些水准点,并组成附合水准路线或闭合水准路线。水准点的高程一般采用三等水准测量或四等水准测量的方法测定,在公路上常称为基平测量。

水准点一般设置在距中线 50~100m,埋设在不易破坏之处。其间隔密度为:山区 0.5~1km;平原 1~2km。另外,在路线起终点和重要工程处每间隔 5km 应埋设永久性水准点。

高程测量一般采用附合水准路线,使用不低于 DS3 精度的水准仪或全站仪施测。其测量方法有水准测量和三角高程测量两种，前者按三、四等水准测量规范进行。要进行往返测，闭合差不超过 $6\sqrt{n}$(mm)；后者按全站仪电磁波三角高程测量（四等）规范进行。

2. 勘测设计阶段

勘测设计阶段分为初测和定测两个阶段。

初测阶段的主要工作有控制测量和带状地形图的测绘，为工程设计、施工和运行管理提供完整的资料和依据；定测阶段主要是根据定线阶段的设计数据，完成中线测量和后续的纵、横断面测量。

3. 施工放样阶段

渠道的施工放样阶段是根据施工图纸及有关资料，在实地放样渠道的中、边桩、边坡桩及其曲线的细部点位，指导工程施工。

施工阶段完成，进入工程竣工阶段，其间还有修坡整形桩及部分渠段护坡桩的测设任务。

9.1.2 渠道中线测量

中线测量的任务是根据选线所定的起点、转折点及终点，通过量距测角把渠道中心线的平面位置在地面用一系列的木桩标定出来（图 9.1）。

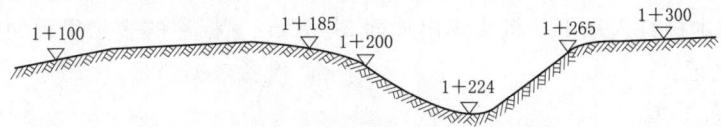

图 9.1 路线跨沟时的中心桩设置图

首先根据设计图纸上的定线设计数据，然后到实地标出中线的起点、转折点（交点桩）、中点，之后用钢尺或全站仪测定中线的长度，并将其在地面的里程桩标定出来的过程，称为中线测量。中线测量的目的是确定路线的线形。

1. 测设中线交点桩

交点桩的确定有测定有实地埋点和图上定点两种方法：前者是在踏勘选线阶段，根据实际情况，直接在现场埋点标记；后者是根据地形度，在图纸上确定交点桩的位置。

对于第一种情况，必须测定交点的坐标，为以后的路线恢复以及绘制路线平面图使用；对于第二种情况，不但要根据图纸上的交点桩的定位条件测设出交点的位置，而且要测定其坐标。测定交点桩的位置及其坐标可采用极坐标法、直角坐标法、方向交会法或距离交会法等方法，并做好标记。

2. 测定转折角

当渠道、管道、道路的转折角大于 6°时，应在交点处架设仪器测定转角，如图 9.2 所示。

转角 α 的测定方法为：将经纬仪安置在交点位置，对中整平后，照准某一交点或转点所在的直线方向，读盘配置 0°00′00″，然后转动照准部瞄准另一个交点或转点方向，测出两个方法的夹角 β，由公式 $\alpha = 180° - \beta$ 计算出转角值。此时注意转角的左右偏转。这样

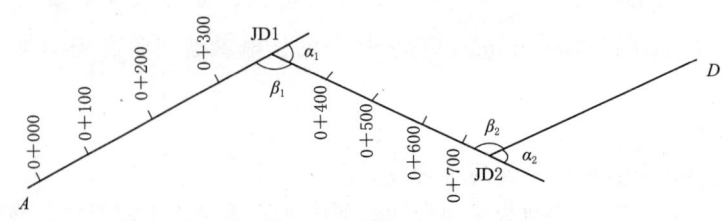

图 9.2 渠道（路线）中线示意图

测定转角的方法是要在测定出转角的同时，定出交点处角分线方向，一次架立仪器同时完成两项工作内容。测定时尽量以正镜操作为主，方便，容易检查错误。

3. 测设里程桩和加桩

当渠道路线选定后，首先在实地标定其中心线的位置，并实地现场钉桩标定，定线的工具是利用花杆或经纬仪。在进行定线时，一边定线，一边沿线埋设里程桩。桩间距为 50m 或 100m。起点桩号为 0+000，以后各桩一次为 0+100、0+200、0+300…，"+"号前的数字为千米数，"+"号后面为米数，可以带小数点。该数字表示的是该点到起点的里程，如果在相邻两个里程桩之间有重要的地物或地形坡度突变处，都要增钉木桩，由于该桩到起点的距离不是规定间距的整数倍，故称为加桩。里程桩一般均由 50×50mm、长 30~40cm 的木桩打入地下，桩头露出地面 5~10cm。标注的表示里程的数字应朝向起点，用红油漆主记。

4. 确定起点里程

起点里程，记为 0+000，其确定方法是将水准尺在设计的起点高程的概略位置沿着山坡上下移动，直到仪器中丝对准所要的尺读数为止，此点即为渠道的起点桩位。采用同样的方法测设出其他各里程桩的位置。

渠道纵横断面测量的目的是了解渠道沿线的地形起伏情况，为渠道设计和工程量计算提供依据。

5. 探测中心桩

在坡地定中或山区进行环山渠道的中线测量时，为了使渠道以挖方为主，将山外侧渠堤顶的一部分设计在地面以下（图 9.3），此时一般要用水准仪来探测中心桩的位置。首先根据渠首引水口高程、渠底比降、里和渠深（渠道设计水深加超高）计算堤顶高程，而后用水准测量探测该高程的地面点。例如渠首引水口的渠底高程为 74.81m，渠底比降为 1/2000，渠深为 2.5m，在 0+500 的堤顶高程为 74.81−500×1/2000+2.5=77.06(m)，而后如图 9.4 所示。

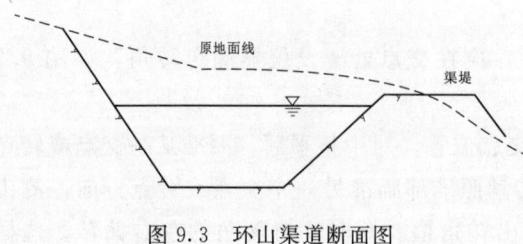

图 9.3 环山渠道断面图

由 BM1（高程为 76.605m）接测里程为 0+500 的地面点 P_1 时，测得后视读数为 1.482m，则 P_1 点上立尺的读数应为 76.605+1.482−77.06=1.027(m)，但实测读数为 1.785m，说明 P_1 点位置偏低，应向高处（山坡里侧）移至读数恰

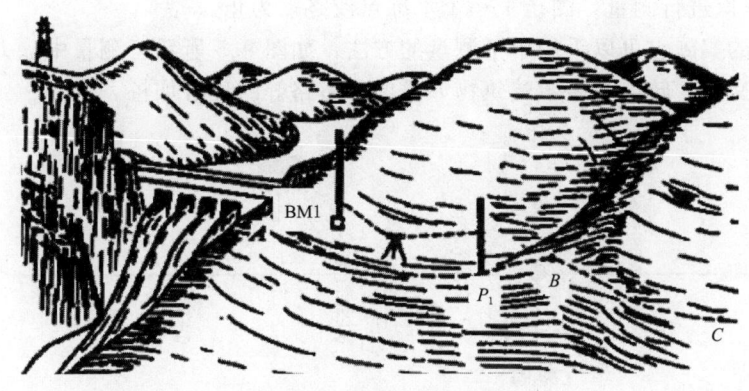

图 9.4　环山渠道中心桩探测示意图

为 1.027m，即得堤顶位置，根据实地地形情况，向里移一段距离（小于等于渠堤到中心线的距离），钉下 0+500 里程桩。按此法继续沿山坡接测延伸渠线。

9.1.3　渠道纵断面测绘

纵断面测量是沿地面标定出来的渠道中心线，用水准测量的方法，测定出各中桩和加桩的地面高程，为绘制纵断面图提供高程数据。

1. 外业工作

从一个水准点出发，按普通水准测量的要求，用"视线高法"测出该测段内所有中桩地面高程，最后附合到另一个水准点上。

以 3～4 人为一组，以小组为单位，领取仪器后，在实际的场地，进行普通水准测量，测出各里程桩所在位置的地面高程，将数据填入普通水准测量表格，边测量，边计算。其具体操作过程如下所述。

（1）首先将远处高程控制网上的已知水准点的高程引测到渠道 0km 附近的临时水准点 BM1-1 上。

（2）在临时水准点和 K0+000 千米桩上分别立上水准尺。瞄准后视的临时水准点 BM1-1，精平后在水准尺上读取后视读数为 1.852，记入表 9.1。旋转望远镜，瞄准前视点 0km 处的水准尺，精平后读取前视读数为 0.66，记入表 9.1。同时，计算 K0+000 的高程为 158.860m，依次类推。读出其他各里程点的间视度数，精确到厘米即可，算出高程。

表 9.1　　　　　　　　　　纵断面中桩水准测量记录表

测点	水准尺读数			高差	高程	备注
	后视	前视				
		间视	转点			
BM1	1.852				156.894	
0+000		0.66		1.192	158.086	BM1 点高程：156.894
0+050		…		…		
校核						

（3）视距超出规范的要求时，在适当位置，设置转点 TP1，移动仪器，重复上述操

作程序（2）依次进行测量，测至下一个水准点或终点为止。

高程测量的实施也可以采用中平测量的方法，如图9.5所示。测量中除去要采集高程外，还要定出交点，转交和表示建筑物如桥梁、道路等的位置加桩。

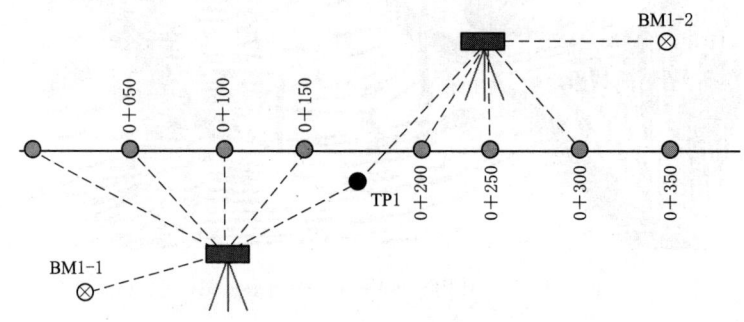

图9.5　中平测量

2. 内业工作

绘制渠道纵断面图，如图9.6所示。可以用CAD（电脑辅助设计）的软件，以水平距离即里程为横坐标，以高程为纵坐标绘制该图。横轴比例尺为1：10000～1：1000，纵轴为1：500～1：50，纵横比例尺相差10～50倍。为节省图纸和便于阅读，图上的高程可不从零开始，而从某一适当的数值起绘。根据各桩点的里程和高程在图上标出相应地面点的位置，依次连接各点绘出地面线，再根据设计的渠首高程和渠道比降绘出渠底设计线。至于各桩点的渠底设计过程，则是根据起点（0+000）的渠底设计高程、渠道比降和离起点的距离计算求得，注在"渠底高程"一行的相应点处。然后根据各桩点地面高程和渠底高程，即可计算出各桩点的挖深或填高量。

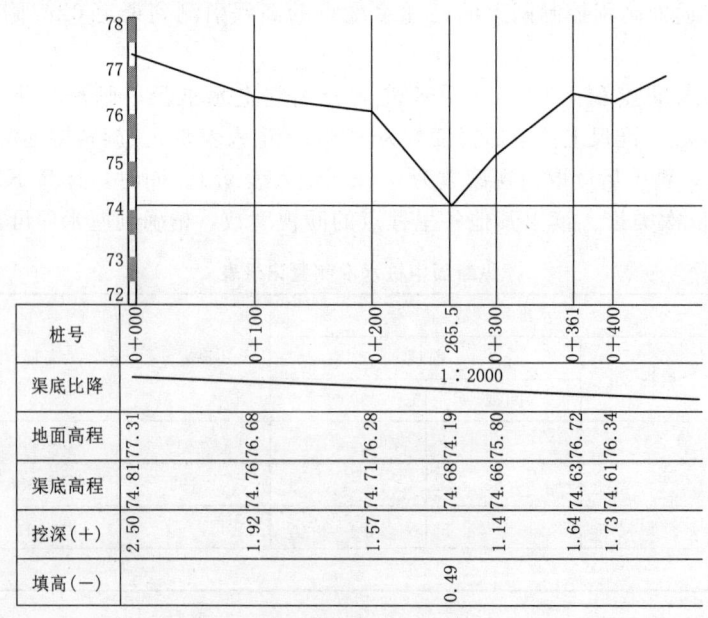

图9.6　渠道纵断面图

9.1.4 渠道横断面测绘

渠道横断面测量是指在工程建设现场利用测量仪器和工具，采集渠道各中桩处垂直于渠道中线方向的变坡点高程和中距数据，依此绘制出横断面图，为渠道线路设计提供基础资料。

横断面的测量方法有花杆皮尺法、水准仪法、经纬仪视距法、全站仪法等。

其工作程序是，先确定横断面方向，再测定变坡点间的平距及高差。将数据记录到相应的表格之中，根据表中数据绘制出横断面图。其工作分为内业和外业。

1. 基本概念

（1）垂直于路线纵向的剖面，称为横断面。

（2）渠道横断面测量是利用测量仪器和工具，测出横断面上变坡点高程和其距离中心桩的水平距离。依据测量数据，按照一定的比例绘制出的折线图，称为横断面图。其可为线路设计和施工提供基础资料。

2. 外业工作

（1）确定横断面方向。横断面的方向，在直线段处，与中线垂直，采用普通方向架测定；在圆曲线段处，与切线方向垂直，采用求心方向架测定，如图 9.7 和图 9.8 所示。

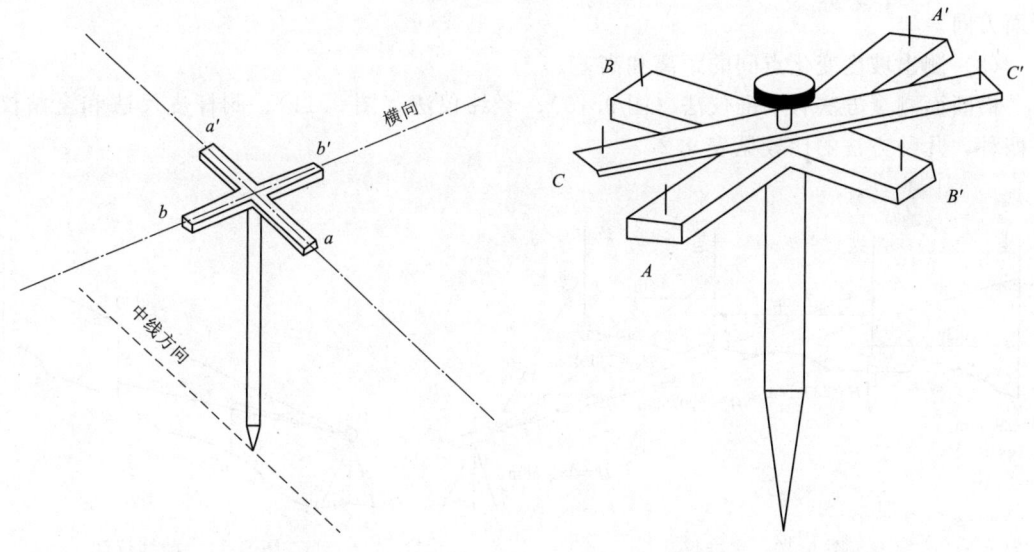

图 9.7　普通方向架　　　　　　　　图 9.8　求心方向架

1）直线部分。定向时，将方向架置于待测点，用其中一个方向 AA' 瞄准前方或后方某一中桩，方向架的另一个方向 BB' 即为待测桩点的横断面方向。

2）曲线部分。如图 9.9 所示，求心方向架上安装一根可旋转的活动定向杆 CC'，中间加上固定螺旋。使用时，先将求心方向架置于曲线的起点 ZY，使 AA' 方向瞄准交点或直线上某一中桩，则 BB' 方向通过圆心，这时转动活动定向杆 CC'，使其对准曲线细部点①，拧紧固定螺旋，然后将求心方向架移动到①点，用 BB' 方向瞄准曲线起点 ZY，则活动定向杆 CC' 所指方向即为①点通过圆心的横断面方向。

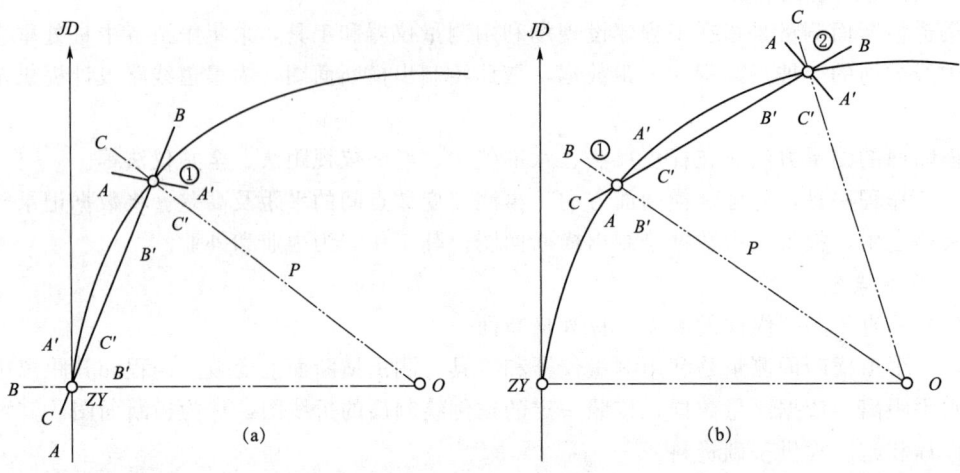

图 9.9 曲线上定横断面方向

欲求曲线细部点②横断面方向，可在①点横断面方向设临时标志 P，再以 BB 方向瞄准 P 点，松开固定螺旋，转动活动定向杆，瞄准②点，拧紧固定螺旋。然后将求心方向架移至②点，使方向架上 BB' 方向瞄准①点木桩，这时，CC' 所指方向即为细部点②的横断面方向。

（2）测出坡度变化点间的距离和高差。

横断面测量方法有水准仪法（图 9.10）、经纬仪法（图 9.11）、测杆皮尺法和全站仪法四种，几种方法的比较见表 9.2。

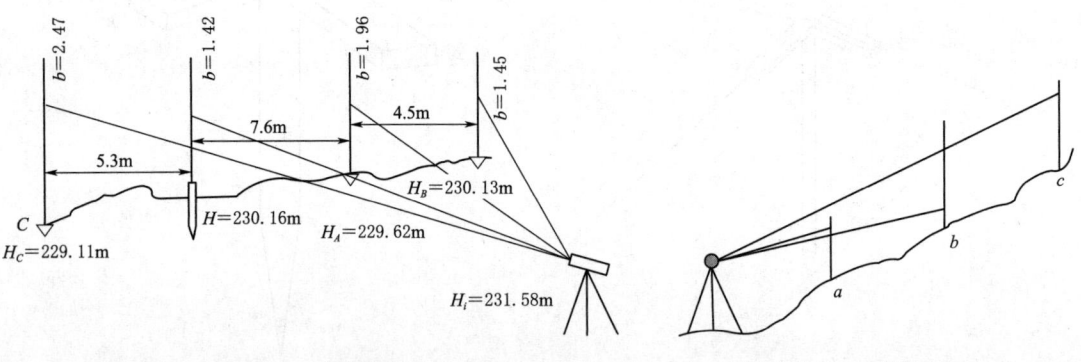

图 9.10 水准仪法　　　　　　　　　图 9.11 经纬仪法

表 9.2　　　　　　　　　　几种测量方法比较表

方法	使用场合	工作程序	精度	效率	备注
水准仪法	断面较窄、地势平坦地区	测高、量距、记录	高	低	钢尺配合
经纬仪法	地形变化大的山区	视距、测垂直角、填表、计算	高	中	
测杆皮尺法	不受地势限制	测距、量高、填表	低	简便、迅速	钢尺、花杆
全站仪法	地形复杂	测量、记录	高	高	棱镜

测量时以中心桩为零起点,面向渠道的下游分左、右侧。对于较大的渠道可采用全站仪、经纬仪或水准仪测高,配合量距法进行测量;渠道较小时,可用皮尺拉平配合测杆读取两点间的距离。使用全站仪的斜距测量模式,即可自动显示出平距和高差,直接填表即可,施工快、精度高;经纬仪适用于地形复杂地区,精度高。

按前进方向分成左、右侧,分别测量横断面方向各变坡点至中桩的平距及高差。平距及高差的精度要求一般为 0.1m。

横断面数据采集可以使用水准仪,经纬仪或全站仪。测量时以中心里程桩为零起点,面向渠道的下游分左、右两侧,分别测出坡度变化点处到中心桩的水平距离和高差,将数据填入表格。

野外测量主要采集高差和平距,数据用分数表示,分子表示高差,分母表示平距,高差前的"+"号表示升高,"-"号表示降低。表 9.3 展示了采用水准仪法测量的记录格式。需要注意的是,采用不同的测量方法记录的数据表示的含义会有所不同。有用左(右)侧相邻测点平距和邻点高差表示与用左(右)侧点的平距至中桩的平距和高差表示的两种格式,注意测量方案里的说明。

表 9.3 横断面测量记录表(水准仪法)

左侧横断面 (h/d)				桩号	右侧横断面 (h/d)		
+0.7/9.5	+0.4/8	0.4/5.5	+1.2/3.8	K5+150	−0.3/0.9	+1.3/5	+1.1/8.3

3. 横断图绘制

根据表 9.3 所示数据,绘制每个里程桩对应下的原地面横断面图,绘制过程如下。

(1) 建立坐标系:以中桩地面为坐标原点,以平距为横坐标,高差为纵坐标。根据桩位的高程和设计的渠道底部高程的数值,适当确定纵横的起始坐标值,便于绘图。

(2) 确定比例尺:为计算横断面的面积和确定渠道的填、挖边界,横断面纵向和横向的比例尺应相同,通常用 1∶100 或 1∶200。

(3) 图形绘制:绘图时首先在毫米坐标方格纸上将中桩标在图中央,将横断面测量记录表中相应里程桩的平距和高差作为坐标,在方格纸上用点标记出来,最后,把相邻点用直线连接起来,即绘出原地面横断图,如图 9.12 所示的地面线。

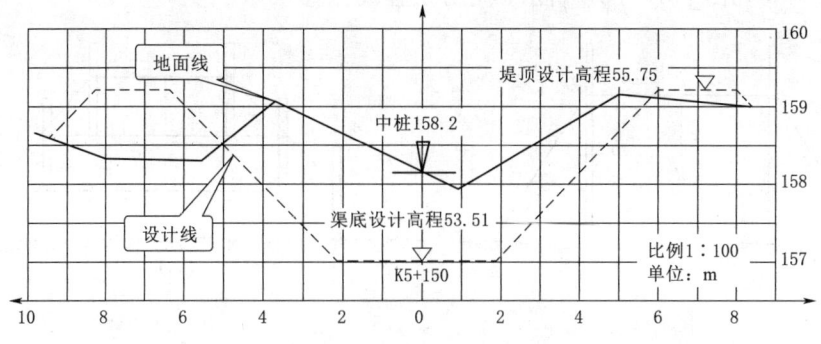

图 9.12 渠道横断面绘制成果图

4. 套绘设计断面图

在原地面横断图上将对应里程桩上的渠道设计图套绘，套绘时注意渠道设计中线要和原地面中桩重合，如图9.12所示设计线。根据套绘图就可以算出渠道的堤顶、堤肩、堤脚相对于中桩的水平距离及其各点的高程，为后期的施工放样提供数据。

任务9.2 土方量计算与施工测量

9.2.1 土方量计算

编制渠道工程的经费预算，以及安排劳动力，均需要技术渠道开挖和填筑的土石方数量，其常采用平均断面法计算。

（1）根据套绘的断面图确定断面的挖、填范围，如图9.12所示。

（2）计算断面的挖、填面积，采用方格法、梯形法、球积仪法、CAD软件及专业软件。

（3）计算土方量。先计算出每个中心桩的横断面的面积 A_i，然后取相邻两个断面面积的平均值，再乘以两断面间的距离，即得该段土石方量，以立方米计，如图9.13所示：

$$V = \frac{1}{2}(A_1 + A_2) \times D$$

9.2.2 渠道施工测量

渠道施工测量主要工作包括恢复中线里程桩、施工控制桩、边桩的测设以及曲线的细部放样。下面介绍渠道边坡的测设。

在测设出边桩后，保证渠道填、挖的边坡及堤顶的填筑形式按设计要求在实地测设标定出来，以便施工。

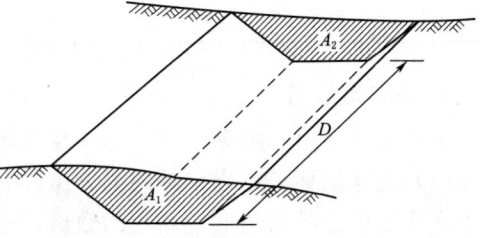

图9.13 土方计算（平均断面法）

1. 边坡桩的放样

（1）挂线法测设边坡。如图9.14所示渠道的填方段，O 为中桩，A、B 为边桩，CD 为渠道底宽度。测设时在 C、D 处竖立竹杆，于高度等于中桩填土高度 H 处将 C'、D' 用绳索连接，同时由 C'、D' 用绳索与边桩 A、B 相连接。当渠堤堤填土不高时，可挂一次线。当填土较高时，如图9.14（b）所示，可分层挂线。

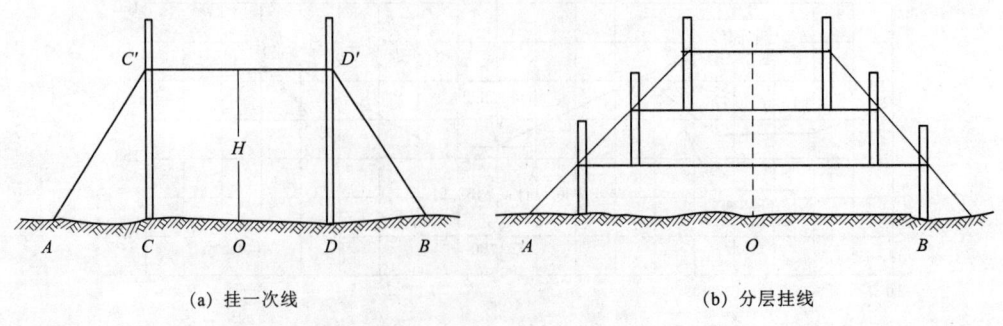

(a) 挂一次线　　　　　　　(b) 分层挂线

图9.14 样架测设（挂线法）

(2) 样架样板法测设。如图 9.15 所示，半填半挖渠道也可以用样架与样板结合的方法进行测设。

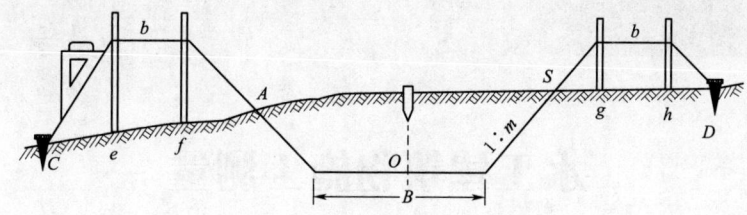

图 9.15　样架测设（样架样板法）

1) 首先由套绘的图纸量出设计渠道线和地面线的交点至中桩的距离，钉上交点桩 A、S。

2) 然后按照设计渠道的顶宽 b 及量侧的填筑高度 H，放出样架 e、f、g、h 的位置，插上竹竿，同时根据填筑高度挂线。

3) 两侧的边坡采用活动样板测设，测设时，样板与线绳相切，当水准器气泡居中时，边坡样板尺的斜边所指示的坡度正好为设计坡度，可依此来指示定出坡线与地面的交点 C、D，钉上木桩与线绳连接。此样板也可用来检测渠堤的填筑，或检核渠堤的开挖边坡。

2. 修坡桩及护坡桩的放样

竣工阶段或有护坡地段，需要进行修坡整形和坡面护砌的施工测量。（该部分内容参见大坝施工测量）

项目 10

水工建筑物施工测量

任务 10.1 水利工程施工控制测量

施工控制测量是控制测量在施工阶段的运用。通常将测定控制点的平面位置坐标和高程的工作称为控制测量,其中,将测定控制点平面位置坐标的工作,称为平面控制测量;将测定控制点高程的工作,称为高程控制测量。

水利工程施工控制测量是施工中利用控制网来测设水工建筑物的平面位置和高程。其方法是在水工建筑物建设区域内,布设控制点,形成控制网,为水工建筑物的施工放样服务。

控制网上的控制点,应根据总平面图和施工总布置图设计。

水利工程施工控制网,可利用区域内原有的平面控制网与高程控制网,作为建筑物、构筑物定位的依据。当区域内原有的控制网不能满足施工测量的要求时,可另外设置施工用控制网。

10.1.1 施工平面控制网的建立

10.1.1.1 一般规定

(1)施工平面控制网可采用卫星定位测量控制网、导线网、三角形网等形式,首级施工平面控制网等级应根据工程规模和建筑物的施工精度要求按表10.1选用。

表 10.1　　　　首级施工平面控制网等级

工程规模	混凝土建筑物	土石建筑物
大型工程	二等	二等或三等
中型工程	三等	二等或四等
小型工程	四等或一等	一等

(2)各等级水工建筑物的施工控制网的平均边长见表10.2。

表 10.2　　各等级水工建筑物的施工平面控制网的平均边长

等级	二等	三等	四等	一等
平均边长	800	600	500	300

(3)水工建筑物施工平面控制网宜按两级布设。控制网的点位中误差的技术要求见表10.3。

表 10.3　　　　　　　　施工控制网的点位中误差的技术要求

项目类型	相邻点中误差/mm	最弱点中误差/mm	最末级控制点对起始点或首级网点/mm
一般工程项目	1	—	—
中小型一次布网工程	—	10	—
大型或有特殊要求的工程	—	—	10

（4）施工平面控制测量的其他技术要求应符合平面控制测量的有关规定。

10.1.1.2　施工控制网的布设形式

水工建筑物施工平面控制网，根据工程规模和使用的仪器设备的不同，有卫星测控网、导线网和三角网等布置形式。

1. 卫星测控网

卫星测控网分以下几种布设形式，如图 10.1 所示。

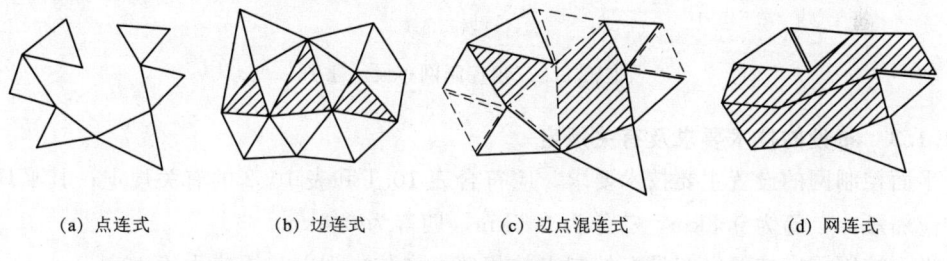

(a) 点连式　　(b) 边连式　　(c) 边点混连式　　(d) 网连式

图 10.1　卫星测控网

（1）点连式。点连式是指相邻同步图形仅由一个公共点连接的布设形式。这样的图形几何强度弱且图形检查条件极少，一般不单独使用。

（2）边连式。边连式是指相邻同步图形由一条公共边连接的布设形式。其几何强度、可靠性优于点连式。

（3）边点混连式。边点混连式是指把点连式和边连式有机地结合起来，组成 GPS 网的布设形式。这种形式既能保证网的精度、提高网的可靠性，又能减少外业工作量、降低成本，是一种较为理想的布网方法。

（4）网连式。网连式是指相邻同步图形由两个以上的公共点连接的布设形式，一般用于高精度控制网。

2. 导线网

其布置形式有闭合导线网和附合导线网两种，如图 10.2 所示。

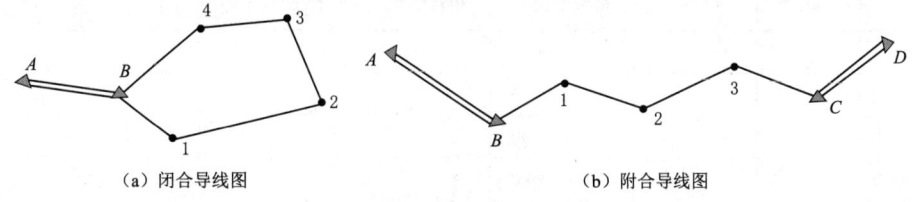

(a) 闭合导线图　　　　　　　　(b) 附合导线图

图 10.2　导线控制网

3. 三角网

其布置形式有大地四边形、线形锁和单三角锁等,如图10.3所示。

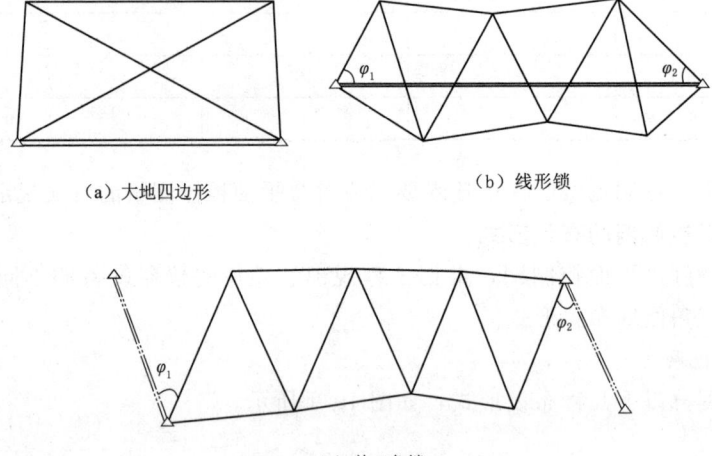

(a) 大地四边形　　　(b) 线形锁

(c) 单三角锁

图10.3　三角控制网布设示意图

10.1.1.3　布设的技术要求及有关规定

平面控制网的设置主要技术要求,应符合表10.1和表10.2的有关规定;其平均边长应相应缩短,二等为0.8km,三等为0.6km,四等为0.4km。

平面控制网宜按两级布设。控制点的相邻点点位中误差,不应大于10mm。

施工平面控制网,应符合下列规定。

(1) 施工平面控制网的坐标系统,应与工程设计所采用的坐标系统相同。

(2) 当利用原有的平面控制网时,其精度应满足需要;投影所引起的长度变形,不应超过1/40000;当超过时,应进行换算。

(3) 当原控制网精度不能满足需要时,可选用原控制网中个别点作为施工平面控制网坐标和方位的起算数据。

10.1.1.4　三角网平面控制测量的技术要求

1. 主要技术要求

三角网控制测量的主要技术要求见表10.4,三边测量的主要技术要求见表10.5。

表10.4　　　　　　　　三角网控制测量的主要技术要求

等级		平均边长/km	测角中误差/(″)	起始边边长相对中误差	最弱边边长相对中误差	测回数			三角形最大闭合差/(″)
						DJ1	DJ2	DJ4	
二等		9	1	≤1/250000	≤1/20000	12			3.5
三等	首级	4.5	1.8	≤1/250000	≤1/70000	6	9	—	7
	加密			≤1/150000					
四等	首级	2	2.5	≤1/100000	≤1/40000	4	6	—	9
	加密			1/70000					

续表

等级	平均边长/km	测角中误差/(″)	起始边边长相对中误差	最弱边边长相对中误差	测回数 DJ1	测回数 DJ2	测回数 DJ4	三角形最大闭合差/(″)
一级小三角	1	5	≤1/40000	≤1/20000	0	2	4	15
二级小三角	0.5	10	≤1/20000	≤1/10000		1	2	30

注 1. 中误差、闭合差、限差及较差均为正负值。
2. 当测区测图的最大比例尺为 1∶1000 时，一、二级小三角的边长可适当放长，但最大长度不应大于表中规定的 2 倍。

表 10.5　　　　　　　　　三边测量的主要技术要求

等级	平均边长/km	测距中误差/mm	测距相对中误差
二 等	9	36	≤1/250000
三 等	4.5	30	≤1/150000
四 等	2	20	≤1/100000
一级小三角	1	25	≤1/40000
二级小三角	0.5		≤1/20000

2. 三角网的布网要求

（1）各等级的首级控制网，宜布设为近似等边三角形的网（锁）。其三角形的内角不应小于 30°；当受地形限制时，个别角可放宽，但不应小于 25°。

（2）加密的控制网，可采用插网、线形网或插点等形式。其具体要求参照《工程测量标准》（GB 50026—2020）的相关内容。

（3）一、二级小三角的布设，可采用线形锁。线形锁的布设，宜近于直伸。狭长地区布设一条线形锁时，按传距角计算的图形强度的总和值，应以对数六位取值，并不得小于 60。

3. 三角网点位的选定应符合下列规定

（1）点位应选在稳固地段，视野应开阔且方便加密、扩展和寻找。

（2）相邻点之间应通视，视线距障碍物的距离，三、四等不宜小于 1.5m，四等以下应以不受旁折光的影响为原则。

（3）当采用电磁波测距时，相邻点之间视线应避开烟囱、散热塔、散热池等发热体及强电磁场。

（4）相邻两点之间的视线倾角不宜过大。

（5）应充分利用符合要求的原有控制点。

10.1.2　施工高程控制测量

10.1.2.1　一般规定

水工建筑物施工高程控制网的建立应符合下列规定。

（1）施工高程控制网宜布设成环形或附合路线。

（2）施工高程控制网等级的选用见表 10.6。

表 10.6　　　　　　　　　施工高程控制网等级的选用

工 程 规 模	建筑物等级	土石建筑物
大型工程	二等	三等
中型工程	三等	四等
小型高程	四等	五等

（3）施工高程控制网的最弱点相对于起算点的高程中误差，对于混凝土建筑物不应大于 10mm，对于土石建筑物不应大于 20mm。根据需要，计算时应兼顾起始数据误差的影响。

（4）施工高程控制测量的其他技术要求应符合本高程控制测量的有关规定。

（5）水工建筑物施工控制网应复测，复测精度应与首次测量精度相同。

（6）填筑及混凝土建筑物轮廓点施工放样的允许偏差见表 10.7。

表 10.7　　　填筑及混凝土建筑物轮廓点施工放样的允许偏差　　　单位：mm

建筑材料	建筑物名称	允 许 偏 差	
		平面	高程
混凝土	主坝、厂房等各种主要水工建筑物	±20	±20
	各种导墙及井洞衬砌	±25	±20
	副坝、护坡等	±30	±30
土石料	碾压式坝（堤）边线等	±40	±30
	各种坝（堤）内设施定位等	±50	±30

（7）建筑物混凝土浇筑及预制构件拼装竖向测量的允许偏差见表 10.8。

表 10.8　　　建筑物混凝土浇筑及预制构件拼装竖向测量的允许偏差　　　单位：mm

工程项目	相邻两层对接中心线的相对允许偏差	相对基础中心线的允许偏差	累计偏差
厂房、开关站等的各种构架、立柱	±3	$H/2000$	±20
闸墩、栈桥墩，船闸、厂房等侧墙	±5	$H/1000$	±30

（8）水工建筑物附属设施安装测量的允许偏差见表 10.9。

表 10.9　　　　　水工建筑物附属设施安装测量的允许偏差　　　单位：mm

设备种类	细部项目	允许偏差		备 注
		平面	高程（差）	
压力钢管	始装节管口中心位置	±5	±5	相对钢管轴线和高程基点
	有连接的管口中心位置	±10	±10	
	其他管中心位置	±10	±15	
平面闸门安装	轨间间距	－1～＋4		相对门槽中心线

续表

设备种类	细部项目	允许偏差 平面	允许偏差 高程（差）	备注
弧形门、人字门安装	—	±2	±3	相对安装轴线
天车、起重机轨道安装	轨距	±5		一条轨道相对于另一条轨道
天车、起重机轨道安装	平行轨道相对高差	—	±10	一条轨道相对于另一条轨道
天车、起重机轨道安装	轨道坡度	—	L/1500	一条轨道相对于另一条轨道
水轮发电机	座环安装（中心和方位）	±5	±5	相对机组中心线和高程基准点
水轮发电机	机坑里衬及蜗壳安装（中心）	±10	±10	相对机组中心线和高程基准点

10.1.2.2 对水准点的要求

对于控制网的水准点，还应符合下列要求。
(1) 水准点应选在土质坚硬、便于长期保存和使用方便的地点。
(2) 各等级的水准点，应埋设水准标石。标志及标石的埋设应符合规范标准的要求。
(3) 各等级的水准点，应绘制点之记，必要时设置指示桩。
(4) 水准观测应在标石埋设稳定后进行。

10.1.2.3 施工高程控制网的布设形式

施工高程控制网的布设，往往结合施工平面控制网综合考虑，采用同网用点（图10.4）；根据实际情况，也可以单独布设。

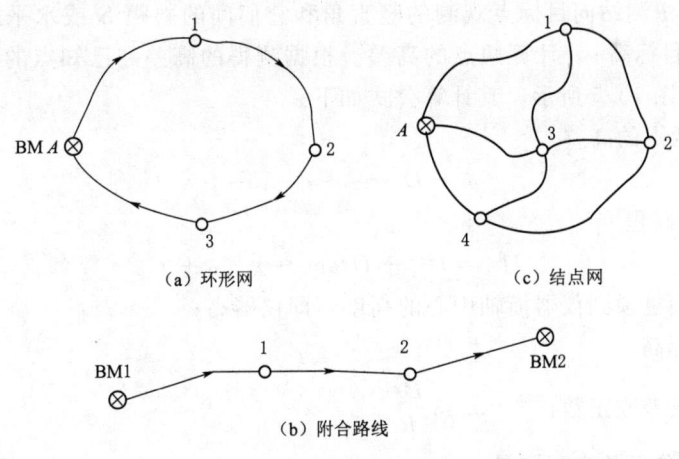

图 10.4 水准路线示意图

在山区或者地面高低起伏较大的地区，使用三角高程进行高程测量，现在随着技术和工具的发展，测量手段较为先进，大多使用全站仪或者 GPS。

10.1.2.4 观测要求

水准测量所使用的仪器及水准尺，应符合下列规定。
(1) 水准仪视准轴与水准管轴的夹角，DS1 型不应超过 15″；DS3 型不应超过 20″。
(2) 水准尺上的米间隔平均长与名义长之差，对于因瓦水准尺，不应超过 0.15mm；

对于双面水准尺，不应超过 0.5mm。

(3) 三等水准测量采用补偿式自动安平水准仪时，其补偿误差 $\Delta\alpha$ 不应超过 $0.2''$。

(4) 水准点观测的主要技术要求见表 10.10。

表 10.10　　　　　　　　水准观测的主要技术要求

等级	水准仪的型号	视线长度/m	前后视较差/m	前视累积差/m	视线离地面最低高度/m	基本分划、辅助分划或黑面、红面读数较差/mm	基本分划、辅助分划或黑面、红面所测高差较差/mm
二等	DS1	50	—	3	0.5	0.5	0.7
三等	DS1	100	3	6	0.3	1.0	1.5
	DS2	75				2.0	3.0
四等	DS2	100	5	10	0.2	3.0	5.0
五等	DS2	100	大致相等	—	—	—	—

10.1.3　三角高程测量

三角高程测量又称为间接测高法，以区别于由水准测量直接测定高差的方法。由于其作业简单而迅速发展，在实施三角网测量或导线测量时，观测竖直角就可以求出两点的高差，因此，它目前仍广泛应用。

10.1.3.1　三角高程测量原理

在山区修建的水工建筑物，采用三角高程测量的方法，进行高程控制网的高程测量，其原理是，根据由测站向目标点观测的竖直角和它们间的斜距 S 或水平距离 D，以及量取的仪器高 i、目标高 ν，计算两点的高差。根据测得的高差和已知点的高程，来计算未知点的高程，如图 10.5 所示，其计算公式如下。

(1) A、B 两点的高差

$$h = D\tan\alpha + i - \nu + f \tag{10.1}$$

(2) B 点的高程

$$H_B = H_A + D\tan\alpha + i - \nu + f \tag{10.2}$$

式中　i——地面桩顶到仪器横轴中心的高度，即仪器高；

　　　ν——觇标高；

　　　f——球气差改正数，$f = 0.43\dfrac{D^2}{R}$。

10.1.3.2　经纬仪三角高程测量

1. 观测方法用经纬仪进行三角高程测量，其观测方法如下。

(1) 将安置经纬仪在测站 A 上，量仪器高 i 和觇标高 ν。

(2) 用十字丝的中丝瞄准 B 点觇标顶端，盘左、盘右观测，读取竖直度盘读数 L 和 R，计算出垂直角 α。

(3) 将经纬仪搬至 B 点，同法对 A 点进行观测。

2. 观测记录手簿计算在经纬仪三角高程外业观测过程中，要随时进行观测记录手簿的计算，示例见表 10.11。

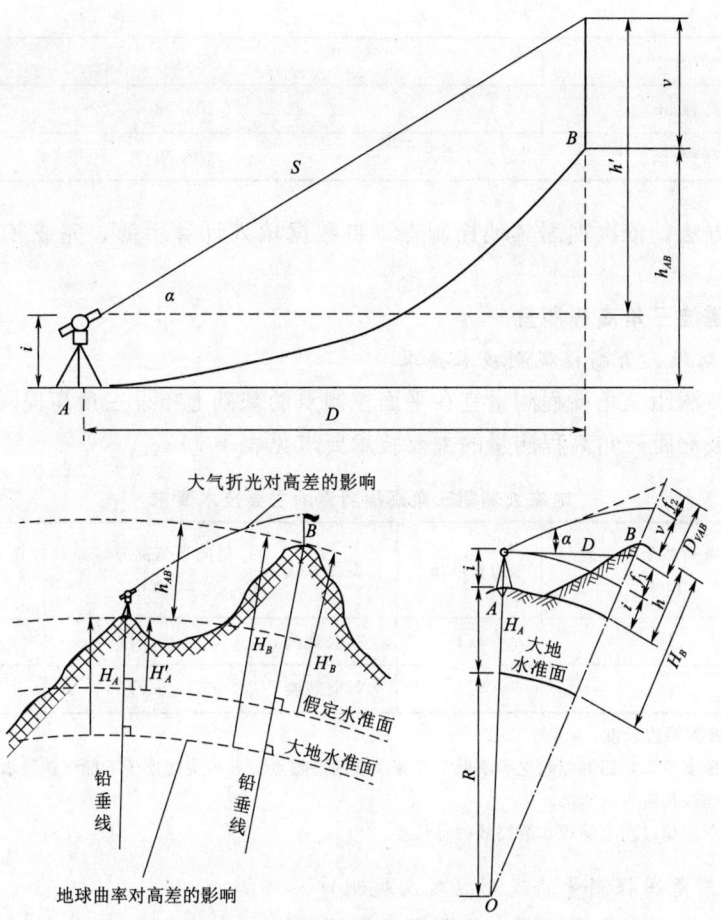

图 10.5 三角高程测量原理及球气差示影响

表 10.11 经纬仪三角高程测量记录手簿

所求点	B	
起算点	A	
觇法	正（A—B）	反（B—A）
平距 D/m	286.36	286.36
垂直角 α	$-10°32'26''$	$-9°58'41''$
$D\tan\alpha$/m	+58.28	−50.38
仪器高 i/m	+1.52	+1.48
觇标高 v/m	−2.76	−3.2
高差 h/m	+52.04	−52.1
对向观测的高差较差/m	−0.06	
高差较差容许值/m	0.11	

续表

平均高差/m	52.07
起算点高程/m	105.72
所求点高程/m	157.79

根据上述方法，依次观测其他控制点，将数据填入计算手簿，完成其他各点的高程计算。

10.1.3.3 电磁波三角高程测量

1. 电磁波测距三角高程观测技术要求

（1）电磁波测距三角高程测量宜在平面控制点的基础上布设三角高程网或高程导线。

（2）电磁波测距三角高程测量的主要技术要求见表10.12。

表10.12 电磁波测距三角高程测量的主要技术要求

等级	每千米高差全中误差/mm	边长/km	观测方式	对向观测高差较差/mm	附合或环形闭合差/mm
四等	10	≤1	对向观测	$40\sqrt{D}$	$20\sqrt{\sum D}$
五等	15	≤1	对向观测	$60\sqrt{D}$	$30\sqrt{\sum D}$

注 1. D 为电磁波测距边长度，km。
2. 起讫点的精度等级，四等应起讫于不低于三等水准的高程点，五等应起讫于不低于四等水准的高程点，路线长度不应超过相应等级水准。
3. 路线长度不应超过相应等级水准路线的总长度。

2. 电磁波三角高程测量的观测（对向观测）

电磁波三角高程测量采用对向观测即往返觇观测。在 A 点安置仪器，在 B 点设置目标，观测计算高差 h_{AB}；在 B 点安置仪器，在 A 点设置目标，观测计算高差 h_{BA}。对向观测取高差均值，可以削减地球曲率和大气折光的影响。若用两台仪器进行同时对向观测，则削减效果会更好。

（1）对向观测方法。

1) 在测站 A 安置仪器，量取仪器高 i 和觇标高 v。

2) 瞄准目标点 B 上的觇标，用中丝法观测竖直角两测回。

3) 采用不低于Ⅱ级精度的电磁波测距仪测量两点间倾斜距离 S。四等往返测各一测回，五等用一测回。

电磁波测距三角高程观测的主要技术要求见表10.13。

表10.13 电磁波测距三角高程观测的主要技术要求

等级	垂直角观测				边长测量	
	仪器精度等级	回数	指标差较差	测回较差	仪器精度等级	观测次数
四等	2″级仪器	3	≤7″	≤7″	10mm级仪器	往返各一次
五等	2″级仪器	2	≤10″	≤10″	10mm级仪器	往一次

（2）数据计算：

采用往、返双向观测，取其平均值作为 A、B 两点的高差。按照式（10.1）和式（10.2）计算高差和高程。其计算方法参见表10.14。

表10.14 三角高程测量记录表及高差计算表（四等）

观测项目	A、B 两点的高差		B、C 两点的高差	
观测程序	往	返	往	返
水平距离 D	581.38	581.38	488.01	488.01
竖直角 α	11°38′30″	−11°24′00″	6°52′15″	−6°34′30″
$D\tan\alpha$	119.781	−117.227	59.090	−56.499
仪器高	1.5	1.49	1.49	1.5
目标高	2.5	3	3	2.5
两差改正	0.02	0.02	0.02	0.02
高差	118.80	−118.72	57.600	−57.48
实测高差较差/mm	8		12	
允许高差较差/mm	30		28	
平均高差 h	118.76		57.54	

完成所有控制点测量后，要按照普通水准测量平差的计算方法，对控制网进行高程平差计，作为最终成果。

任务10.2 土石坝施工测量

10.2.1 坝轴线的定位

土石坝坝体施工放样包括坝轴线定位放样和坝体填筑过程中控制坝体外形的各种中边桩的定位放样。

坝轴线即坝顶中心线，如图10.6所示。一般先由平面设计图纸量得轴线两端点的坐标值，反算出它们与附近施工控制网中的已知点的方位角，用角度（方向）交会法，测设其轴线位置，如图10.7所示的 M_1、M_2 点。

如果用经纬仪放样，则采用已知边角数据、在地面利用角度交会法，定出坝轴线上的 M_1、M_2 点，完成轴线定位放样。

如果用全站仪放样，则需要将大坝平面位置图导入CAD软件，根据已知控制网上 A 和 B 量控制点坐标，将大坝平面图准确落在控制网中，利用CAD软件，就可以准确找到坝轴线上点 M_1 和 M_2 的坐标，用全站仪坐标放样方法，在实地测设出坝轴线。坝轴线两端点在现场标定后，应用永久性标志标明。还需沿轴线方向在山坡上设埋石点（轴线控制桩），以便检查。

对于中、小型土坝的坝轴线，一般由工程设计人员根据地形和地质情况，经过方案比较，直接在现场选定轴线两端点的位置。

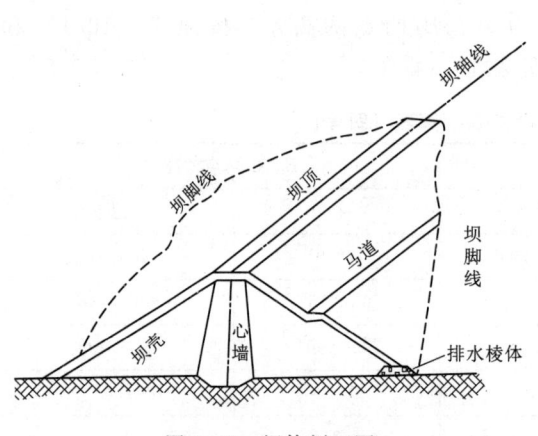

图 10.6 坝体剖面图

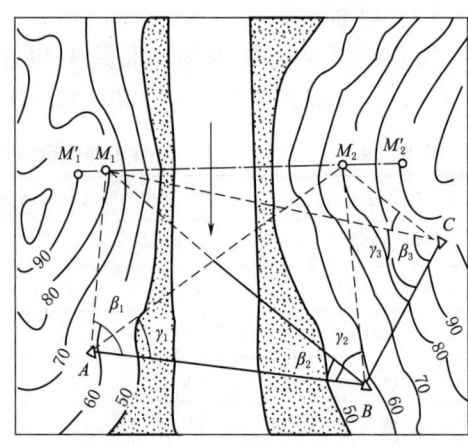

图 10.7 坝轴线的确定

10.2.2 坝身控制线放样

为了施工放样便利,应测设出若干条垂直或平行于坝轴线的坝身控制线。一般情况下,垂直于坝轴线的坝身控制线按照 20m、30m、50m 的间距以里程来布设,平行于坝轴线的坝身控制线布设在坝顶上下游、上下游坡面变化及下游马道中线,也可根据间距方式来测设。其中,垂直于轴线的坝身控制线布设较为复杂,需要分为以下两个步骤来完成。

第一步,沿坝轴线测设里程桩:如图 10.8 所示,将坝顶一端与地面的交会点定位为零号桩即 M_1 点 0+000,从零号桩起沿坝轴线等距丈量,定出 0+030、0+060、0+090…,直到另一端坝顶与地面的交会点 M_2。

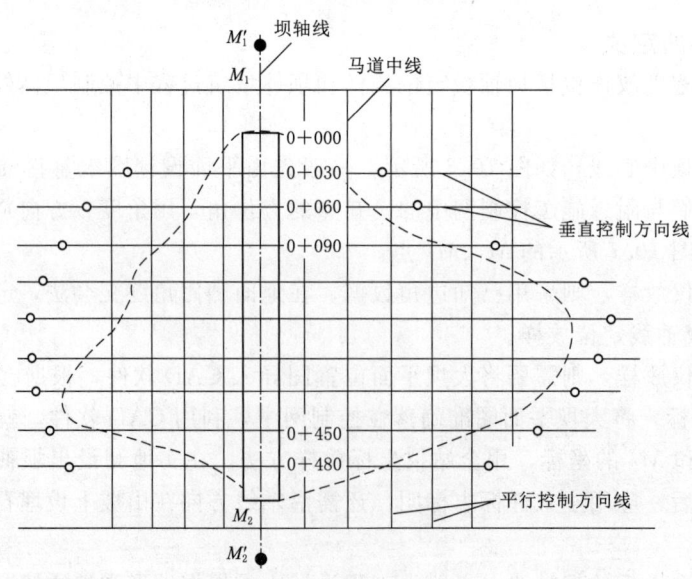

图 10.8 坝身控制线

第二步，测设垂直于坝轴线的坝身控制线：将经纬仪正确安置在各里程桩上，以坝轴线为起始边，用经纬仪拨出 90°的直角，精确测出垂直于坝轴线的一系列平行控制线，并在上下游施工范围外定位横断面方向桩，作为测量横断面和施工放样的依据。

10.2.3 建立高程控制网

用于土坝施工放样的高程控制，可由若干永久性水准点组成基本网和临时作业水准点两级布设。基本网布设在施工范围以外，用三等或四等水准施测方法，以闭合水准路线或附合水准路线形式测设，这些点必须和国家水准点连测。为了便于施工，还须在坝体工作面附近不同高程的位置测设临时性的水准点，并做到安置一、两次仪器就可放样高程。

10.2.4 清基线放样

土石坝施工时，为使坝体与地面很好地结合，在坝体施工前需要清基。清基是清除坝基所在地表面的杂草、树根、淤泥、腐质土壤等，露出符合设计条件的基层。清基开挖线即坝体与原地面的交线。清基开挖线放样常采用套绘断面法。

套绘断面法，也称图解法，就是先在图上求得放样数据，然后到现场放样点位，如图 10.9 所示。其具体方法如下。

（1）先测定各里程桩高程，沿垂直方向测绘横断面图。

（2）在各横断面图上套绘坝体设计断面，之后从图上量出两断面的交点至中桩的水平距离，据此放出清基开挖点。

（3）同法可以求出各断面清基开挖点至中桩的距离，依次定出开挖点，将相邻开挖点连线，即为清基边线。

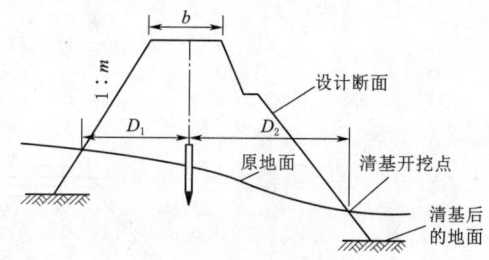

图 10.9 套绘断面

根据横断面图上套绘的大坝设计断面，图 10.9 为某一横断面处的情况，由坝轴线分别向上、下游量取 D_1、D_2 的距离，即得 A、B 为清基开挖点。因清基有一定的深度，开挖时要有一定的边坡，故实际开挖线应根据地面情况和深度向外适当放宽 1～2m，用白灰连接相邻的开挖点，即为清基开挖线。

清基时，位于坝轴线上的里程桩将被毁掉，出于以后放样工作的需要，应在清基开挖线以外放出各里程桩的横断面桩。

10.2.5 坡脚桩及上料轴距桩的放样

在大坝清基任务完成之后，进入坝体填筑施工，需要确定坡脚桩和施工过程中的填筑上料桩，以便坝体上料填筑、碾压等后续工程的施工。

10.2.5.1 确定坡脚桩

首先在沿着横断面的定向方向的上、下游清基开挖点各钉一根木桩（图 10.10 中的 A 点），用水准仪测量其高程，使桩顶高程等于清基开挖前地面高程。将坡度放样板的斜边放在桩顶，左右移动，使圆水准气泡居中，则斜边延长线与地面的交点即为土坝坡脚点，相邻坡脚点的连线，即为坡脚线。同时在地面钉上轴距杆，为下步施工做准备。

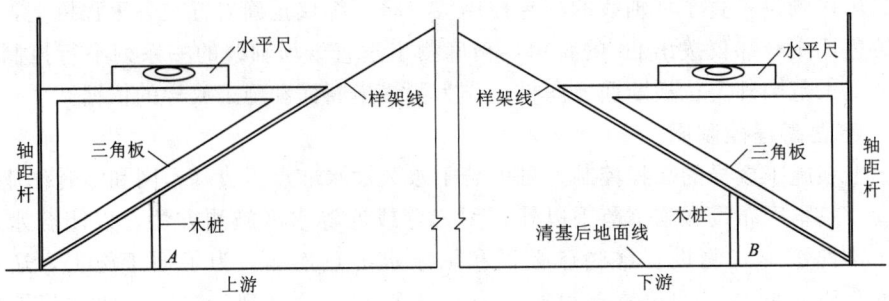

图 10.10　坡脚线放样

10.2.5.2　设置上料桩

当坝体按照坡脚线填筑土料上升到一定高度后，按照坝体每层填筑的增高量，来确定每一填高层面上料边界起始位置，并且用木桩标志出来，此木桩称为上料桩。

（1）计算坡面不同高程点至坝体轴线中心桩的水平距离 d。

图 10.11 中，p 表示上料桩的位置，H_p 为此点的高程，b 为坝顶的设计宽度，坝体的边坡为 $1:m$，根据公式

$$d = \frac{b}{2} + (H_{顶} - H_p) \cdot m$$

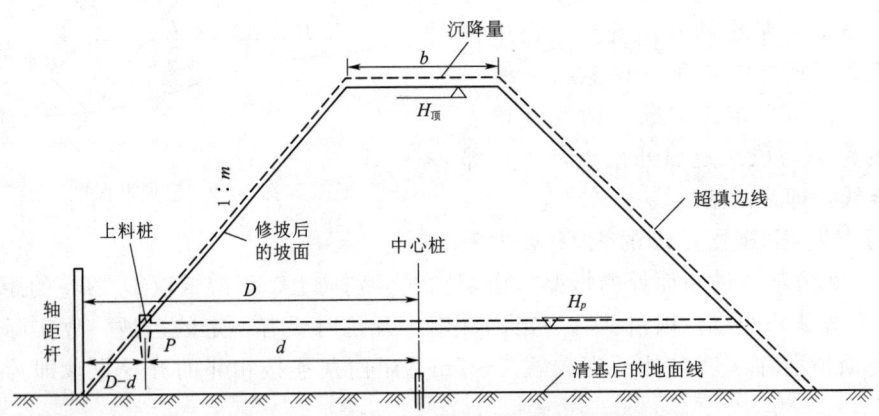

图 10.11　轴距杆法测放上料桩

（2）测设上料桩。

根据计算出的距离 d，计算出上料桩到轴距杆的距离 $D-d$，定出上料桩的位置。因考虑施工后要修坡整形，需要加上超填厚度的水平距离，即实际施工的坡度边线，图 10.11 中的虚线即超填边线。

10.2.6　坝体修坡桩及护坡桩的放样

水库大坝完成整体填筑之后，需要对坝体进行整形和后期的护坡工程施工，为此，要先测设修坡桩，据此完成坝体坡面的修整，检查合格后，进行坝体坡面护坡施工。因此在该施工阶段，要进行护坡桩的测设。

10.2.6.1 修坡桩的放样

修坡桩放样的方法及步骤如下。

步骤1：计算坡度倾斜角。

根据设计的坡度进行削坡整形，使之符合设计边坡的要求。如设计边坡为 $1:m$，按式 $\alpha = \arctan \dfrac{1}{m}$ 计算倾斜角。

步骤2：设置修坡桩。

如图10.12所示，在坝顶的坝肩附近安置经纬仪，量取仪器高 i，将仪器望远镜视线向下倾斜 α 角，此时的视线平行于设计坡面。

沿着视线方向，每隔一定距离钉上木桩，在此安立竖立水准尺，设中丝读数为 v，则立尺点的修坡厚度为 $\delta=(i-v)$，在桩上标注数值。

在安置经纬仪的地点与设计高程不符的情况下，若坝顶的实际高程为 H_i、设计高程为 H_0，则实际削坡厚度为

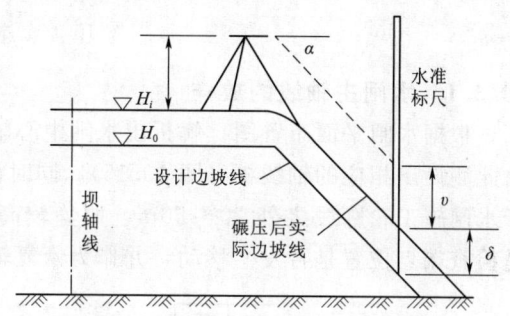

图 10.12 经纬仪法测设修坡厚度

$$\delta = (i-v) + (H_i - H_0) \tag{10.3}$$

10.2.6.2 护坡桩的放样

土石坝坡面修整完毕之后，对于有护坡设计的坝段，需要用草皮、块石或混凝土预制块、现浇混凝土等进行护坡，防止坡面变形和冲蚀，如图10.13所示。

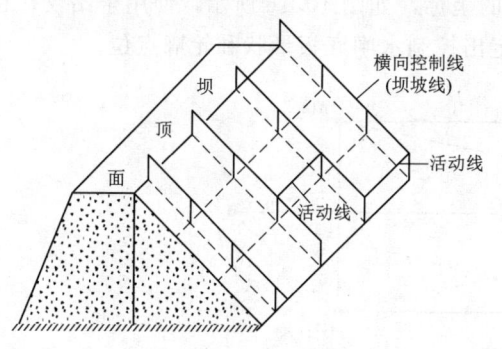

图 10.13 护坡桩测设

步骤一：设置横向控制线。

沿坝坡面设置横向控制线，间距 5~6m。

步骤二：测设坡面设计高程。

在横向控制桩上，用水准仪测设出各护坡桩上的设计高程并用铁钉标记。相邻桩上拉通线，用于控制横向坡度。

步骤三：挂设纵向活动线。

在平行于坝轴线方向挂设一根可以沿横向控制线上下滑动的细线，用于护坡施工。

任务 10.3 水闸施工测量

水闸的施工放样，包括：测设水闸的纵横主轴线 AB 和 CD，闸墩中线、闸孔中线、闸底板的范围，各细部的平面位置和高程，如图10.14所示。

在水闸基础混凝土垫层完成后，即可在垫层测设主轴线并弹墨线标定，为测放闸底板模板立模边线，提供细部放样的依据。

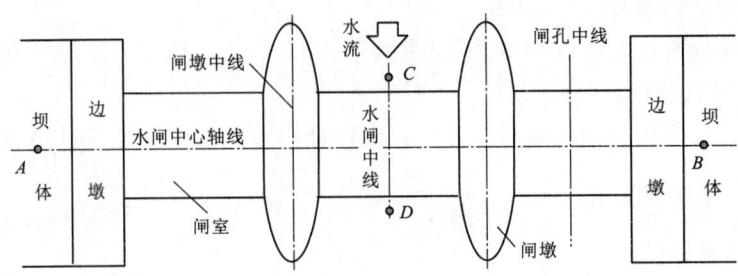

图 10.14 水闸平面轴线

10.3.1 水闸主轴线的放样

根据水闸平面布置图，解析出水闸中心轴线 A、B 两点坐标和水闸中线 C、D 点坐标，由此测设出相应的轴线桩（图 10.15）。同时设置引桩 A'、B' 和复桩 C'、D'。引护桩点应位于水闸施工轮廓线之外 20~50m、地势较高、稳固易保存的位置。设立引复桩的目的，是检查端点位置是否发生移动，并作为恢复轴线端点位置的依据。

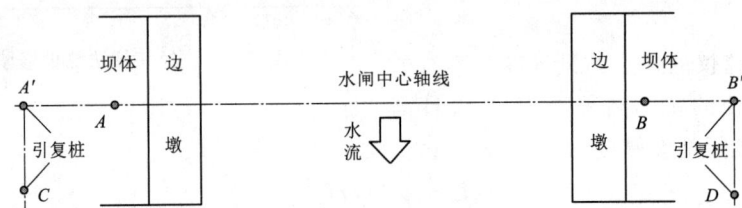

图 10.15 水闸主轴线

10.3.2 闸底板轮廓点的放样

根据施工图，解析计算出底板边界特征点的坐标，如图 10.16 所示，使用全站仪，在水闸轴线的端点 A、B 上安置仪器，在垫层标定出控制水闸底板形状和轮廓点位。

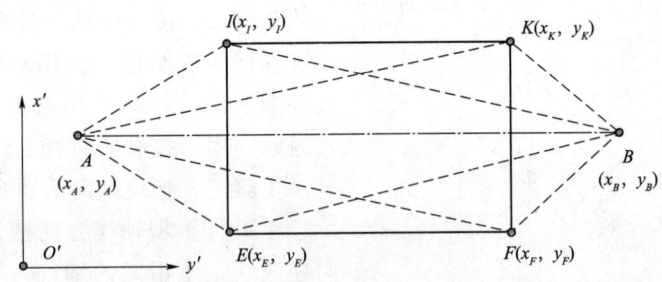

图 10.16 水闸底板轮廓控制点测设

在完成闸底板平面轮廓控制点的测设、闸底板模板安装完成之后，即可进行闸底板的高程放样，就是将底板的顶面标高在施工模板上标注出来，作为混凝土浇筑高度的界限。

10.3.3 闸墩放样

闸墩放样分三个步骤来完成：首先进行闸墩中轴线定位；然后进行闸墩细部轮廓线的放样，弹出墨线，便于后期的模板安装。

10.3.3.1 闸墩中轴线定位

根据图纸，在定出水闸纵向中轴线后，以中线 CD 为基准，沿着水闸轴线 AB 方向，分别向两侧用钢尺量出 $d/2$、d 的距离，定出中墩和边墩（墙）的边界线，然后在闸底板上弹出墨线，完成闸墩的定位，如图 10.17 所示。

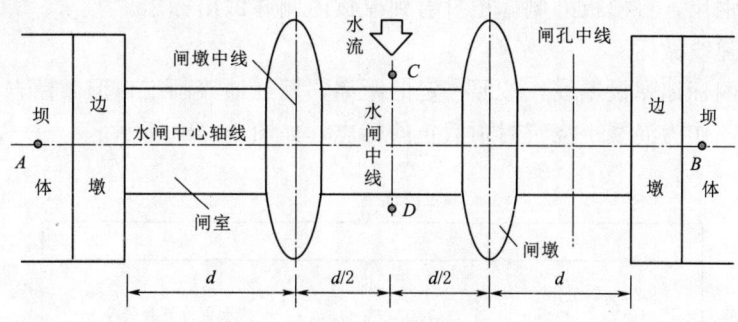

图 10.17 水闸中边墩定位

10.3.3.2 闸墩细部轮廓线的放样

对于直线部分，根据平面图上设计的尺寸，用直角坐标法或量距法进行放样。对于闸墩上下游端部的曲线部分，根据端部的曲线形式，采用坐标法放样，如图 10.18 所示。

10.3.3.3 闸墩高程放样

闸墩高程放样就是在模板上标出闸墩混凝土浇筑封顶时的设计高程。闸墩高程放样是以闸底板的标高为准，在闸墩模板安装并垂直度校核完毕之后，用水准仪配合钢卷尺来进行的。

闸墩高程放样步骤如下。

步骤一：抄高打点。

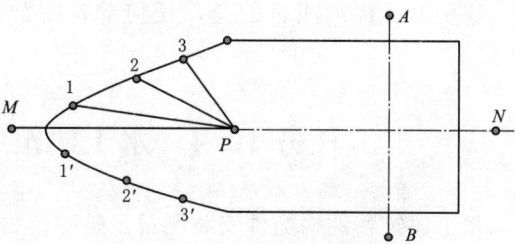

图 10.18 水闸中墩端部细部放样

如图 10.19 所示，在闸墩底板的适当位置架设水准仪，后视已知水准点上的水准尺，得后视尺读数 a，计算出视线高 H_i，同时，用壁纸刀或钢锯条，在模板外侧望远镜十字丝横丝所照准的位置刻划横线，并用红胶带或红油漆做出标记，此标记称为抄高打点。用同样方法，在模板其他适当的位置处打点。

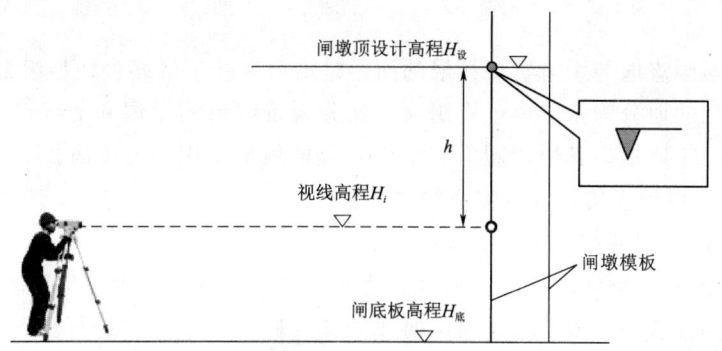

图 10.19 闸墩模板顶高程打点挂线放样示意图

步骤二：量距返标。

根据视线高和闸墩顶面的设计高程，计算上返高度即高差 h。

$$h = H_{设} - H_i$$

用钢卷尺从打点位置，沿模板外侧向上量取等于高度 h 的距离并在此处做标记，然后用木工拐角钢尺，将模板外侧标记投射到模板内侧并做出标志。

步骤三：弹线做标。

按模板内侧标记弹设墨线，按照一定的距离，用红油漆画三角形做标志，红三角顶即为闸墩顶标高，作为混凝土浇筑封顶截止的标志，如图 10.20 所示。

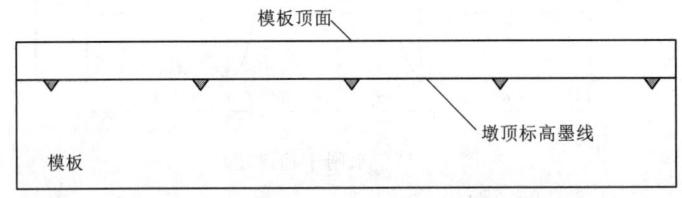

图 10.20　闸墩模板内侧顶高程弹线做标示意图

如果将模板顶标高作为闸墩顶标高，这样就省去步骤三的操作。

这里需要特别注意的是，任何部位待放高程点的放样，必须从已知的高程点引测打点。

任务 10.4　水工建筑物的构配件安装测量

水工建筑物的构配件安装测量，是构筑物的附属部分进行安装时的测量工作，有的比较简单，有的比较复杂，如发电站水轮机蜗安装及混凝土浇筑等。本节主要讲授水闸排架的安装测设和坝体溢洪道上的曲线形实用堰溢流面的放样。其他比较复杂的构配件安装，可以参考其他专门书籍。

10.4.1　闸坝溢流面施工放样

10.4.1.1　溢流堰的作用及其类型

溢流堰是设置在水库溢洪道和水闸泄流通道的一种重要构筑物，起到调节泄洪流量或壅高水位的作用。

溢流面是指溢流堰与水流直接接触的面，是由单一线型或多种线型组合而成。

水工上常用的堰分为薄壁堰、实用堰（又分为折线形实用堰和曲线形实用堰）、宽顶堰等，如图 10.21 所示。其中，图 10.21（c）是曲线形实用堰溢流面。

10.4.1.2　WES 曲线形实用堰溢流面的施工放样

WES 曲线形实用堰如图 10.22 所示。

WES 曲线形实用堰的溢流面由曲线、直线两类线型构成，其中，顶部由抛物线、圆曲线组成，中间部位为直线，末尾为圆曲线。其放样采用坐标法进行。下面以一个案例，来说明放样的过程及方法。

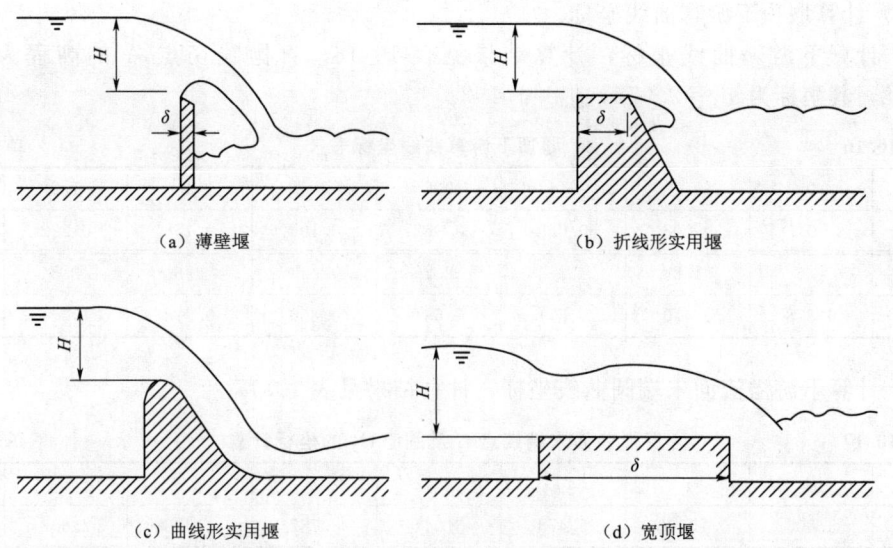

(a) 薄壁堰　　　　　　　　　(b) 折线形实用堰

(c) 曲线形实用堰　　　　　　(d) 宽顶堰

图 10.21　堰的分类

【例题 10.1】 某水库大坝溢洪道设计曲线如图 10.23 所示，设计图纸给定的设计参数为：堰上水头 $H_d = 3.867\text{m}$，堰顶下游幂曲线方程为 $x^{1.85} = 6.313905y$，试计算放样数据并进行放样测量。

【解】 根据图 10.23，计算放样数据。

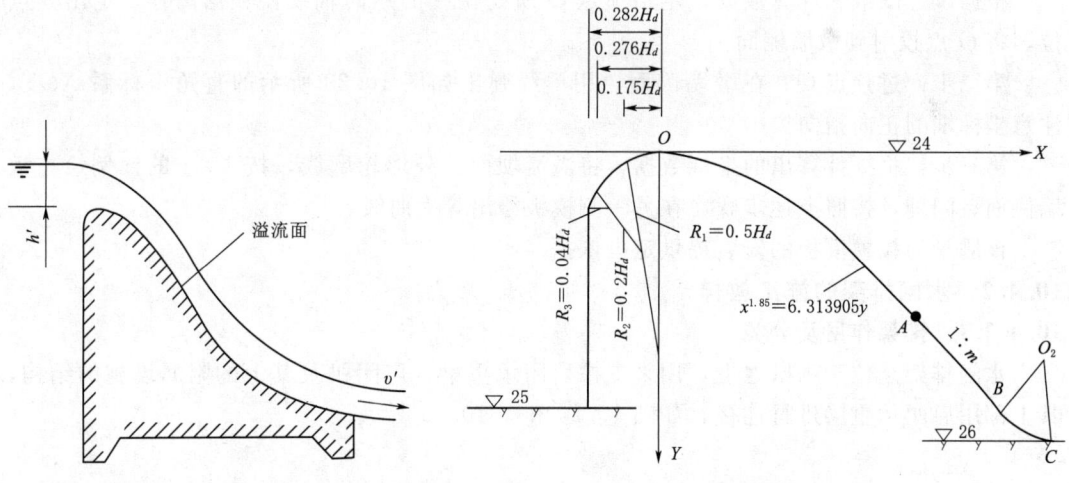

图 10.22　WES 曲线形实用堰　　　图 10.23　溢流堰曲面设计图

(1) 计算堰顶 O 点上游三圆弧半径 R 及端点 x 的坐标，计算结果见表 10.15。

表 10.15　堰顶 O 点上游三圆弧半径 R 及端点 x 的坐标计算表

H_d/m	第一段圆弧/m		第二段圆弧/m		第三段圆弧/m	
	$x_1 = -0.175H_d$	$R_1 = 0.5H_d$	$x_2 = -0.276H_d$	$R_2 = 0.2H_d$	$x_3 = -0.282H_d$	$R_3 = 0.04H_d$
3.867	−0.677	1.934	−1.067	0.773	−1.090	0.155

(2) 计算堰顶下游幂曲线坐标。

1) 计算下游幂曲线坐标，计算结果见表 10.16。直抛线切点 A 的高程为 $H_A = 625.808$，其坐标为 $x_a = 2.978$，$y_a = 1.192$。

表 10.16　　　　　　　　　　堰顶下游幂曲线坐标表　　　　　　　　　　单位：m

x	0	0.2	0.4	0.6	0.8	1	1.2	1.4
y	0	0.008	0.029	0.062	0.105	0.158	0.222	0.295
x	1.6	1.8	2	2.2	2.4	2.6	2.8	2.97
y	0.378	0.470	0.571	0.681	0.800	0.928	1.064	1.193

2) 计算下游溢流面末端圆曲线坐标，计算结果见表 10.17。

表 10.17　　　　　反弧曲面末端端点 C 及圆心 O_2 的坐标计算　　　　　单位：m

m	R	i	x_B	y_B	x_O	y_O	x_C	y_C
1.35	5.500	0.200000	5.478	3.044	8.752	1.376	7.652	4.013

(3) 放样测量。

溢流面的放样方法和程序，与施工工艺有密切的关系，通常溢流混凝土坝分二期浇筑，第一期完成溢流坝轮廓墩块的施工，第二期完成溢流面的施工。

下面以拉膜施工方法为例，介绍溢流面的施工测量方法和程序。

第一步：确定溢流面顶点 O 的位置。

根据设计图纸和计算数据，定出顶点 O 所处位置的纵向轴线，根据高程，定出其点位，将 O 点投射到墩墙侧面。

第二步：过顶点 O，在墩墙侧面，用墨线弹出如图 10.23 所示的直角坐标系 XOY，注意坐标轴的正向指向。

第三步：根据计算出的坐标数据，将溢流坝面的外形轮廓线，按 1∶1 的比例绘在墩墙侧面。同理，按照上述步骤，在另一侧模板绘出等大曲线。

该测量为拉模模板的安装提供定位依据。

10.4.2　水闸排架的施工放样

10.4.2.1　排架作用及分类

水闸排架是位于闸墩之上，用来支撑启闭承重梁、启闭机及其上的附属设施的结构，其上部用启闭承重梁进行连接，如图 10.24 和图 10.25 所示。

图 10.24　开敞式启闭室

图 10.25　封闭式启闭室

排架按施工工艺分为现浇排架和预制排架两种。

10.4.2.2 排架放样

排架放样，就是对排架立柱的测设定位，如图 10.26 所示。

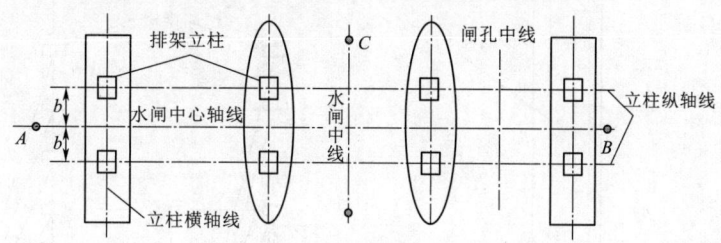

图 10.26 排架立柱定位示意图

1. 现浇排架放样方法

(1) 首先根据水闸纵向中心轴线 AB，在边墩上向两侧量取距离 b，得到立柱的轴距，用墨线弹出立柱纵轴线。

(2) 在中、边墩上，定位出排架立柱的横轴线。

(3) 在排架立柱纵横轴线的交点处，根据排架的几何尺寸，定出排架立柱边界。

(4) 根据排架立柱边界，架立模板，校正垂直度，合格后，即可根据进度安排，浇筑排架混凝土。

2. 预制排架安装

(1) 安装前，在预制现场，用墨线弹出排架立柱对中线墨线和柱底安装标高线。用数字标记并与槽孔数字标记相一致，如图 10.27 所示。

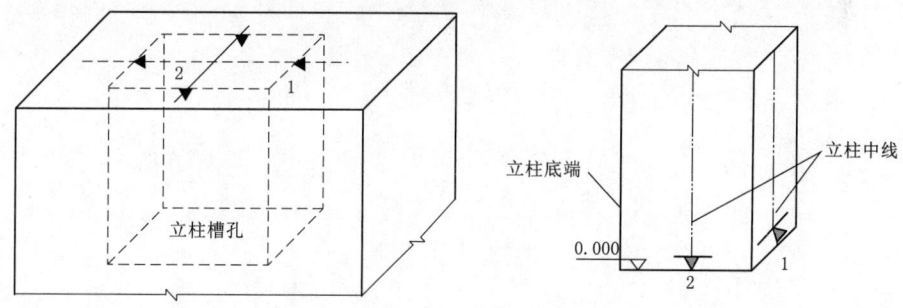

图 10.27 排架槽孔和立柱安装定位轴线图

预制排架的立柱槽孔设计尺寸要比立柱外形几何尺寸大一些，一般在 5~8cm，便于校正和后期细石混凝土的填塞埋填。

(2) 在安装墩墙的槽孔位置，提前用水准仪进行砂浆槽孔底精确打点抄平，使槽孔底标高与安装设计的高程相同。槽孔深度与柱底埋入长度一致。在槽孔处用红油漆标记排架中立柱的安装轴线。

(3) 将排架运至安装现场，起吊安装排架入槽。

(4) 排架吊装入槽后，调整其底部，使柱安装中线和槽孔定位中线对齐。

(5) 现场安装校正。在适当的位置安置经纬仪，用经纬仪对排架安装进行垂直度校正，校正完毕、合格后，在槽孔四周对称打入钢楔固定，槽内浇筑细石混凝土，用钢筋棍捣实，完成一个排架的安装，如图10.28所示。

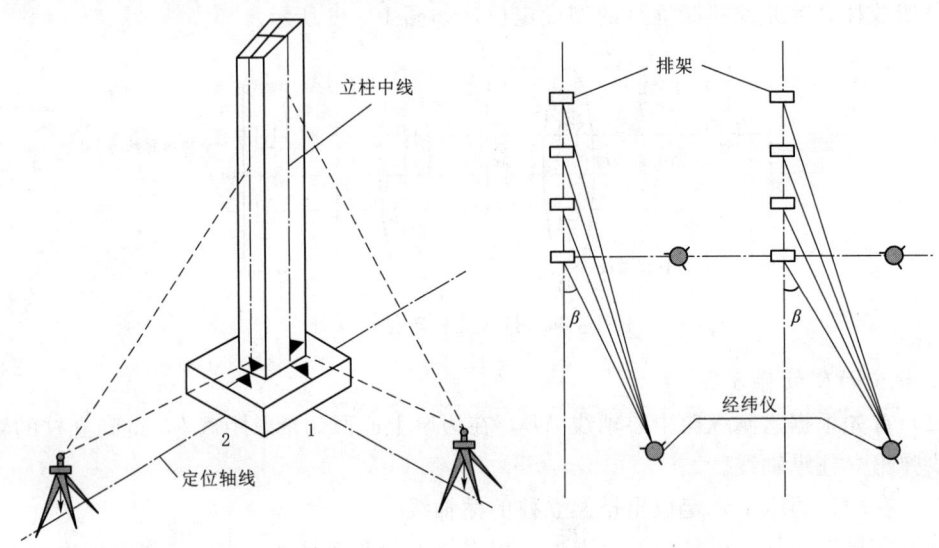

图10.28　排架立柱安装垂直校正图

排架垂直度校正除经纬仪外，还可以用激光准直仪、锤球等进行。

项目 11

水工建筑物变形观测

在建设施工阶段和建成运行阶段,都要对水工建筑物进行变形监测和观测,保证工程的安全施工和运行。其监测数据为工程管理和运行维护提供依据。

对于大型或重要工程建(构)筑物,在施工开始时,就进行变形测量。中(小)型水坝等在工程竣工后,进行变形测量及观测。

任务 11.1 水平位移观测

11.1.1 水工建筑物监测的项目和内容

水工建筑物及附属设施变形监测根据阶段和监测的项目及内容有所不同,具体监测的项目和内容见表 11.1。

表 11.1 水工建筑物及附属设施变形监测项目和内容

阶段	项目		主要监测内容
施工期	高边坡开挖稳定性监测		水平位移、垂直位移、挠度、倾斜、裂缝
	地石体监测		水平位移、垂直位移
	结构物监测		水平位移、垂直位移、挠度、倾斜、接缝、裂缝
	临时围堰监测		水平位移、垂直位移、挠度
	建筑物基础沉降观测		垂直位移
	近坝区滑坡监测		水平位移、垂直位移、深层位移
	库周跨断裂(断层)监测		水平位移、垂直位移、裂缝
运行期	坝体	混凝土坝	水平位移、垂直位移、挠度、倾斜、坝体表面接缝、裂缝、应力、应变等
		土石坝	水平位移、垂直位移、挠度、倾斜、裂缝等
		灰坝,尾矿坝	水平位移、垂直位移
		堤坝	水平位移、垂直位移
	涵闸、船闸		水平位移、垂直位移、挠度、裂缝、张合变形等

续表

阶段	项　目		主要监测内容
运行期	库首区、库区	滑坡体	水平位移，垂直位移、深层位移、裂缝
		地质软弱层	
		跨断裂（断层）	
		高边坡	

水工建筑物的变形属于小变形问题，对监测精度有严格的要求。监测项目不同，其测量中误差也有所不同，具体要按照现行规范标准执行。

11.1.2　水平位移监测网

水平位移观测首先要布设具有一定等级的监测控制基准网，然后利用相应的设备，对监测点进行水平位移的观测（监测）。通过本期观测数据和前期观测数据（或初始数据）的对比，来反映建筑物的水平位移情况。

水平位移的监测网，可采用三角网、导线网、边角网、三边网和轴线等形式。当采用轴线控制时，轴线两端应分别建立检核点。

水平位移的监测网，宜采用独立坐标系统，并进行一次布网。

平面控制网上的控制点宜采用有强制归心装置的观测墩；照准标志宜采用强制对中装置的觇牌。

水平位移监测网的主要技术要求见表11.2。

表 11.2　　　　　　　　水平位移监测网的主要技术要求

等级	相邻基准点的点位中误差/mm	平均边长/m	测角中误差/(″)	最弱边相对中误差/mm	作业要求
一等	1.5	<300	±0.7	≤1/250000	按国家一等三角要求观测
		<150	±1.0	≤1/120000	按二等三角要求观测
二等	3.0	<300	±1.0	≤1/120000	
		<150	±1	≤1/70000	
三等	6.0	<350	±1.8	≤1/70000	按四等三角要求观测
		<200	±2.5	≤1/40000	
四等	12	<400	±2.5	≤1/40000	

注　未考虑起始误差的影响。

平面变形监测网的观测工作采用经纬仪、测距仪或全站仪进行。观测的技术指标和测站要求根据国家标准或行业规范执行。其中，水平角观测方法使用方向观测法或分组方向观测法进行作业。其技术指标见表11.3。

表 11.3　　　　　　　　　　水平角方向观测法的技术要求

等级	仪器型号	两次照准读数差/(″)	半测回归零差/(″)	一测回2倍照准差变动范围/(″)	同一方向值各测回较差/(″)
四等及以上	DJ1	4	6	9	6
	DJ2	6	8	13	9
一等及以下	DJ2	6	8	13	9
	DJ6	12	18	—	24

11.1.3　水平位移监测网的布设

水平位移监测点的测点按两个层次布设：一是由控制点组成的控制网，二是由观测点及所联测的控制点组成的扩展网。对单个建筑物上部或构件的位移监测，可将控制点和观测点按单一层次布设。

各种布网均应考虑网形强度，长短边不宜悬殊，如图 11.1 所示。

图 11.1　水平位移控制网布设示意图

为保证变形监测的准确可靠，每一测区的基准点和工作基点不应少于 2 个。基准点、工作基点应根据实际情况构成一定的网形，并按规范规定的精度定期进行检测。

坝体的水平位移观测点，宜沿坝的轴线布设。土坝观测点的间距，应小于 50m；混凝土坝每坝段，应有 1 个横断面。

大坝观测点布置在每一个坝段基础廊道中心线与每个坝段中心线的交点处。对于重点坝段，还需增加观测点，并在横向廊道或宽缝内增设一些观测点以测量基础的转动。

11.1.4　水平位移观测方法及有关规定

11.1.4.1　观测方法

对坝体水平位移，常用的观测方法分为两大类：一类是基准线法，是通过一条固定的基准线来测定监测点的位移，常见的有视准线法、交会法、精密导线法、激光准直法等。另一类是大地测量方法，主要是以外部变形监测控制网点为基础，以大地测量方法测定被监测点的大地坐标，进而计算被监测点的水平位移，常见的有交会法、精密导线法、三角测量法、GPS 观测法等。

11.1.4.2 有关规定

水平位移的测量，并应符合下列规定。

（1）采用前方交会法时，交会角应在60°～120°，并宜采用三点交会。

（2）采用经纬仪投点法和小角法时，应对经纬仪的垂直轴倾斜误差进行检验，当垂直角超出±3°范围时，应进行垂直轴倾斜修正。

（3）采用极坐标法时，其边长应采用检定过的钢尺丈量或用电磁波测距仪测定；当采用钢尺丈量时，不宜超过一尺段，并应进行尺长、拉力、温度和高差等项修正。

11.1.5 视准线法观测水平位移

11.1.5.1 观测原理

视准线法是通过视准线建立一个平行或通过坝轴线的铅直平面作为基准面，定期观测坝上测点与基准面之间偏离值的大小，即该点的水平位移，如图11.2所示。视准线法观测分为视准线小角法和活动觇牌法两种。视准线法适用于直线形大坝。

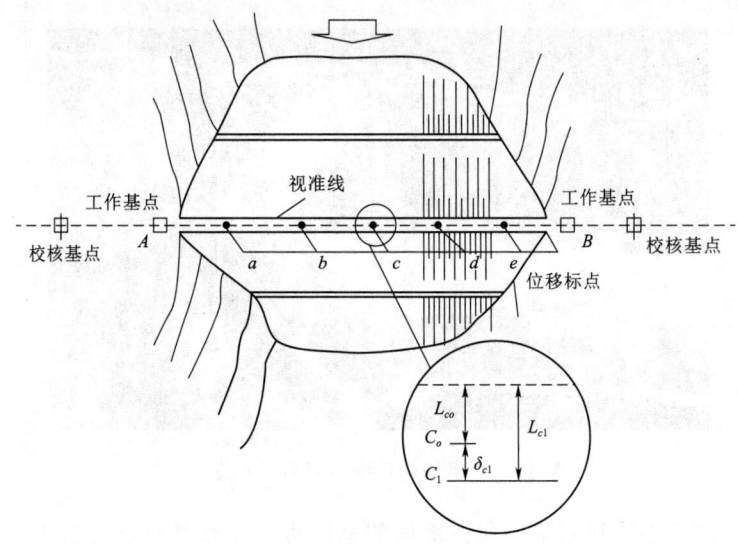

图 11.2 工作基点与位移点的布设

11.1.5.2 观测设备

1. 工作基点及校核基点

工作基点也称基准点，是为进行变形测量而布设的稳定的、长期保存的测量点。水平位移的工作基点应选在建筑变形影响范围以外且位置稳定、易于长期保存的区域，宜避开高压线。校核基点是为了校核检测工作基点而设置的。这些点都要建造专用的观测墩，用以安置仪器和专用的规标。埋设在大坝两端山坡上的工作基点和校核基点，称固定工作基点。如果大坝较长或为折线形坝，需在坝体增设工作基点，这种工作基点将随坝体位移而位移，称为非固定工作基点。观测墩一般是用钢筋混凝土浇筑而成（图11.5），其顶部大都埋设有强制对中设备，以减小仪器和规标的对中误差（可使对中误差不大于0.1mm）。

基准点数对特等和一等不应少于4个，对其他等级不应少于3个。当采用视准线法和小角度法，不便设置基准点时，可选择稳定的方向标志作为方向基准。基准点应每期检测、定期复测，在建筑施工过程中宜每1~2个月复测1次，施工结束后宜每季度或每半年复测1次。基准点埋设后的稳定期不宜少于7天。位移工作基点应与位移校核点（基准点）进行组网和联测。工作基点应每期复测。

图11.3　强制对中基座

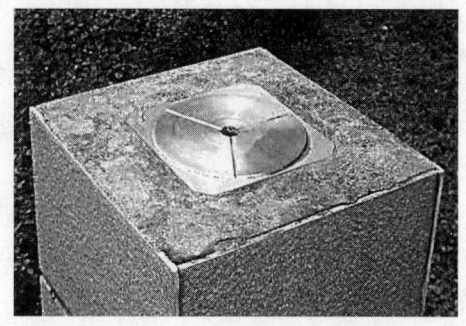
图11.4　强制对中观测墩

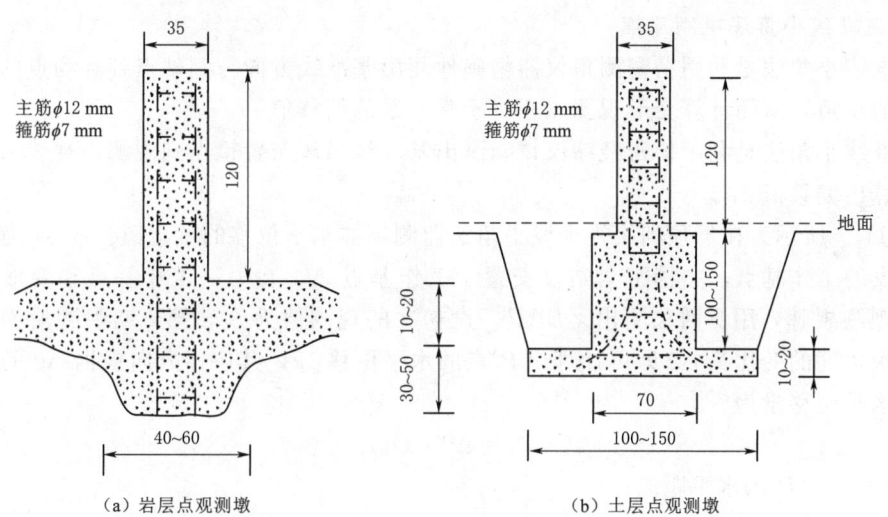

（a）岩层点观测墩　　　　（b）土层点观测墩

图11.5　水平位移观测墩（单位：cm）

2. 位移标点

位移标点是仪器要照准的标志点，安置在与坝体连接的观测墩上，观测墩从坝面以下0.3~0.4m处起浇筑。其顶部埋设强制对中设备，常常还在位移标点的基脚或顶部设铜质标志，兼做垂直位移的标点。根据变形观测项目类型，其可分为沉降基准点和位移基准点。

水平位移监测照准标志应该具有非常清晰明显的纵向几何中心线，并尽可能使观测觇牌的图像颜色反差较大、图案对称、相位差小，便于精确瞄准其几何中心线，所以要使用特制的专业觇牌。根据监测点位置特点，经常选用的照准标志设备有重力平衡球式标、旋入式杆状标、直插式觇牌、屋顶标和墙上标等形式。

图11.6中，（a）和（b）是旋杆式照准标志，其底部有螺纹，可直接旋在观测墩中的强制对中基座上；（c）~（f）是活动觇牌。

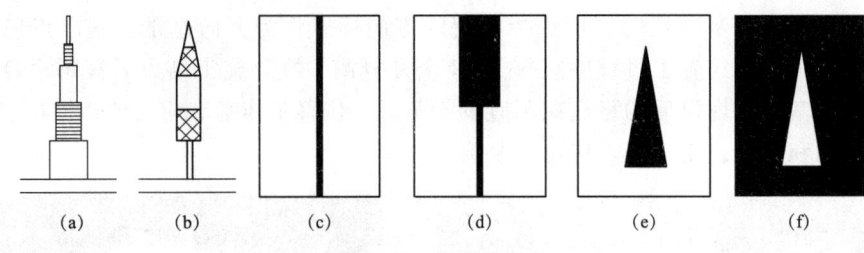

图 11.6 位移点标志

采用视准线法观测时,其测点埋设偏与基准线的距离,不应大于2cm;对活动觇牌的零位差,应进行测定。

视准线法具有速度快、精度较高,原理简单、方法实用、实施简便、投资较少的特点,在水平位移观测中得到了广泛应用。其不足是对较长的视准线而言,由于视线长,使照准误差增大,甚至可能造成照准困难。当视准线太长时,目标模糊,照准精度太差且后视点与测点距离相差太远、望远镜调焦误差较大,无疑对观测成果有较大影响。

11.1.5.3 视准线小角法观测水平位移

1. 视准线小角法观测原理

视准线小角法是利用精密测角仪器精确地测出基准线方向与测站点到观测点的视线方向所夹的小角,从而计算变形观测点相对于基准线的偏移值。

视准线小角法是利用精密经纬仪精确测出基准线 AB 与置镜点到观测点视线 AP 的夹角,计算出偏移值 δ_P。

图 11.7 所示为在坝顶利用视准线小角法监测坝体水平位移的示意图。A、B 为视准线上所布设的工作基点,将精密全站仪安置于工作基点 A,在另一工作基点和变形监测点 P 安置观测觇牌,用测回法测出 $\angle BAP$。设初次的观测值为 β_0,第 i 期观测值为 β_i,计算出两次角度的变化量 $\Delta\beta$ 即可计算出 P 点的水平位移 δ_P,其位移方向根据 $\Delta\beta$ 的符号确定。其水平位移量为

$$\delta_i = \Delta\beta \cdot D/\rho \tag{11.1}$$

式中 D ——AP 的水平距离;

$\Delta\beta$ ——两次监测水平角之差,$\Delta\beta = \beta_i - \beta_0$。

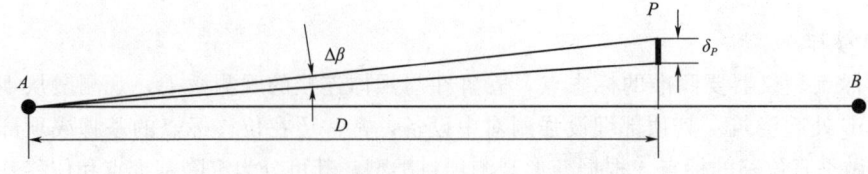

图 11.7 视准线小角法观测原理示意图

2. 视准线小角法观测方法

(1) 在工作基点 A 安置经纬仪,在工作基点 B 点和 P 点安置觇标。

(2) 用测回法测出基线 AB 和目标线 AP 的夹角 $\Delta\beta$,取上下两个半测回的平均值,作为一测回水平角观测的结果。多测几个测回,取测回均值,作为最终的夹角值。

(3) 用公式计算偏离值。

11.1.5.4 活动觇牌法观测水平位移

1. 活动觇牌法

活动觇牌法是利用精密的附有读数设备的活动觇牌直接测定监测点相对于基准面的偏离值。它需要专用的仪器和照准设备，包括精密测角仪器和活动觇牌。活动觇牌和固定觇牌如图 11.8 所示。活动觇牌的上部为觇牌，下部为可对中整平的基座，中间横向安置一个带有游标尺的分划尺，最小分划为 1mm，用游标尺可直接读到 0.01～0.1mm，如图 11.9 所示。分划尺两端有微动螺旋，转到微动螺旋就可调节觇牌左右移动。

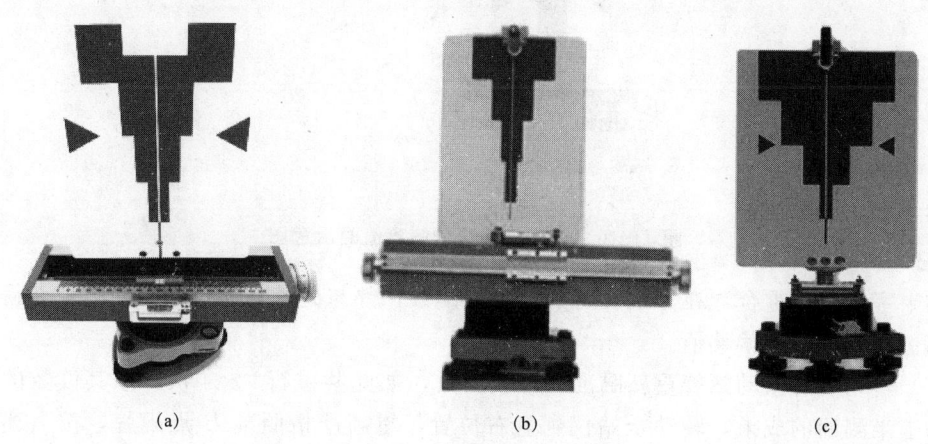

(a)　　　　　　　　(b)　　　　　　　　(c)

图 11.8　活动觇牌和固定觇牌

2. 观测方法

观测方法是在各位移观测点上安置活动觇牌，转动觇牌上的手轮，使觇牌图案的中心与基准线重合，然后利用觇牌上的标尺读出偏离值。

图 11.10 所示为活动觇牌法测偏离值的示意图，观测方法如下。

(1) 将全站仪安置在基准线端点 A 上，固定觇牌安置在端点 B 上，分别对中整平，如果 A、B 两点都是强制对中观测，则用连接杆连接即可。

(2) 用全站仪瞄准 B 点的固定觇牌，将视线固定，此时全站仪的水平制动螺旋和水平微动螺旋都不能再转动，全站仪视线即为视准线。

(3) 把活动觇牌安置于观测点 C 上并对中整平，此时如果 C 点不在视准线 AB 上，则对中整平后的活动站牌标志中心不与全站仪十字丝竖丝重合，调节活动觇牌使照准标志与全

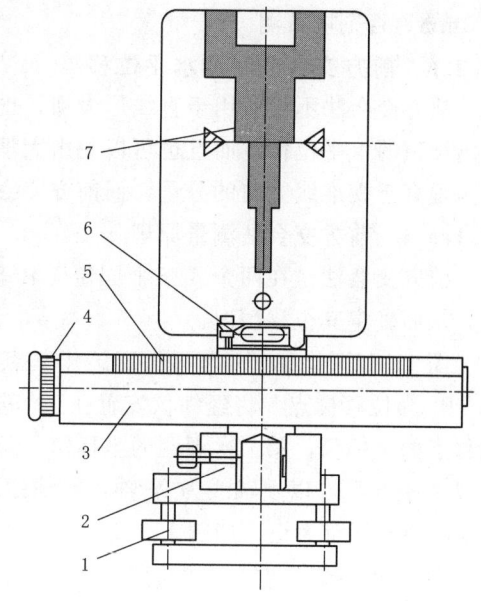

图 11.9　活动觇牌构造示意图
1—基座；2—连接器；3—主体；4—手轮；
5—导轨；6—水准器；7—觇牌

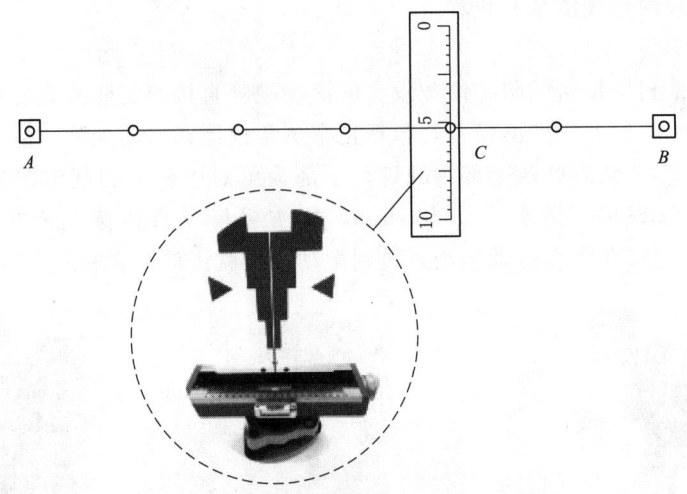

图 11.10　活动觇牌法测偏离值的示意图

站仪的十字丝竖丝重合，在分划尺与游标尺上读数，并与觇牌的零位值相减，就获得待测点偏离 AB 基准线的偏移值。

（4）转动觇牌微动螺旋重新瞄准、再次读数，如此共进行 2～4 次，取其读数的平均值作为上半测回的成果，转动全站仪到盘右位置，重新严格照准 B 点觇牌，按上述方法测下半测回，取上下两半测回读数的平均值为一测回的成果。

第二测回开始前，仪器应重新整平。根据需要，每个观测点需测量 2～4 个测回。一般说来当用 DJ1 型经纬仪观测，测距在 300m 以内时，可测 2～3 测回，其测回差不得大于 3mm，否则应重测。

11.1.6　前方交会法观测水平位移

前方交会法不仅适用于直线形大坝，也适用于折线形大坝和曲线形大坝，它不仅可以测出坝顶的水平位移，而且也可以测出大坝下游面的水平位移。用视准线求得的水平位移值为垂直于视准线方向的分量，而前方交会法则可求水平位移的总量。

11.1.6.1　前方交会法测量原理

前方交会法是在两个或三个固定工作基点上用观测交会角来测定位移标点的坐标变化，从而确定其位移情况。

图 11.11 中，A、B 为两固定工作基点，I、II 为坝轴线坐标为已知端点，P_1、P_2、P_3、P_4 为位移标点。将经纬仪安置在工作基点 A、B 上，分别测出角度 α、β，即可求得各位移点的坐标值。第 i 次观测的坐标值与第一次观测坐标值之差即为水平位移。为此建立 XIY 坐标系，以坝轴线为 X 轴，Y 轴指向下游为正，AB 距离为 S，它与 IX 的交角为 ω，偏向下游为正，如图 11.11（a）所示；偏向上游为负，如图 11.11（b）所示。

前方交会法有两种：测角前方交会法、测边前方交会法。

11.1.6.2　测角前方交会法

测角前方交会法是在已知 A、B 两点的坐标情况下，测量角度两个夹角 α、β，根据式（11.2），可以计算出 P 点的坐标。

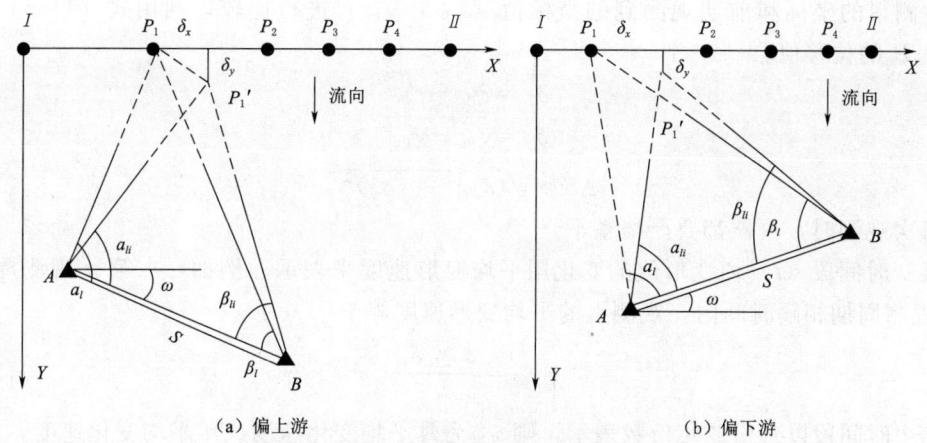

(a) 偏上游　　　　　　　　　　　　(b) 偏下游

图 11.11　前方交会法测定水平位移示意图

$$x_P = \frac{x_A \cot\beta + x_B \cot\alpha - y_A + y_B}{\cot\alpha + \cot\beta}$$
$$y_P = \frac{y_A \cot\beta + y_B \cot\alpha - x_A + x_B}{\cot\alpha + \cot\beta} \tag{11.2}$$

测角前方交会法观测与计算如下。

第一次观测时，假设测得两水平夹角为 α_1 和 β_1，由公式求得 P 点坐标值（x_{P1}，y_{P1}）；第二次观测时，假设测得的水平夹角为 α_2 和 β_2，则 P 点坐标值变为（x_{P2}，y_{P2}），那么在此两期变形观测期间，P 点的总位移及方位角可按式（11.3）计算：

$$\Delta x_P = x_{P2} - x_{P1}$$
$$\Delta y_P = y_{P2} - y_{P1}$$
$$P \text{ 点总位移 } \Delta P = \sqrt{(\Delta x_P)^2 + (\Delta y_P)^2} \tag{11.3}$$
$$P \text{ 点的位移方位角 } \alpha_{\Delta P} = \arctan\frac{\Delta y_P}{\Delta x_P}$$

11.1.6.3　侧边前方交会

如图 11.12 所示，工作基准 A、B 两点的坐标已知，用仪器测得 A、B 两点到位移观测点 P 的距离分别为 b 和 a，根据式（11.4），可以求出 P 点的坐标。

$$x_P = x_A + b\cos\alpha_{AP}$$
$$y_P = y_A + b\sin\alpha_{AP} \tag{11.4}$$

现场观测方法如下。

（1）在 A 点架设全站仪，在 B 点、P 点分别架设棱镜，观测得到 AP、AB 的水平夹角 α_{AP}。同时测得 AP 的水平距离 b。

（2）在 B 点架设全站仪，在 A 点、P 点分别架设棱镜，为了检验，测出 BA、BP 的水平夹角 α_{BP} 和 BP 的距离 a。

（3）根据式（11.4）计算出监测点 P 的坐标，

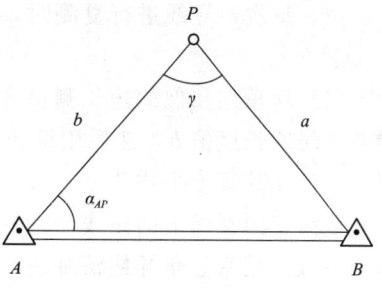

图 11.12　侧边前方交会法测定水平位移示意图

用此次测得的坐标和前期观测到的坐标值（x_{P0}，y_{P0}）进行比较，利用式（11.5）即可计算出 P 的位移值。

$$\delta_x = x_{Pi} - x_{P0}$$
$$\delta_y = y_{Pi} - y_{P0}$$
$$\Delta S = \sqrt{(\delta_x)^2 + (\delta_y)^2} \tag{11.5}$$

每次观测时，仪器都要严格整平。

某一时间段（t）内变形值的变化用平均变形速度来表示。例如，在第 n 观测周期和第 m 观测周期相隔时间内，观测点的平均变形速度等于

$$v_{均} = \frac{\delta_n - \delta_m}{t} \tag{11.6}$$

若 t 时间段以月份或年份数表示，则 $v_{均}$ 为月平均变化速度或年平均变化速度。

在使用该法观测时应注意下列几点：γ 角通常应保持在 60°～120°之间；测距要仔细，以减小测边中误差 m_a 和 m_b；交会边长度 a 和 b 应力求相等，且一般不宜大于 600m。点 P 的中误差计算公式为

$$m_P = \frac{1}{\sin\gamma}\sqrt{m_a^2 + m_b^2} \tag{11.7}$$

11.1.7　精密导线法观测水平位移

精密导线法适用于曲线型拱坝水平位移的观测。是监测水库拱坝水平位移的重要方法，利用布设的精密导线，测量导线点在不同观测周期坐标值的变化。

观测前，应按规范的有关规定检查仪器，在洞室和廊道观测时，应封闭通风口以保持空气平稳，观测的照明设备应采用冷光照明，以减少折光误差的影响。

该法的精度取决于量边精度，边角导线的转折角是通过高精度经纬仪观测的，而边长大多采用特制铟钢尺进行丈量，也可利用高精度的光电测距仪进行测距。

按照设计原理的不同，其又可分为精密边角导线法和精密弦矢导线法。

由于两种监测方法采用同一变化值 b，且最终所得均为坝体的变形量 δ，因此，它们具有某些共同特征。

（1）导线两端均用倒（正）垂线作为不同高层间的水平位移基准传递，用垂线坐标仪进行观测，每一方向观测独立进行 3 次，其互差不得大于 0.15mm，取均值以获得端点 A、B 的纵向、横向观测基准值 Q_{ti}，$Q_{\mu i}(i=1, n+1)$。

（2）每次对导线进行复测时，均需重新测定两端倒（正）垂线值，获得其复测值记为 Q_{ti}^K、$Q_{\mu i}^K$。

（3）均采用相似的边长测量方法：首先采用特制的因瓦尺，测定两导线点的微型标志中心之间的长度值 b，然后用读数系统多次读取固定因瓦丝上的刻线与轴杆头上刻线的差值，并计算其算术平均值 Δb，进而获得边长基准值。每次复测时，只需测定边长变化值，即读取固定因瓦丝上的刻线与轴杆头上刻线之差值 Δb。

11.1.7.1　精密边角导线法观测

精密边角导线法则是根据重复进行 K 次导线边长变化值 b 和导线的转折角的观测来计算坝体的变形量。

1. 建立观测坐标

边角导线测量计算原理如图 11.13 所示。图中,左边折线代表初次观测时各导线点的位置,右边折线代表第 K 次观测时各导线的位置。

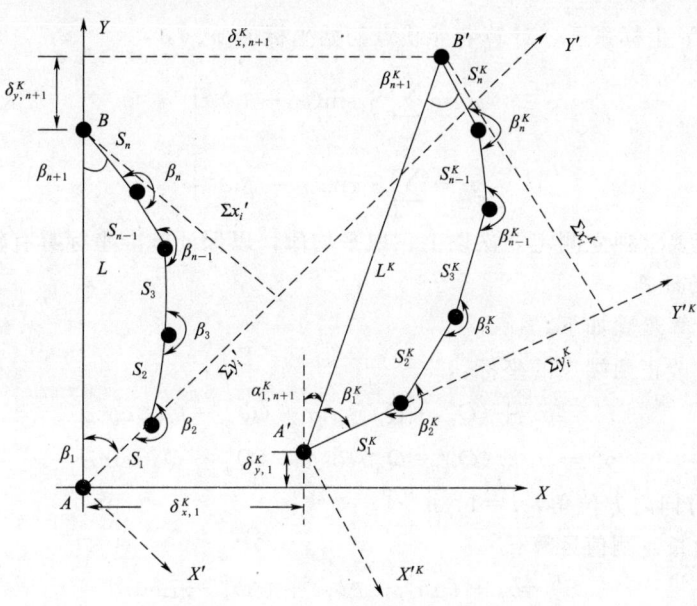

图 11.13 边角导线测量计算原理

以 A 点为坐标原点,AB 连线为 Y 轴,建立 XAY 坐标系。同时以 A 点为原点,以导线的第 1 条边 S 为 Y' 轴,建立 $X'AY'$ 辅助坐标系。连线 L 和 S_1 的夹角为 β_1。

图 11.13 中:S_i,S_i' 是导线边的投影边长;β_i,β_i^K 是导线各相邻边的转折角;β_1,β_n,β_1^K,β_{n+1}^K 是导线起始点和外部控制导线的连接角;X/Y 是控制坐标网的原坐标系;X'/Y' 是精密导线设定坐标系,X^K/Y^K 是在设定坐标系下第 K 次观测的设定坐标系。

因为在观测期内,精密导线的起始端点 A、B 同其他导线点一样,也是不稳定点,两个端点之间不通视,无法进行方位角连测,每期观测均要测定 A、B 两端点的坐标变化值,故设定的坐标系也会发生变化。消除端点的变化对各导线点的坐标值的影响,一般需设计倒垂线控制和校核端点的位移。

2. 计算基准值

(1) 计算导线边长基准值:

$$S_i = b_i + \Delta b_i + \Delta b_t \tag{11.8}$$

式中 b_i——两导线点的微型标志中心之间的长度值;

Δb_i——因瓦丝上的刻线与轴杆头上的刻线的差值;

Δb_t——温度改正数。

(2) 在 $X'AY'$ 辅助坐标系下,计算连接角 β_1 和起始点距离 L:

$$\beta_1 = \arctan \frac{\sum_{i=1}^{n} S_i \cos\alpha_i'}{\sum_{i=1}^{n} S_i \sin\alpha_i'} \tag{11.9}$$

$$L = \sqrt{\left[\sum_{i=1}^{n} S_i \sin\alpha'_i\right]^2 + \left[\sum_{i=1}^{n} S_i \cos\alpha'_i\right]^2} \tag{11.10}$$

式中 $\alpha'_i = 90° + \sum_{i=2}^{n}[\beta_i - (i-1)180°]$。

(3) 在 XAY 坐标系下，计算各导线点初始坐标值 x、y：

$$\left.\begin{array}{l} x_i = \sum_{i=1}^{n} S_i \sin(\alpha'_i - \beta_1) \\ y_i = \sum_{i=1}^{n} S_i \cos(\alpha'_i - \beta_1) \end{array}\right\} \tag{11.11}$$

导线基准值要求独立测定 3 次以上，取平均值，以保证基准坐标具有较高的精度。

3. 复测值的计算

复测值的计算步骤如下。

(1) 计算、改正两端点的坐标：

$$\begin{array}{l} x_i^K = x_i + (Q_{ti}^K - Q_{ti})\sin\mu + (Q_{\eta i}^K - Q_{\eta i})\cos\mu \\ y_i^K = y_i + (Q_{ti}^K - Q_{ti})\cos\mu + (Q_{\eta i}^K - Q_{\eta i})\sin\mu \end{array} \tag{11.12}$$

式中 μ——t 方向之方位角，$i=1, n+1$。

(2) 导线边长复测值计算：

$$S_i^K = b_i + (\Delta b_t^K - \Delta b_t) + (\Delta b_i^K - \Delta b_i) \tag{11.13}$$

式中 $(\Delta b_t^K - \Delta b_t)$——边长的温度改正数；

Δb_i——固定因瓦丝上的刻线与轴杆头上刻线之差值。

(3) 用两端点新坐标反算边长 L^K 和方位角 $\alpha_{1,(n+1)}^K$：

$$L^K = \sqrt{(x_{n+1}^K - x_1^K)^2 + (y_{n+1}^K - y_1^K)^2} \tag{11.14}$$

$$\alpha_{1,n+1}^K = \arcsin\frac{\delta y_{1,n+1}^K - \delta y_1^K}{L^K} = \arccos\frac{\delta x_{1,n+1}^K - \delta x_1^K}{L^K} \tag{11.15}$$

(4) 以复测基点 A^K 为原点，以导线的第一条边 S_1^K 为 Y'^K 轴，建立 $X'^K AY'^K$ 复测坐标系，计算各边设定坐标增量。之后进行边角网的平差计算，其方法和一般导线平差计算方法相同。

(5) 复测连接角值 β_1^K 的计算：

$$\beta_1^K = \arctan\frac{\sum_i^n x_i^K}{\sum_i^n y_i^K} = \arctan\frac{\sum_i^n S_i^K \cos\alpha'_i}{\sum_i^n S_i^K \sin\alpha'_i} \tag{11.16}$$

(6) 在 XAY 坐标系中根据改正后的 S_i^K、β_i^K 值，计算导线点坐标 x_i^K、y_i^K。

(7) 计算各点径向和切向两个位移值，得出各点的实际位移值。

$$\alpha_i^K = \arcsin\frac{\delta y_{i+1}^K - \delta y_i^K}{L^K}$$

$$\nu_i = \arcsin\frac{S_i}{2R} + [\alpha_i^K - \alpha_{1,n+i}^K]$$

$$\delta x_i^K = x_i^K - x_i$$
$$\delta y_i^K = y_i^K - y_i \quad (11.17)$$

式中 R——拱坝曲率半径。

径向和切向的实际变形值：

$$\delta \eta_i^K = \delta y_i^K \cos \nu_i - \delta x_i^K \sin \nu_i$$
$$\delta \xi_i^K = \delta y_i^K \sin \nu_i - \delta x_i^K \cos \nu_i \quad (11.18)$$

11.1.7.2 精密弦矢导线法观测

1. 观测原理

如图 11.14 所示，弦矢导线法是根据重复进行 K 次导线边长变化值 b 和矢距变化值 V 的观测来求得坝体的实际变形量 δ，矢距测量系统是以弦线在矢距尺上的投影为基准，用测微仪测量出零点差和变化值。

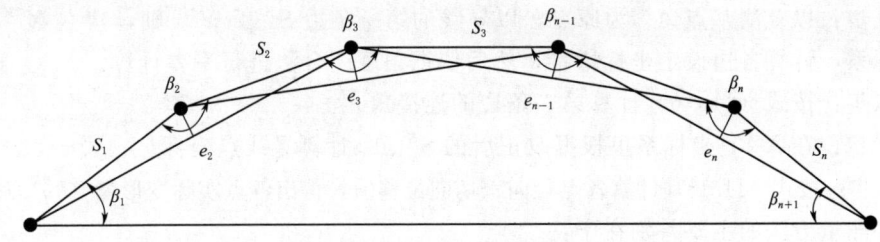

图 11.14 弦矢导线布设原理图

首测矢距时需测定两组数值：读取弦线在矢距因瓦尺上的垂直投影读数 $V_i(i=1, 2, \cdots, n)$ 以及微型标志中点（即导线点）与矢距尺零点之差值。复测矢距时仅需读取弦线在矢距因瓦尺上的垂直投影读数。

弦矢导线的全长不宜大于 400m，边不宜大于 25 条。

若矢距量测精度不能保证转折角的中误差小于 $1''$，导线长应适当缩短，边数应适当减少；若矢距量测精度较高，边长也可适当放长。此法的关键是提高三角形（矢高）的观测精度，一般需采用铟钢杆尺、读数显微镜和调平装置等设备。

2. 弦矢导线法基准值的计算

第一步：矢矩基准值：

$$e_i = V_i + \Delta e_t + \delta e_0 + \Delta e_0 \quad (11.19)$$

式中 Δe_0——尺长改正；
Δe_t——温度改正。

第二步：边长基准值：

$$S_i = b_i + \Delta b_t + \Delta b_t \quad (11.20)$$

式中 Δb_t——温度改正。

第三步：导线转折角基准值 $\beta_i(i=2,3,\cdots,n)$：

$$\beta_i = \arccos\left(\frac{e_i}{S_{i-1}}\right) = \arccos\left(\frac{e_i}{S_i}\right) \quad (11.21)$$

在计算出导线转折角后,即可按照边角导线基准值公式计算出 XAY 坐标系下的各导线点的基准坐标 X_i、Y_i。

3. 弦矢导线法复测值的计算

第一步:按照边角导线的方法,建立 $X'^K A^K Y'^K$ 复测坐标系,按式(11.12)和式(11.13)计算改正后两端点的坐标和导线边长复测值 S_i^K。

第二步:计算复测矢距:

$$e_i^K = e_i + (V_i^K - V_i) + (\Delta e_t^K - \Delta e_t) \tag{11.22}$$

第三步:利用矢距计算复测导线转折角 β_i^K:

$$\beta_i^K = \arccos \frac{e_i^K}{S_{i-1}^K} + \arccos \frac{e_{i1}^K}{S_i^K} \tag{11.23}$$

第四步:按式(11.14)用两端点新坐标反算边长 L^K,按式(11.15)计算方位角 $\alpha_{1,n+1}^K$。

第五步:以复测基点 A^K 为原点,以导线的第一条边 S_1^K 为 Y'^K 轴,建立 $X'^K A^K Y'^K$ 复测坐标系,计算各边设定坐标增量,然后依据角度闭合法进行平差计算。

第六步:按式(11.16)计算第一条边的连接角 β_1^K。

第七步:在 XAY 坐标系里根据改正后的 S_i^K、β_i^K 计算导线点坐标 x_i^K、y_i^K。

第八步:按式(11.18)计算各点径向、切向位移值,得出各点实际变形量 $(\delta\eta_i^K, \delta\eta\xi_i^K)$。

两种测量方法的主要差别在于:

(1)弦矢导线法矢距测量系统是以弦线在矢距尺上的投影为基准,用测微仪测量出零点差和变化值。首测矢距时需测定两组数值:读取弦线在矢距因瓦尺上的垂直投影读数 V 和微型标志中点(即导线点)与矢距尺零点之差值 δ_{e0}。复测矢距时仅需读取弦线在矢距因瓦尺上的垂直投影读数 V_i^K。

(2)边角导线法转折角测量系统是通过高精度经纬仪测角量边技术来获取相应的角度值 β_i 和 β_i^k。观测前按规范检查仪器,封闭观测廊道各处通风口以保持空气平稳,观测采用冷光照明(或手电筒)以减少折光误差。观测时,需分别观测导线点标志的左右侧角各一个测回,并独立进行两次观测,度盘位置分别为 $0°00'$ 和 $0°10'$。取两次读数中值为该方向观测值。

角度观测限差规定如下:2 测回 2C 值互差≤2.5″;角度闭合差:$(\beta_{左}+\beta_{右})-360°$≤1.5″。

边角导线的边长一般不宜大于 320m,边不宜多于 20 条,同时要求相邻两导线边的长度不宜相差过大。

11.1.8 激光准直法观测水平位移

激光准直测量按照其测量原理可分为直接测量和衍射法准直测量两种,按照其测量环境可分为大气激光准直和真空激光准直。

在大气条件下,激光准直的精度一般为 $10^{-6} \sim 10^{-5}$,影响其精度的主要原因是大气折光的影响。在真空条件下,激光准直的精度可达 $10^{-8} \sim 10^{-7}$,其精度较大气激光准直有明显的提高,但其工程的造价和系统的维护费用也相应提高。

目前,在水利工程的变形监测中,主要采用衍射法激光准直测量。

11.1.8.1 波带板激光准直法

1. 激光准直法观测原理

激光准直法观测原理是以激光发生装置提供的一条光线为基准线，来标定或观测变形点对基线的偏移值 Δ_i，如图 11.15 所示。

$$l_i = \frac{S_{Ai}}{S_{AB}} \Delta_i \tag{11.24}$$

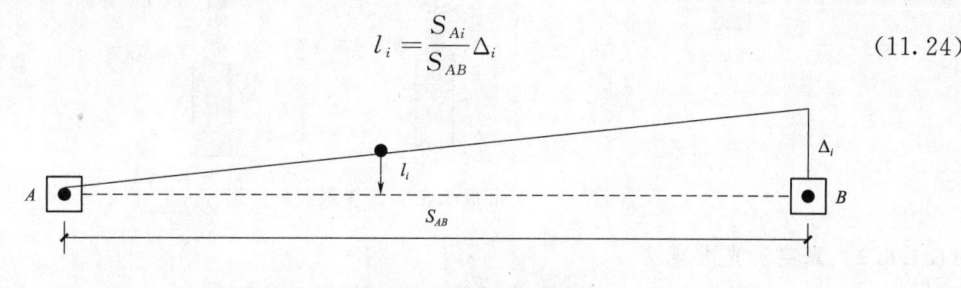

图 11.15 激光准直法观测的原理

2. 观测系统组成

波带板大气激光准直系统主要由点光源、波带板和接收靶三部分组成。

（1）点光源：由氦氖气激光管发出的激光束经聚光透镜聚焦在针孔光阑内，形成近似的点光源，照射至波带板，针孔光阑的中心即为固定工作基点的中心。

（2）波带板：波带板有圆形和方形两种，如图 11.16 所示。其作用是把从激光器发出的一束单色相干光汇聚成一个亮点（圆形波带板）或十字亮线（方形波带板），它相当于一个光学透镜。

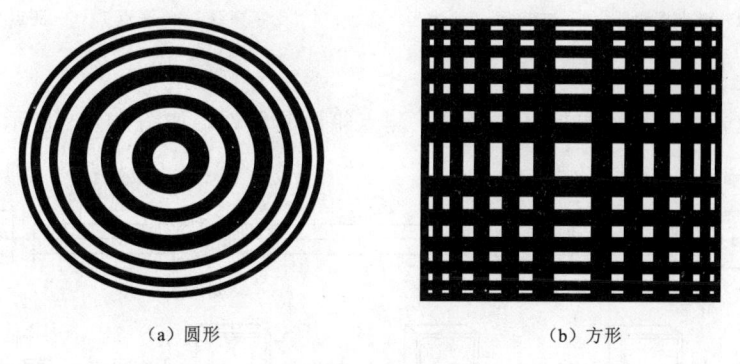

（a）圆形　　　　　　　　　　（b）方形

图 11.16 波带板

（3）接收靶：接收靶可采用普通活动觇牌按目视法接收，也可用光电接收靶进行自动跟踪接收。

3. 观测操作

第一步：将激光器和接收靶分别安置在两端固定工作基点 A、B，波带板安置在位移标点 P。

第二步：如图 11.17 所示激光器发出的激光束照准波带板后，在接收靶上形成一个亮点或"＋"字亮线，按照三点准直法，在接收靶上测定亮点或"＋"字亮线的中心位置，即可测定位移标点 P 的位置，从而利用式（11.20）计算出其偏离值。

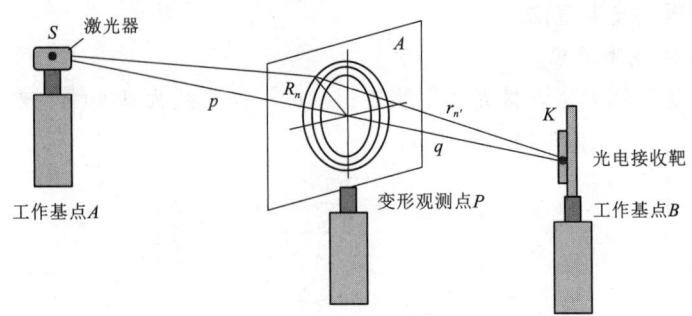

图 11.17 波带板激光准直观测水平位移

11.1.8.2 真空激光准直法

真空管激光准直系统分为激光准直系统和真空管道系统两部分。

1. 观测原理

真空激光准直法观测原理如图 11.18 所示。

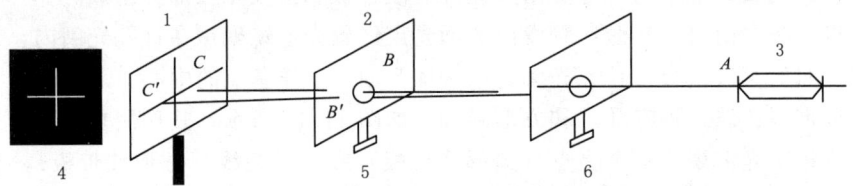

图 11.18 真空激光准直法观测原理

1—激光探测器；2—波带板；3—激光点光源；4—十字亮线；5—测点 1；6—测点 2

2. 系统组成

真空管激光准直系统包括真空管道、测点箱及其配件，如图 11.19 所示。

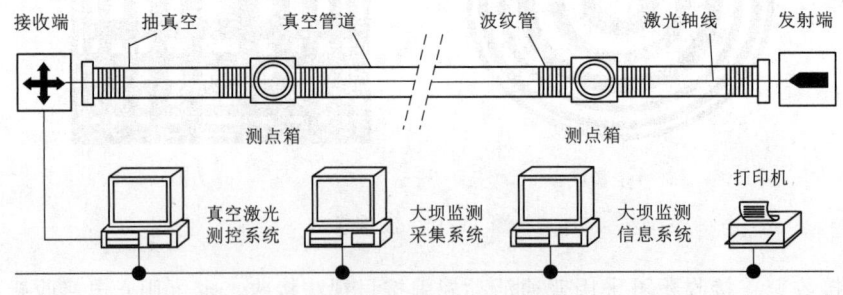

图 11.19 真空管光准直自动量系统示意图

3. 观测方法

(1) 抽真空。观测前启动真空泵，将无缝钢管内的空气抽出，使管内达到一定的真空度，一般应令真空度在 15Pa 以下，当真空度达到要求时，关闭真空泵，待真空度基本稳定后开始施测。

(2) 打开激光发射器。观察激光束中心从针孔光阑中心通过，否则应校正激光管的位置，使其达到要求，一般应令激光管预热半小时以上才开始观测。

(3) 启动波带板遥控装置进行观测。当施测 1# 点时按动波带板翻转遥控装置，令 1# 点的波带板竖起，其余各波带板倒下，当接收靶收到 1# 点的观测值后，再令 2# 点的波带板竖起，其余各波带板倒下，依次测至最后 $n^{\#}$ 测点，是为半测回，再从 $n^{\#}$ 点返测至 1# 点，是为一测回。

(4) 观测完毕关闭激光发射器。

真空激光准直法观测期读数及后期的数据处理均采用自动化系统来完成。

任务 11.2 垂 直 位 移 观 测

建筑物的垂直位移，通常也被称为沉降，垂直位移的观测，就是沉降观测。沉降分为整体沉降和局部沉降，宜采用几何水准或液体静力水准等测法。单个构件，可采用测微水准或机械倾斜仪、电子倾斜仪等测量方法。沉降的观测方法有精密水准法和三角高程法两种。精密水准法适用于混凝土坝；三角高程法适用于土坝（用全站仪）。

11.2.1 垂直位移监测网布设及观测标志

11.2.1.1 垂直位移监测网布设

垂直位移监测基准网应布设成环形网，并采用水准测量方法观测。垂直位移监测网通常和平面位移控制网同网布设，也可以单独布设，其布设类型有闭合导线网、附合导线网等。

始点高程宜采用测区原有高程系统。无条件时，高程系统可根据经验自定。对监测面积较大的工程，宜与国家或测区原有水准点联测。

中小型水坝的垂直位移监测精度，小型混凝土坝不应超超过 2mm，中型土石坝不应超过 3mm，小型土石坝不应超过 5mm。

11.2.1.2 水准基点标志的结构和埋设

1. 基准点埋设的有关规定

(1) 应将标石理设在变形区以外稳定的原状土层内，或将标志镶嵌在裸露基岩上。

(2) 应利用稳固的建（构）筑物设立墙测水准点。

(3) 当受条件限制时，在变形区内也可埋设深层钢管标或双金属标。

(4) 大型水工建筑物的基准点可采用平硐标志。

(5) 基准点的标石规格，可根据现场条件和工程需要进行选择。

2. 垂直变形观测点的分类

垂直变形观测点按用途可分为三种，即变形点、工作基点和基准点。

(1) 变形点（沉降观测点）：直接埋设在所要观测水工建筑物、构筑物上，它们和待测建（构）筑物一起移动，以表明建筑物空间位置的变化。

(2) 工作基点（水准点）：用来安置仪器，以便测定变形点高程的点，包括测站点、联系点、检核点和定向点等工作点。

(3) 基准点（水准基点）：是变形监测控制网的基础，通常埋设在水工建（构）筑物所影响的变形区域之外，便于长期保存且具有很好的稳定性，是建（构）筑物是否产生变形的参照点，如图 11.20 所示。

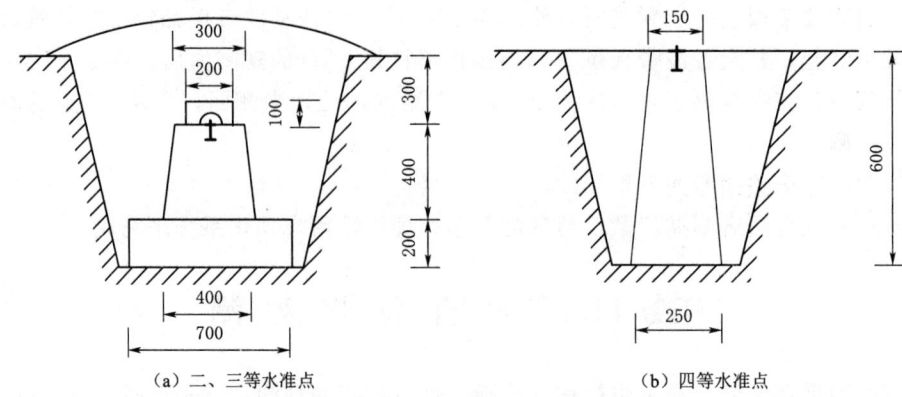

图 11.20　水准点的埋设结构（单位：mm）

3. 水准基点标志的结构和埋设

水准基点的标志有以下几种。

(1) 地表岩石标。若水工建（构）筑物在山区，高程基准点应尽可能埋设在基岩上。平坦地区覆盖层很浅时，可采用岩石类标志，如图 11.21 所示。

(2) 深埋金属管标志。深埋金属管标志，是指在覆盖层较厚的平坦地区，采用钻孔穿过土层和风化岩层达到基岩而埋设的钢管标志，如图 11.22 所示。

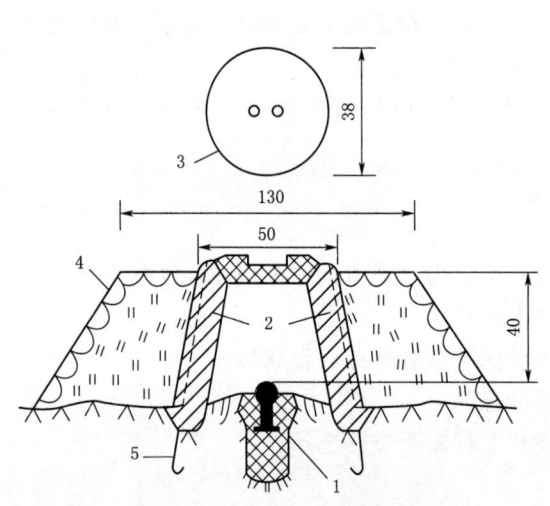

图 11.21　地表岩石标（单位：cm）
1—抗蚀的金属标志；2—钢筋混凝土井圈；
3—井盖；4—砌石土丘；5—井圈保护层

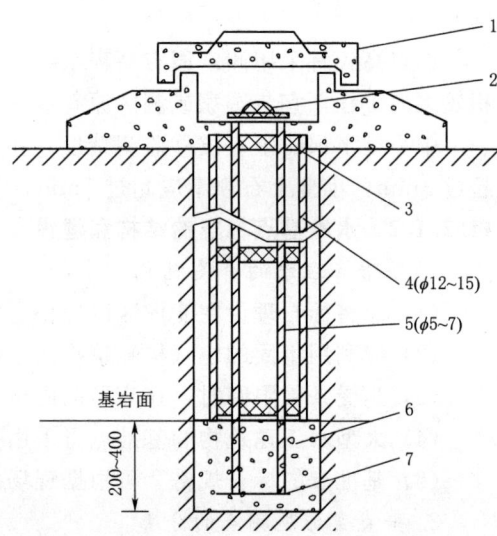

图 11.22　深埋金属管标剖面（单位：cm）
1—标盖；2—标心（有测温孔）；3—橡胶环；
4—钻孔保护钢管；5—心管（钢管）；6—混凝土
（或 M20 水泥砂浆）；7—心管封底钢板与根络

(3) 双金属标志。为了避免由于温度变化对标志高程的影响，可设计并埋设双金属标志，如图 11.23 所示。

(4) 普通混凝土标志。在平原地区非岩石地层上可埋设普通混凝土标志，长期使用的永久性基准点，其基础必须埋在最大冻深线以下 0.5m 深度内，如图 11.24 所示。

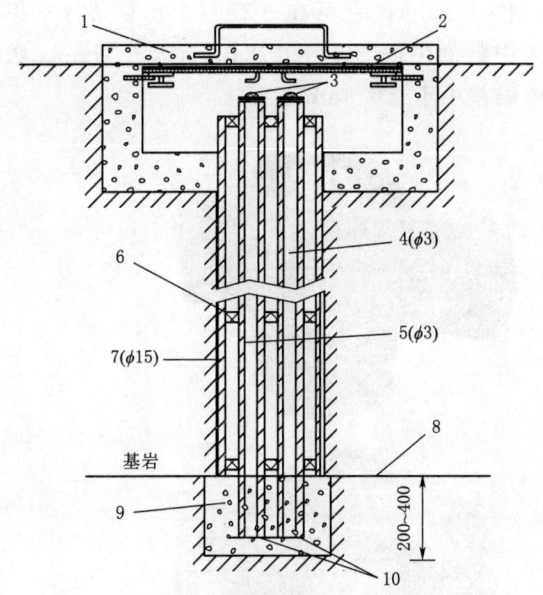

图 11.23 双金属管标剖面（单位：cm）

1—钢筋混凝土标盖；2—钢板标盖；3—标心；4—钢心管；5—铝心管；6—橡胶环；7—钻孔保护钢管；8—新鲜岩基面；9—M20 水泥砂浆；10—心管底板与根络

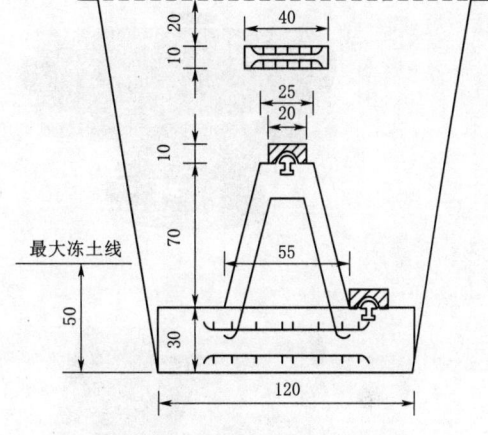

图 11.24 混凝土标（单位：cm）

测区工作基点应与基准点进行连测，以检查工作基点是否稳定，若不稳定，则加以改正。

垂直位移监测基准网的主要技术要求见表 11.4。

表 11.4　　　　　　垂直位移监测基准网的主要技术要求　　　　　　单位：mm

等级	相邻基准点高差中误差	每站高差中误差	往返较差、附合或环线闭合差	检测已测高差较差
一等	0.3	0.07	$0.5\sqrt{n}$	$0.2\sqrt{n}$
二等	0.5	0.15	$0.3\sqrt{n}$	$0.4\sqrt{n}$
三等	1	0.3	$0.6\sqrt{n}$	$0.8\sqrt{n}$
四等	2	0.7	$1.4\sqrt{n}$	$2.0\sqrt{n}$

大坝垂直位移测量的观测点，应沿坝轴线平行布设在能反映坝体变形的部位，并宜与水平位移观测点合设在一个标墩上。

水坝的垂直位移观测，相对于工作基点的高程中误差，中型混凝土坝不应超过 1mm，小型混凝土坝不应超过 2mm；中型土石坝不应超过 3mm，小型土石坝不应超过 5mm。

11.2.2 精密水准法观测垂直位移

11.2.2.1 精密水准仪及其设备

1. 精密水准仪和数字水准仪

精密水准仪和电子水准仪是进行国家一、二等水准测量及建（构）筑物沉降变形监测的主要仪器。

精密水准仪系指 DS05 及 DS1 级水准仪（图 11.25），它可在 -25~+45℃ 条件下正常工作，其精度分别能达到每千米往返测高差中数的中误差小于 ±0.5mm 及 ±1mm。数字水准仪的精度最高可达每千米往返测高差中误差小于 ±0.3mm。

图 11.25　精密水准仪（DS05 和 DS1）和数字水准仪

2. 精密水准尺

精密水准仪均附有配套的精密水准尺，水准尺本身的误差将直接影响它所测定的高程，使高程受到系统性的误差影响。因此，对精密水准尺必须提出较高的要求。

(1) 对精密水准尺的要求。

1) 尺长随湿度变化必须稳定或变化极小；

2) 尺的分划必须正确和精密，分划的偶然误差和系统误差均应很小；

3) 在构造上必须保证全尺长笔直，并不易发生弯曲变形；

4) 水准尺上必须附有圆水准器，观测中借以标定水准尺的垂直；

5) 尺的底部都必须钉上坚固耐磨的钢板，使其不易磨损。

(2) 精密水准尺的构造及规格。

精密水准尺一般都是制成线条式的，在木制的尺身中间做成尺槽。槽内安装一条厚 1mm、宽 26mm 的因瓦带，带的下端固定在水准尺金属地板上，上端用一定拉力的弹簧通过穿柱轴的杠杆拉紧，这样可以保持因瓦带的长度不受木制尺身长度伸缩的影响，尺的分划线刻在因瓦带上，而注记的数字则印在因瓦带两旁的木制尺面。

精密水准尺的规格长度有 1m、2m 和 3m。刻划注记有 10mm 和 5mm 两种。尺面分为基本分划和辅助分划。

1) 基辅分划尺。

基辅分划尺的分划值为 10mm，如图 11.26（a）所示，它有两排分划：尺面左边一排分划注记从 0 到 300cm，称为基本分划；右边一排分划注记从 300cm 到 600cm，称为辅助分划。同一高度的基本分划与辅助分划读数相差一个常数 3015.5mm，称为基辅差，通常又称尺常数 K。水准测量作业时可以用以检查读数的正确性。

2）奇偶分划尺。

分划值为 5mm 的精密水准标尺如图 11.26（b）所示。它也有两排分划，但两排分划彼此错开 5mm，左边是单数分划，右边是双数分划，也就是单数分划和双数分划各占一排，故又称为奇偶分划尺。它没有辅助分划的木质尺面，右边注记的是米数，左边注记的是分米数，整个注记从 0.1m 到 5.9m。实际分格值为 5mm；分划注记比实际数值大了一倍，所以用这种水准标尺所测得的高差值须除以 2 才是实际的高差值。如 2m 高的尺子注记为 4m。

11.2.2.2 精密水准仪的使用与读数

精密水准仪在使用上和一般水准仪是一样的，都需要进行整平、瞄准、读数等一系列操作，但在读数上有所不同。

1. 精密水准仪的读数

精密水准仪因型号和厂家的不同，其读数测微器的视窗也有所不同，使用前要进行读数练习。

如图 11.27 所示的读数视窗，米的读数为 1.48，分米的读数从测微器中读取，为 0.00655m，两次读数相加，即为最终尺读数，为 1.48655m。

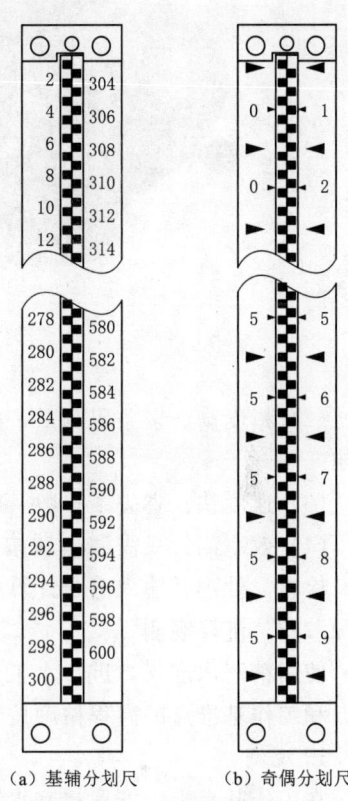

(a) 基辅分划尺　　(b) 奇偶分划尺

图 11.26　精密水准尺

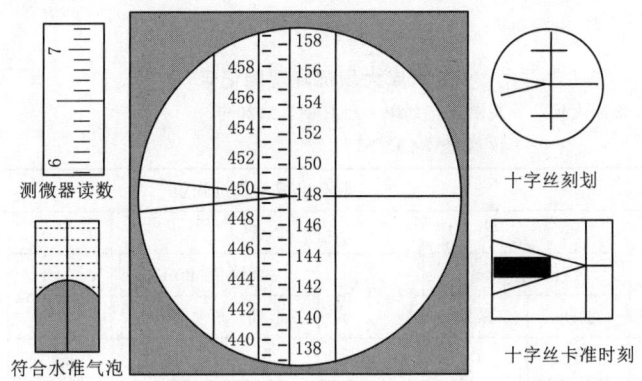

图 11.27　精密水准仪的读数

2. 数字水准仪的读数

数字水准仪配合条码尺来使用，通过显示屏自动读数，如图 11.28 所示。

与光学水准仪相比，数字水准仪有以下几个特点。

（1）读数客观。不存在读错、记错等问题，没有人为读数误差。

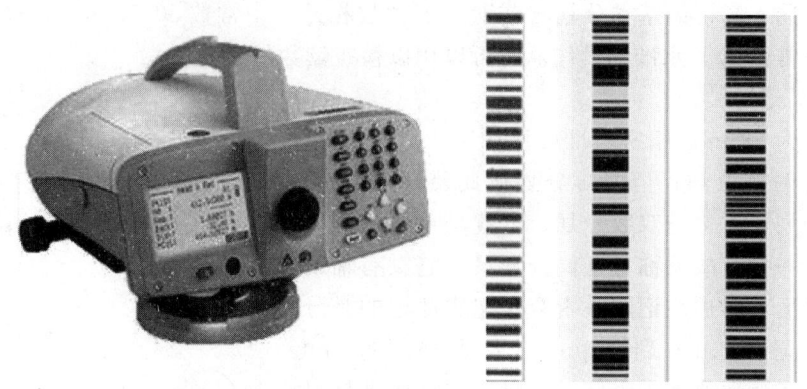

图 11.28 精密水准仪的读数

(2) 精度高。多条码测量,降低标尺分划误差,自动多次测量,削弱外界环境变化的影响。

(3) 速度快。省去了报数、听记、现场计算的时间以及人为出错的重测数量。

(4) 效率高。只需调焦和按键就可以自动读数,降低了劳动强度。视距还能自动记录、检核、处理并输入电子计算机进行后处理,可实现内外业一体化。

11.2.2.3 沉降观测

使用精密水准仪,进行水工建筑物的观测,在完成高程控制网布设,对控制网内的基准点和工作基准点的高程精确按照等级水准测量方法获得后,即可进行沉降点的观测。

1. 观测

在工作基点上,安置精密水准仪,变形点上架设水准尺,按照相应的等级要求,进行观测,将数据记录在表格中,计算各观测点的沉降累计值。表 11.5 为某水库大坝沉降观测记录。

表 11.5 某水库大坝沉降观测记录

建(构)筑物:××水库大坝　　观测者:刘阳　　日期:2020 年
仪器名称:苏一光　　　　　　仪器型号:DZS1

观测日期	观测点编号及沉降值								
	1点			2点			3点		
	高程/m	沉降值/mm		高程/m	沉降值/mm		高程/m	沉降值/mm	
		本期	累计		本期	累计		本期	累计
1月1日	9.5798	0	0	9.5804	0	0	9.5777	0	0
1月19日	9.5786	−1.2	−1.2	9.5794	−1.0	−1.0	9.5765	−1.2	−1.2
1月29日	9.5766	−2.0	−3.2	9.5782	−1.2	−2.2	9.5757	−0.8	−2.0
2月12日	9.5757	−0.9	−4.1	9.5775	−0.7	−2.9	9.5746	−1.1	−3.1
2月23日	9.5741	−1.6	−5.7	9.5761	−1.4	−4.3	9.5729	−1.7	−4.8
3月30日	9.5720	−2.1	−7.8	9.5741	−2.0	−6.3	9.5714	−1.5	−6.3
4月7日	9.5701	−1.9	−9.7	9.5730	−1.1	−7.4	9.5687	−2.7	−9.0

续表

观测日期	观测点编号及沉降值								
	1点			2点			3点		
	高程/m	沉降值/mm		高程/m	沉降值/mm		高程/m	沉降值/mm	
		本期	累计		本期	累计		本期	累计
5月2日	9.5674	−2.7	−12.4	9.5702	−2.8	−10.2	9.5668	−1.9	−10.9
6月4日	9.5663	−1.1	−13.5	9.5689	−1.3	−11.5	9.5653	−1.5	−12.4

表 11.5 中的本期值是指相邻两次观测的沉降量；累计值是指从建筑物建设完成、最初的观测记录开始，截止到目前相应观测时间点的累计值。

2. 绘图

根据表 11.5 观测记录的累计值，绘制沉降观测累计值图，如图 11.29 所示。

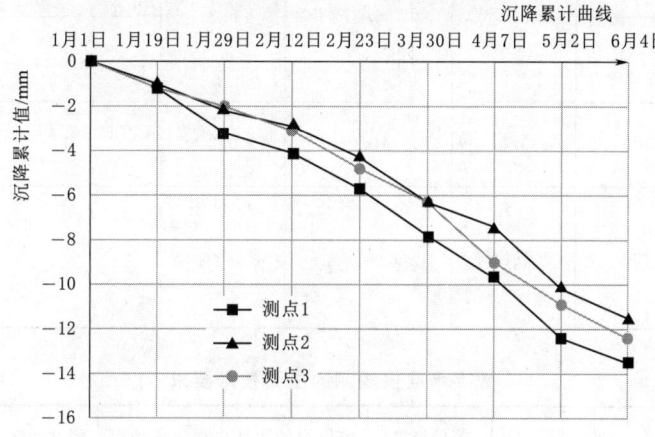

图 11.29　沉降观测累计值图

11.2.2.4　沉降观测的有关要求

1. 仪器要求

水准测量所使用的仪器及水准尺应符合下列规定：

（1）水准仪视准轴与水准管轴的夹角 i，DS1、DSZ1 型不应超过 15″，DS3、DSZ3 型不应超过 20″；

（2）补偿式自动安平水准仪的补偿误差 Δa，二等水准不应超过 0.2″，三等水准不应超过 0.5″；

（3）水准尺上的米间隔平均长与名义长之差，线条式因瓦水准尺不应超过 0.15mm，条形码尺不应超过 0.10mm，木质双（单）面水准尺不应超过 0.50mm。

2. 对水准点的布设与埋石的要求

（1）点位应选在稳固地段或稳定的建筑物上，并应方便寻找、保存和引测；

（2）采用数字水准仪观测时，水准路线还应避开电磁场的干扰；

（3）点位埋设完成后，二、三等点应绘制点之记，四等及以下控制点可根据工程需要确定，必要时可设置指示桩。

水准观测应在标石埋设稳定后进行，水准观测宜采用数字水准仪和条形码水准尺作业，也可采用光学水准仪和线条式因瓦尺或黑红面水准尺作业。

3. 观测主要技术要求

光学经纬仪和数字经纬仪观测的主要技术要求，应符合表11.6和表11.7的规定。

表11.6　　　　　　　光学水准仪观测的主要技术要求

等级	水准仪级别	视线长度/m	前后视距差/m	任一测站上前后视距差累积/m	视线离地面最低高度/m	基、辅分划或黑、红面读数较差/mm	基、辅分划或黑、红面所测高差较差/mm
二等	DS1 DSZ1	50	1.0	3.0	0.5	0.5	0.7
三等	DS1 DSZ1	100	3.0	6.0	0.3	1.0	1.5
三等	DS3 DSZ3	75	3.0	6.0	0.3	2.0	3.0
四等	DS3 DSZ3	100	5.0	10.0	0.2	3.0	5.0
五等	DS3 DSZ3	100	近似相等	—	—	—	—

表11.7　　　　　　　数字水准仪观测的主要技术要求

等级	水准仪级别	水准尺类别	视线长度/m	前后视的距离较差/m	前后视的距离较差累积/m	视线离地面最低高度/m	测站两次观测的高差较差/mm	数字水准仪重复测量次数
二等	DSZ1	条码式因瓦尺	50	1.5	3.0	0.55	0.7	2
三等	DSZ1	条码式因瓦尺	100	2.0	5.0	0.45	1.5	2
四等	DSZ1	条码式因瓦尺	100	3.0	10.0	0.35	3.0	2
四等	DSZ1	条码式玻璃钢尺	100	3.0	10.0	0.35	5.0	2
五等	DSZ3	条码式玻璃钢尺	100	近似相等	—	—	—	—

两次观测高差较差超限时应重测。重测后，二等水准应选取两次异向观测的合格结果，其他等级应将重测结果与原测结果分别比较，较差不超过限值时，取两次测量结果的

平均数。

4. 跨河精密水准测量的要求

当精密水准测量路线需跨越江河、湖塘、宽沟、洼地、山谷等时，应符合下列规定。

(1) 水准作业场地应选在跨越方便的地方，标尺点应设立木桩或选择符合要求的固定标志。

(2) 两岸测站和立尺点应对称布设；跨越距离小于 200m 时，可采用单线过河；大于 200m 时，应采用双线过河并组成四边形闭合环，如图 11.30 所示。

(3) 往返较差、环线闭合差应符合表 11.8 的规定。

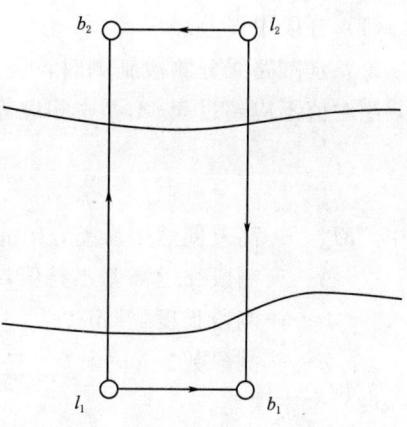

图 11.30 跨河四边形水准测量

表 11.8 水准测的主要技术要求

等级	每千米高差全中误差/mm	路线长度/km	水准仪级别	水准尺	观测次数		往返较差、附合或环线闭合差	
					与已知点联测	附合或环线	平地/mm	山地/mm
二等	2	—	DS1、DSZ1	条码因瓦、线条式因瓦	往返各一次	往返各一次	$4\sqrt{L}$	—
三等	6	50	DS1、DSZ1	条码因瓦、线条式因瓦	往返各一次	往一次	$12\sqrt{L}$	$4\sqrt{n}$
			DS3、DSZ3	条码式玻璃钢、双面		往返各一次		
四等	10	16	DS3、DSZ3	条码式玻璃钢、双面	往返各一次	往一次	$20\sqrt{L}$	$6\sqrt{n}$
五等	15	—	DS3、DSZ3	条码式玻璃钢、单面	往返各一次	往一次	$30\sqrt{L}$	

(4) 跨河水准观测的主要技术要求见表 11.9。

表 11.9 跨河水准观测的主要技术要求

跨越距离/m	观测次数	单程测回数	半测回远尺读数次数	测回差/mm		
				三等	四等	五等
<200	往返各一次	1	2	—	—	—
200~400	往返各一次	2	3	8	12	25

当跨越距离小于 200m 时，也可采用在测站上变换仪器高度的方法，两次观测高差较差不应超过 7mm，取平均值作为观测高差。

5. 观测数据处理的要求

水准测量的数据处理应符合下列规定。

(1) 分段中误差。

每条水准路线分测段施测时，应按式（11.25）计算每千米水准测量的高差偶然中误差，绝对值不应超过表11.8中相应等级每千米高差全中误差的1/2。

$$M_\Delta = \sqrt{\frac{1}{4n}\left[\frac{\Delta\Delta}{L}\right]} \quad (11.25)$$

式中　M_Δ——高差偶然中误差，mm；

　　　Δ——测段往返高差不符值，mm；

　　　L——测段长度，km；

　　　n——测段数。

(2) 全中误差。

水准测量结束后，应按式（11.26）计算每千米水准测量高差全中误差，绝对值不应超过表11.8中相应等级的规定。

$$M_W = \sqrt{\frac{1}{N}\left[\frac{WW}{L}\right]} \quad (11.26)$$

式中　M_W——高差全中误差，mm；

　　　W——附合或环线闭合差，mm；

　　　L——计算各W时，相应的路线长度，km；

　　　N——附合路线和闭合环的总个数。

当二、三等水准测量与国家水准点附合时，高山地区应进行正常位水准面不平行改正和重力异常归算改正；各等级水准网，应按最小二乘法进行平差并计算每千米高差全中误差。

高程成果的取值。二等水准应精确至0.1mm，三、四、五等水准应精确至1mm。

11.2.3　液体静力水准法观测垂直位移

在地面、地基或建（构）筑物各变形点间的沉降较小，其沉降量的精度要求较高，且不便于进行几何水准测量的情况下，可采用液体静力水准测量。

11.2.3.1　液体静力水准测量原理

液体静力水准测量方法的基本原理就是物理学中的"连通管"原理。两端开口的U形管注入液体后，液体在大气压力和重力的作用下，最终会保持在同一个水平面。

如图11.31所示，A、B两点的高差

$$\Delta h_{AB} = H_A - H_B = b - a$$

A、B是沉降变形监测点，当这两点之中有任意一点发生竖向沉降，则通过读取联通器上的液体容器器壁上的刻度读数，就可以测出AB两点之间的沉降差Δh_{AB}。

各种液体静力水准仪在原理上没有本质区别，区别仅仅在于测取液面高度的方法不同。各种不同的方法又对液体静力水准的使用范

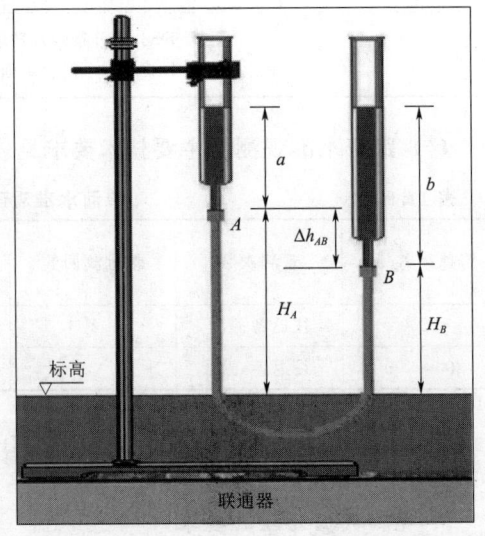

图11.31　液体静力水准测量原理

围、观测精度以及工作效率起着非常重要的作用。

11.2.3.2 液体静力水准仪的分类

按照读取方式，液体静力水准仪分为人工目测读取和数字化自动读取两种。

按照液位测量的方式，液体静力水准仪可分为磁致伸缩、超声波、压差式三种。

1. 磁致伸缩静力水准仪

磁致伸缩是指铁磁质中磁化方向的改变会引起介质晶格间距的改变，从而使铁磁质的长度和体积发生改变的现象。磁致伸缩静力传感器是利用磁致伸缩效应，利用两个不同磁场相交时产生的应变脉冲信号被检测到的时间来计算出磁场相交点的准确位置，从而测量出液位的高度。

在磁致伸缩静力水准仪的传感器测杆外配有一浮子，浮子可以沿测杆随液位的变化而上下移动。在浮子内部有一组永久磁环。当脉冲电流磁场与浮子产生的磁环磁场相遇时，浮子周围的磁场发生改变从而使由磁致伸缩材料做成的波导丝在浮子所在的位置产生一个扭转波脉冲，这个脉冲以固定的速度沿波导丝传回并由检出机构检出。通过测量脉冲电流与扭转波的时间差可以精确地确定浮子所在的位置，即液面的位置，如图 11.32 所示。

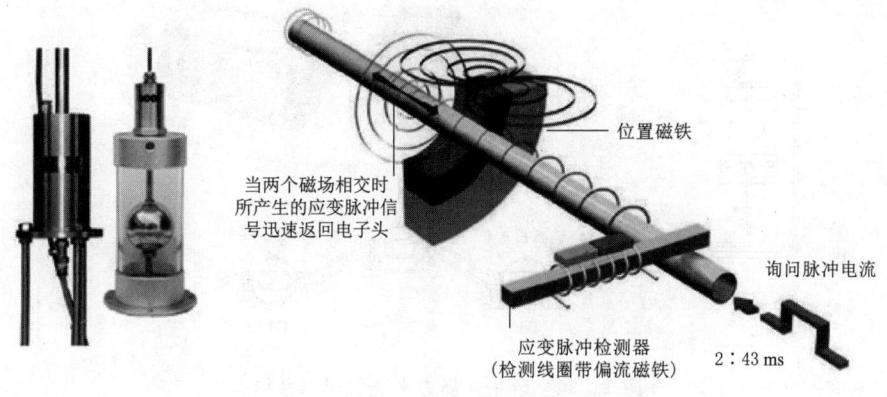

图 11.32 磁致伸缩静力水准仪及工作原理

磁致伸缩静力水准仪的优缺点：

磁致伸缩静力水准仪价格较为便宜，较多地用于石油、化工原料储存、生化、医药、食品饮料、大坝水位、水库水位监测与污水处理等。

磁致伸缩静力水准仪的测量精度为 1mm，测量的是浮子的移动高度，能够直观地通过透明罐体看到液位的变化。

因使用浮子，其存在移动的部件，且体积难以缩小，某些地方使用受限；量程更是受限，常规为 100~200mm，很难做到大量程。

由于是靠磁场变动来获取液位变动的，因此其抗电磁干扰能力较弱，不建议在电厂、高铁接触网、大型电力设备附近使用。

温度变化较大会导致浮力变化，带来较大的系统误差。因此其适合在相同的气温下做数据的对比。在昼夜温变较为剧烈的地方必须做防热、隔热处理。

2. 超声波静力水准仪

超声波静力水准仪的基本原理和磁致伸缩静力水准仪相同，所不同的是用超声波来测量液位的高度。如图 11.33 所示，由装在仪器底部的超声波探头发出超声波信号，到达液面被反射回来，根据探头接收到反射回波的时间差与超声波在液体中的传播速度，可以算出液体高度。

3. 压差式静力水准仪

压差式静力水准仪利用帕斯卡传递液体压力的原理，压力传感器检测的压力仅与整个系统中液面的最高位置有关，因此体积可以做得非常小，便于安装使用。

压差式静力水准仪观测系统由静力水准仪、基准罐和连接管三部分组成，其观测系统如图 11.34 所示。

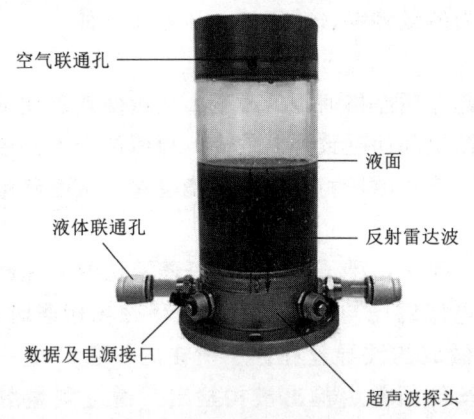

图 11.33 超声波静力水准仪

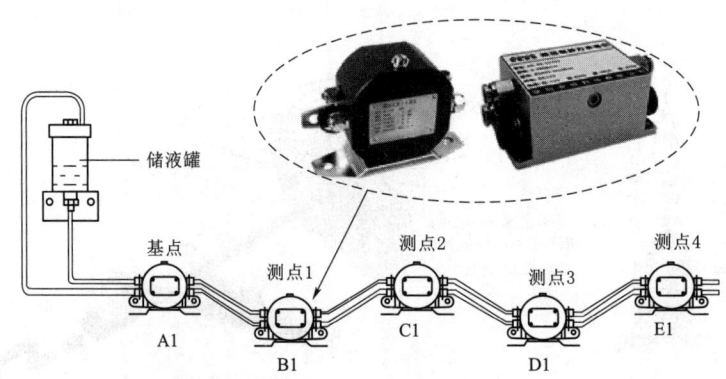

图 11.34 压差式静力水准仪观测系统

压差式静力水准仪优点：

(1) 安装方便：压差式静力水准仪是测量液体的压力而非高度，相比其他原理的静力水准仪，体积最小，因此安装方便。

(2) 量程大：压差式静力水准仪的量程大小与体积无关，因此可选用大量程的液体压力传感器。量程通常在 100~4000mm。较大的量程在安装时可以不必进行严格的抄平安装。

(3) 结构简单：压差式静力水准仪中的液体仅起到传递压力波的作用，无流动，因此无须任何活动部件。其具有结构简单、使用方便的特点。

(4) 不受电磁干扰：压差式静力水准仪由于结构简单、紧凑，通常使用整体铝合金外壳，具有屏蔽外界电磁干扰的作用。

(5) 精度高：压差式静力水准仪通常使用扩散硅压力传感器实现压力测量。通常压力传感器的精度 0.1%FS。比如 1m 的量程精度为 1mm，分辨率为 0.1mm。

11.2.3.3 液体静力水准仪的读数方法

1. 目视法

目视法适用于非数字显示的液体静力水准仪，采用容器壁上分划线的读数，直接目视读取液面的位置。根据静力水准仪的类型和结构的不同，其读数方法也有所不同，如图 11.35 所示。

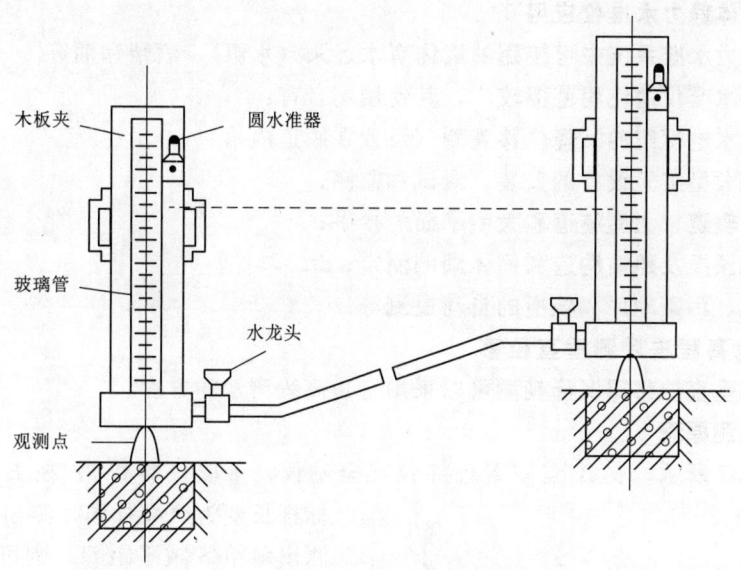

图 11.35 目视法读数

该法由于刻划误差以及人眼分辨率的限制，很难达到较高的精度，一般为 ±1mm。这种方法更适合结构简单、使用方便的液体静力水准仪。

2. 目视接触法

目视接触法是利用转动测微器（测微圆环），带动触针（水位指针）上下移动的方法，如图 11.36 所示。根据光学折射原理，在液体表面上下方，可同时观测到触针的实像和虚像。移动触针并观测液体表面，当触针尖端的两象正好接触时，说明此时触针尖端正好与液体表面接触，由目视测定，而液面位置读数则由测微器读出。

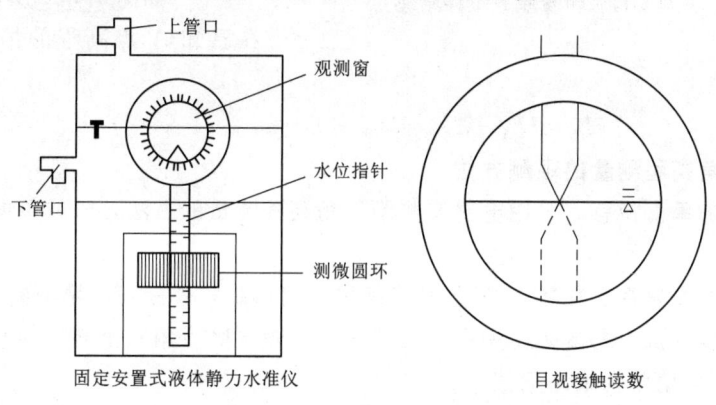

图 11.36 目视接触法读数

该法具有较高的精度,其最小读数可达 0.01mm。

上述的两种读数法的缺点是不能实现观测自动化,不能进行连续观测。

3. 数显读数

目前,新型液体静力水准仪基本都是数显读数,可以远传自动遥测,避免了人为的读数误差,可以进行连续监测,效率高,测量精准。

11.2.3.4 液体静力水准仪应用

在液体静力水准系统中可使用的液体有水、汞(水银)、酒精和油等。

液体静力水准仪的使用范围较广,其使用场合有:

(1) 大型水电枢纽的沉降位移观测(设置在廊道内);
(2) 现代大型实验设备的安装、调试和监测;
(3) 高速轨道、大型隧道和大型平面的抄平;
(4) 地震预报及地质构造和固体潮的测定;
(5) 辐射、污染地区和场所的自动遥测等。

11.2.4 三角高程法观测垂直位移

土石坝的垂直位移即沉降观测可以采用三角高程测量的方法。

11.2.4.1 观测原理

如图 11.37 所示,在 A 点安置经纬仪或全站仪,量取仪器高 i;在 B 点竖立标杆,标杆长度为照准杆顶,测出竖直角 α,再测出斜距 S 或平距 D,则可计算 A、B 的高差 h_{AB}。

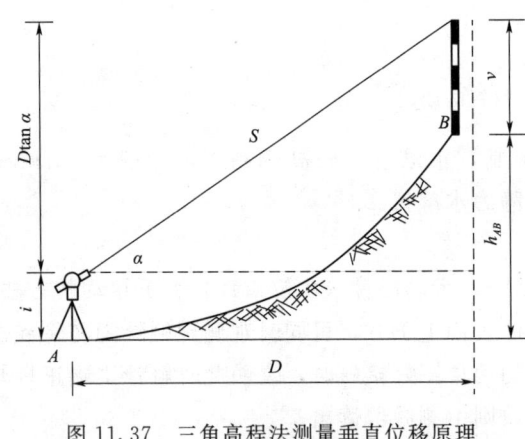

图 11.37 三角高程法测量垂直位移原理

A、B 两点的高差计算公式为

$$h_{AB} = D\tan\alpha + i - \nu + f \quad (11.27)$$

式中 i——仪器高;

ν——尺读数;

f——球气差,$f = 0.43\dfrac{D^2}{R}$;

R——地球平均半径,取 6731km,如图 11.38 所示。

在已知 A 点高程的情况下,求算 B 点的高程为

$$H_B = H_A + h_{AB} = H_A + D\tan\alpha + i - \nu + f \quad (11.28)$$

11.2.4.2 三角高程测量的观测方法

对于土坝的垂直位移,采用电磁波测距三角高程测量的方法,采取单向观测,具体观测方法如下。

(1) 将仪器安置在工作基点 A 上,精确量取仪器高和觇标高,精确到 0.1mm。
(2) 瞄准监测点上的觇标,用中丝法或三丝法观测竖直角六个测回。竖直角较差不大于 10″,取其平均值作为最终角值。
(3) 用电磁波测距仪测量两点间倾斜距离 S,应采用不低于 Ⅱ 级精度的测距仪。

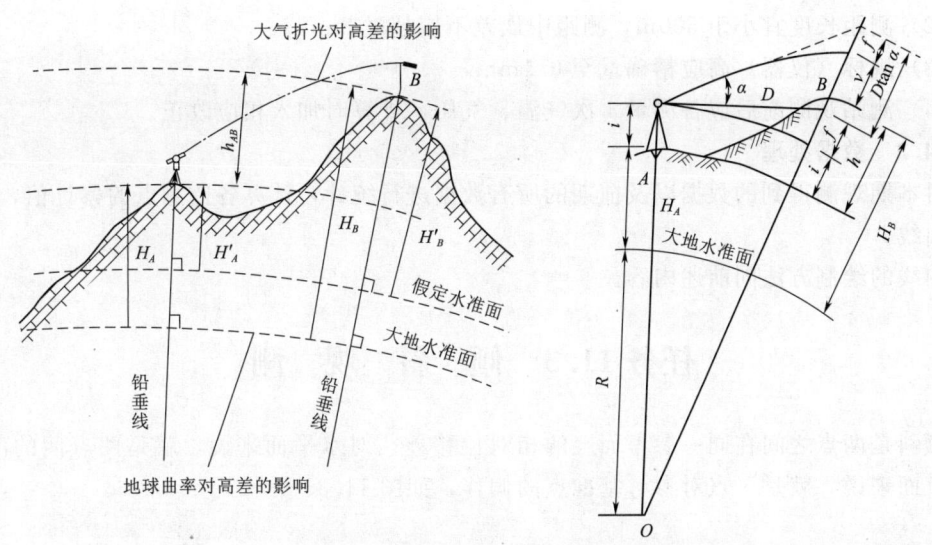

图 11.38 地球曲率及大气折光率的影响

(4) 将观测的数据填入表 11.10 并计算出本期观测高差值。

表 11.10　　　　　　　　电磁波测距三角高程观测计算表

项　目	监测点1号	监测点2号	监测点3号
	本期	本期	本期
水平距离 D	481.38	488.01	365.24
竖直角 α	11°20′00″	6°34′30″	12°24′30″
仪器高 i	1.495	1.576	1.528
目标高 v	2.405	2.503	1.864
两差改正 f	0.015	0.016	0.090
高差 h	95.94	55.338	80.113

(5) 计算垂直位移改变值，见表 11.11。

表 11.11　　　　　　　　电磁波测距三角高程沉降计算表

监测点号	前期	本期	沉降值/mm	备　注
1号	95.937	95.940	3	
2号	55.332	55.338	6	
3号	80.109	80.113	4	
…	…	…	…	

电磁波测距三角高程测量单向观测法的主要技术应符合下列要求：

(1) 垂直角宜采用 1″级仪器中丝法对向观测各六测回，测回间垂直角较差不应大于 6″。

(2) 测距长度宜小于 500m，测距中误差不应超过 3mm。

(3) 觇标（仪器）高应精确量至 0.1mm。

(4) 测站观测前后应各测量 1 次气温、气压，计算时加入相应改正。

11.2.4.3 数据处理

对本期观测得到的数据以及前期的所有数据进行统计，计算各监测点的累计值，绘制沉降曲线。

曲线的绘制方法同前述内容。

任务 11.3 倾 斜 观 测

倾斜是两点之间在同一参考面上的相对位移差。对水平面来说，就是两点间的沉降；对垂直面来说，就是一点对参考基准点的偏移，如图 11.39 所示。

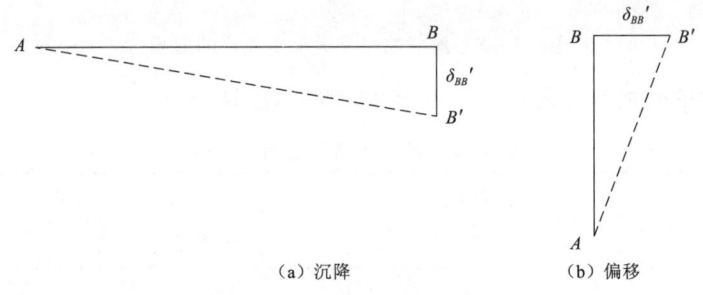

图 11.39 沉降与偏移示意图

水工建（构）筑物倾斜观测是测定建筑物顶部相对于底部基准的竖向或横向位移，分别计算整体或分层的倾斜度、倾斜方向以及倾斜速度。

由于水工建筑物、构筑物属于建（构）筑物自身内部对某参考基准的相对变形，因此倾斜观测可不设置位移基准点。

倾斜观测常用的方法有正倒垂线法、精密水准法和测斜仪法等。

11.3.1 正倒垂线法

坝体挠度观测方法有正垂线法和倒垂线法两种。挠度观测点，混凝土坝布置在坝高最大断面处；拱坝布置在拱冠处；土石坝布置在校核基准点处，其底部装置放在灌浆廊道里。

11.3.1.1 观测装置与仪器设备

1. 正垂线

正垂线是在坝的上部悬挂带重锤的不锈钢丝（图 11.41），利用地球引力使钢丝铅垂这一特点，来测量坝体的水平位移。其有多点夹线法和多点观测法两种。

多点夹线法是在坝体不同高程处设置夹线装置作为测点，观测仪设置在垂线最低点处的观测墩上进行观测，在垂线上各观测点处埋设活动夹线装置。从上到下顺次夹紧钢丝上端，当垂线由某一夹线装置夹紧时，在测墩处可测得夹线点相对于测点的水平位移，从而求得坝体的挠度，如图 11.40（a）所示。

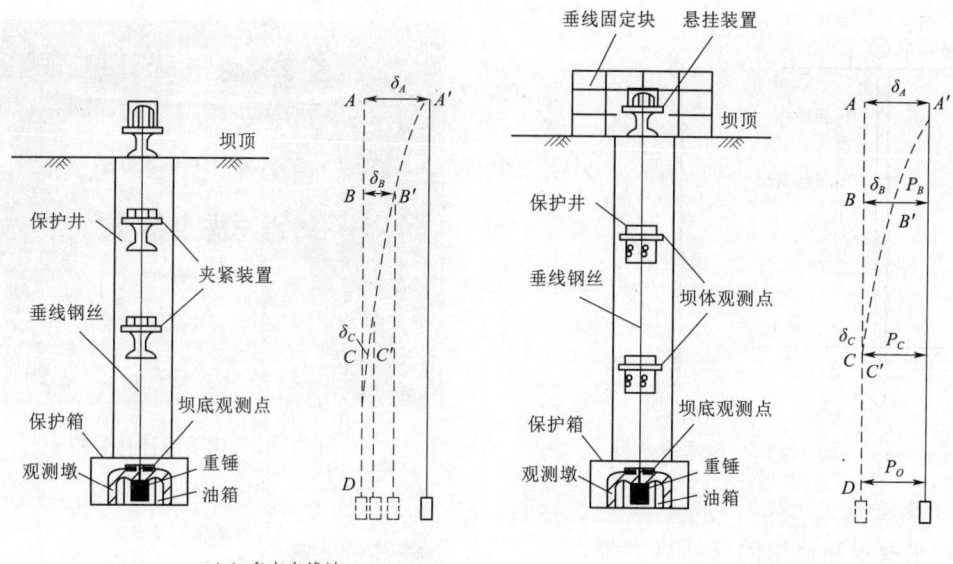

(a) 多点夹线法 (b) 多点观测法

图 11.40 正垂线

多点观测法是只在坝顶悬挂钢丝，在坝体不同高程处设置观测点，测量坝顶与各测点的相对水平位移来求得坝体挠度，如图 11.40（b）所示。

图 11.41 正垂装置

2. 倒垂线

倒垂线是将一根不锈钢丝的下端埋设在大坝地基深层基岩内，上端连接浮体，浮体漂浮于液体上（图 11.43）。由于浮力始终铅直向上，故浮体静止的时候，必然与连接浮体的钢丝向下的拉力大小相等、方向相反，亦即钢丝与浮力同在一条铅垂线上。由于钢丝下端埋于不变形的基岩中，因此钢丝就成为空间位置不变的基准线。只要测出坝体测点到钢丝距离的变化量，即为坝体的水平位移。

倒垂线装置如图 11.42 所示。

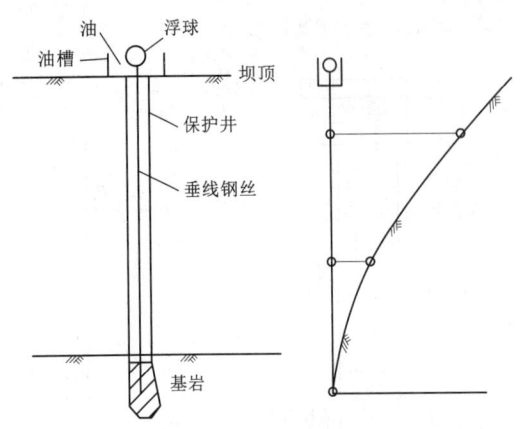

图 11.42 倒垂线

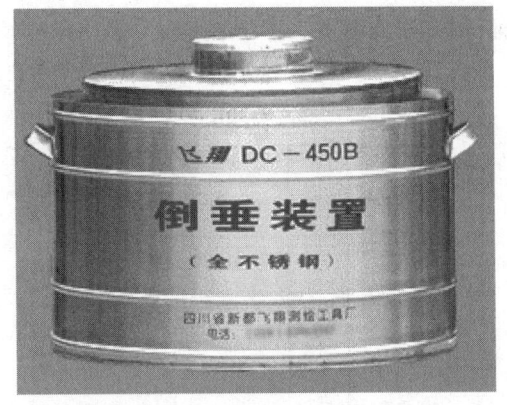

图 11.43 倒垂线浮托装置

3. 倒垂线观测仪

倒垂线观测使用的仪器有多种，分为光学垂线仪（图 11.44）、机械垂线仪与遥测垂线仪三类。不同仪器的操作方法不同，读数系统也略有差异，可参见仪器的使用说明。每次观测前，对光学垂线仪还应在专用检查墩上进行零点检查。

11.3.1.2 现场观测

1. 倒垂线法的测前检查和现场观测

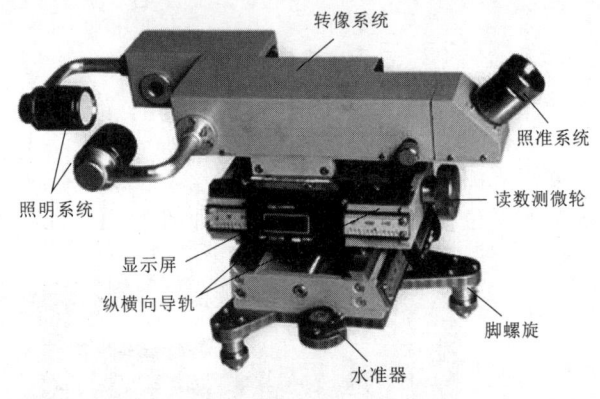

图 11.44 光学垂线仪

（1）倒垂线法的测前检查。

1）检查钢丝的张紧程度，使钢丝的拉力每次观测达到基本一致。其方法是在钢丝长度不变的情况下，观测油箱的油位指示，使油位每次保持一致，浮力即一致，钢丝的拉力也就一致了。

2）检查浮筒是否自由移动。检查浮筒是否能在油箱中自由移动，做到静止时浮筒不能接触油箱。浮筒重心不能偏移，人为拨动浮筒后应回复到原来位置。

3）检查防风措施，要避免气流对浮筒和钢丝的影响。检查完毕后，应待钢丝稳定一段时间才进行观测。

（2）倒垂线法的现场观测。

观测时，将仪器安放在底座上，置中调平，照准测线，分别读取 x 轴与 y 轴（即左右岸与上下游）方向读数各两次，取平均值作为测回值。每测点测两个测回，两测回间需要重新安置仪器。读数限差与测回限差分别为 0.1mm 与 0.15mm。观测中照明灯光的位置应固定，不得随意移动。

光学数显观测仪的操作使用步骤如下。

1）将仪器轻放在测站底板上，脚螺旋对准底座上的三个 V 形槽使仪器强制对中，然后用脚螺旋调平仪器，如图11.45所示。

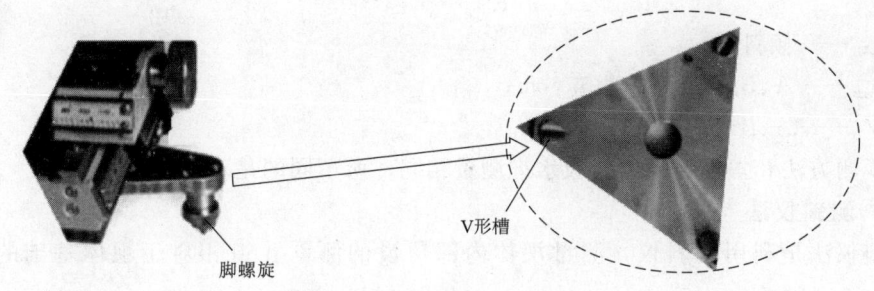

图11.45 测垂仪安置底板

2）仪器旋转180°，看圆水准器气泡是否仍然居中，若有变化，需经调整。

3）放置好照明系统，接通电源，此时可在目镜中看到十字丝分划板像，旋转视度调节圈，直至影像最清晰为止。

4）旋转纵横向导轨手轮，用肉眼观测钢丝成像，使其大致位于纵、横向光路中间。

5）旋转横向导轨手轮，此时能在视场中看到竖线像，慢慢转动手轮，直至竖线像正确夹于纵丝中央。

6）旋转纵向导轨手轮，此时能在视场中看到横线像，慢慢转动手轮，直至横线像正确夹于横丝中央。

7）为了提高瞄准精度，可重复打开（熄灭）其中一个照明灯，精确对准竖（横）线像，直至满意为止。

必须注意的是，每次瞄准时，旋转纵横向导轨手轮应是同一方向，即同是旋进或旋出方向，防止螺杆/螺母传动副产生空回误差影响观测结果。

8）分别记录下纵/横向分划尺和相应测微轮的数值。根据观测大纲，重复瞄佳、测量若干次，经过计算得到一测回观测中误差和平均值作为观测成果。

9）收回照明系统，将仪器移至下一测点继续进行观测作业。

2. 正垂线法的现场观测

正垂线观测使用的仪器和观测方法与倒垂线相同。首先是挂上重锤，安置整平仪器，待钢丝稳定后即可进行观测。观测顺序是自上而下逐点观测为第一测回，再自下而上观测为第二测回。每测回测点要照准两次、读数两次。两次读数差小于0.1mm，测回差小于0.15mm。

由于正垂线是悬挂在本身产生位移的坝体，只能观测与最低测点之间的相对位移。为了观测坝体的绝对位移，可将正垂线与倒垂线联合使用，即将倒垂线观测台与正垂线最低测点设在一起，测出最低点正垂线至倒垂线的距离，即可推算出正垂线各测点的绝对位移。

11.3.2 精密水准法

精密水准法是利用精密水准仪，用水准测量的方法，测出坝顶任意两个观测点A、B的沉陷值W_A、W_B，根据两点沉陷值的差值（即相对沉陷值）和两点间的距离L_{AB}，计算出两点间的平均倾斜值δ_{AB}。

$$\delta_{AB} = \frac{W_B - W_A}{L_{AB}} \tag{11.29}$$

式中 δ_{AB}——倾斜值；

L_{AB}——A、B 两点间的距离，m；

W_A、W_B——A、B 点的沉陷值，mm。

其观测方法和常规普通的等级水准测量相同，所不同的是观测使用的仪器。

11.3.3 测斜仪法

测斜仪法是利用测斜仪，测量坝体内部留设的测斜孔道相对于坝体基础的倾斜位移量。

11.3.3.1 测斜原理及测斜仪

1. 测斜原理

在坝体内部埋入一种柔性的测斜管，测斜管内部有两组互成 90°的导向槽，固定在测斜仪上的一组导向轮沿测斜管导向槽上下移动，可测出测斜管每段管轴线与铅直线方向所成的倾角，从而可以计算出测斜管轴线的空间位置，如图 11.46 所示。如测斜管与土体变形一致，则可知土体变形的情况。

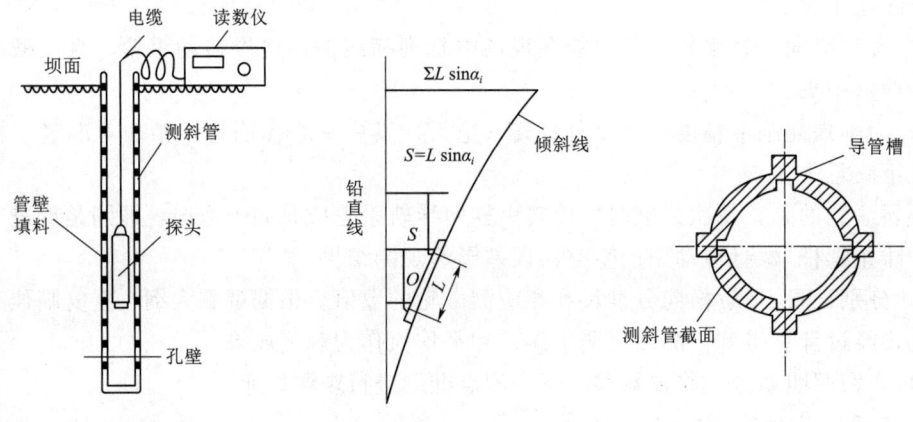

图 11.46 测斜仪测斜原理

2. 测斜仪

测斜仪是用来测量孔道倾斜的仪器，一般由探头、电缆、数据采集仪（读数仪）等组成。探头内装有传感器，其有伺服加速度计式、电阻应变片式、钢弦式、差动电阻式等多种型式，目前使用最多的是伺服加速度式。与测斜仪配套使用的是预先埋入坝体的内壁有导槽的测斜管道。测斜仪及探头构造如图 11.47 所示。

测斜仪的工作原理是测斜管轴线与铅垂线的夹角变化量，从而计算出土层各点的水平位移大小。通常在坝内埋设一具有垂直并互成 90°四个导槽的管子，当管子受力发生变形时，将测斜仪探头放入测斜管导槽内，逐段（一般 50cm 一个测点）量测变形后管子的轴线与垂直线的夹角 α_i，并按测点的分段长度，分别求出不同高程处的水平位移增量 s，即 $S = L\sin\alpha_i$。

测斜管道由测斜管、连接管、管座、管盖等几部分组成。

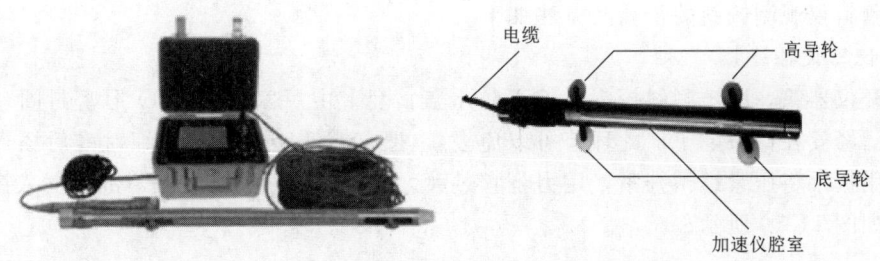

图 11.47　测斜仪及探头构造

测斜管是用聚氯乙烯、ABS（丙烯腈-丁二烯-苯乙烯）塑料、铝合金等材料制成，管内有互成 90°的四个导向槽，塑料测斜管尺寸多为内径 $\phi 58mm$、外径 $\phi 70mm$、长度分 2m、3m、4m 三种。

连接管多采用聚氯乙烯塑料管制成。连接管的尺寸为内径 $\phi 70mm$、外径 $\phi 82mm$，长度分 300mm、400mm 两种。在管壁的两端铣制有滑动槽各 4 条或仅一端铣制滑动槽 4 条，各槽相隔 90°。

管座装在测斜管底端，与管外径匹配，防止泥砂从管底端进入管内的一个安全护盖。管盖扣到测斜管管口，防止杂物从管口掉入管内影响正常观测工作，其由聚氯乙烯制成，外形尺寸同管座，如图 11.48 所示。

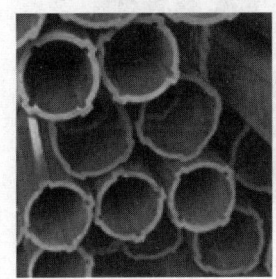  

图 11.48　测斜管及配件

11.3.3.2　使用测斜仪观测坝体倾斜

用测斜仪观测坝体内预设孔的倾斜度，来整体上判断坝体的内部变形及总体的水平位移。测斜孔在坝体内的布置如图 11.49 所示。

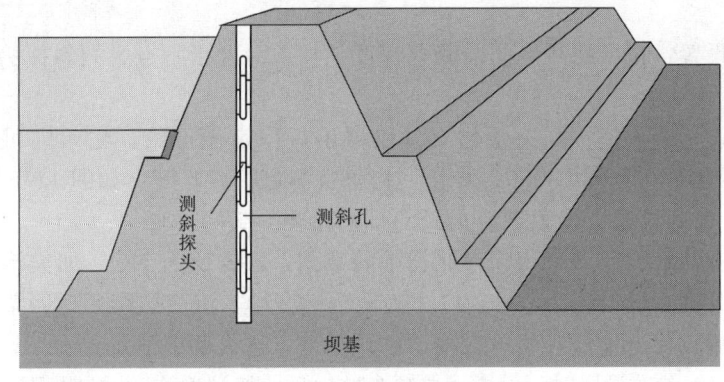

图 11.49　测斜孔在坝体内的布置

用测斜仪观测倾斜的步骤及方法如下。

1. 仪器设备连接

打开仪器箱，取出测斜探头，拧下防水盖，套上由厂家提供的 O 形密封圈（有的出厂前就已经安在探头上了，此环节可以免去），把电缆插座凹凸槽仔细对准后插入探头的插头，用扳手将压紧螺帽拧紧，用力不宜过大。电缆另一端插头仔细对准后插入读数仪的插座，如图 11.50 所示。

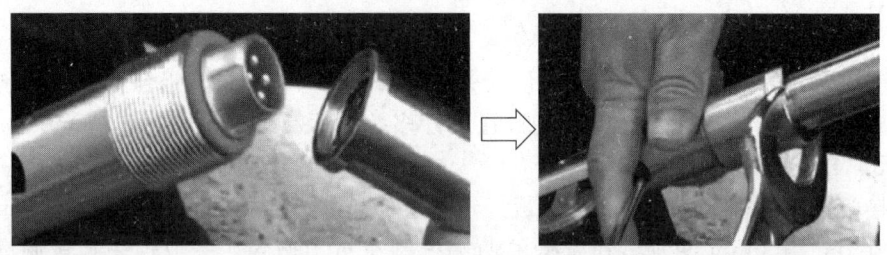

(a) 测斜探头与电缆相连接

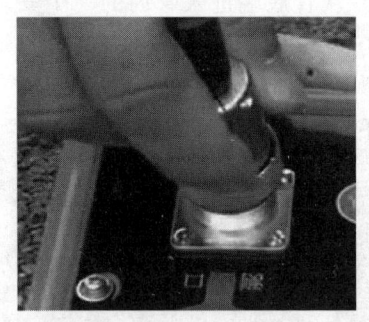 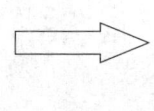 

(b) 电缆与读数仪连接

图 11.50　连接仪器设备

2. 开机及设置

开机前，检查仪器设备的各项连接是否可靠，按"开/关"键开机，开机听到凤鸣声，稍等片刻后，液晶屏显示正常，表示开机成功。完成后即可进入设置程序，按照屏幕显示的界面，进行必要的设置，每项设置完成后，要按"确认"键确认，方可进行下步设置。设置内容有：

（1）深度设置：包括孔号、当前测孔深度（注：深度指示点为测斜探头下导轮的轴销中心）。

（2）参数设置：包括：探头系数 C（仪器出厂率定值已给，输入即可），单位 mm/mv；校正零点电压，为 +0000.0；步长（指每次测量距离）等，如图 11.51 所示。

（3）日期/时间设置：设置观测当天的日期及观测起始时间。

（4）清除存储数据：是否清除存储器中的数据，缺省值为 NO，如需清除存储器中的数据，按上、下翻页键设置为 Yes，按"确认"键开始，清除结束后返回菜单选项。

设置完成后，要退出设置菜单，按"确认"键，进入测值显示界面。

要注意，每次参数设置时，设置好单项参数以后，按"确认"键进行下一项参数设置。

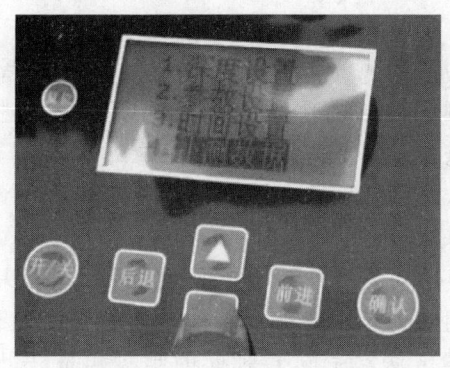

图 11.51 参数设置

3. 探头入孔测量

(1) 将测斜仪探头的导轮对准测斜管的导管槽，之后沿侧边慢慢将探头放入孔底，注意使高导轮朝向坝体下游测。

(2) 将测斜仪探头沿测斜管导槽底部自下而上每隔 1m（或 0.5m）的步长分段测量。每个测点都要按测量键，采集完数据，提拉探头进行下一个点的测量，直至孔口测完，如图 11.52 所示。

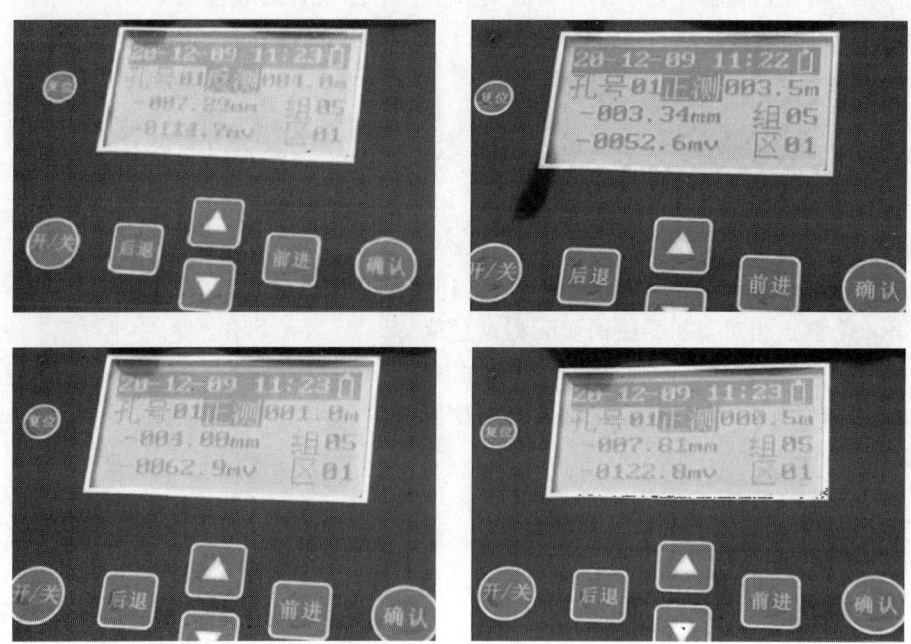

图 11.52 点位倾斜测量

(3) 换向测量。

观测前，要确定好 X、Y 两个轴向的空槽编号。

X 轴向观测：下导轮对准 1 号槽，进入测孔，从下到上，依次完成设定的 0.5m 或 1m 间距的测量，取得 X_0 各测点的数据。

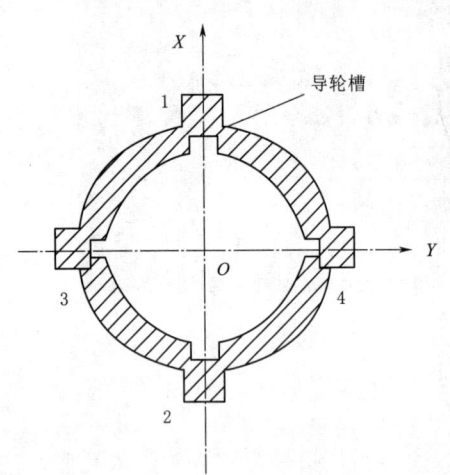

图 11.53 槽孔编号示意图

为提高测量精度，消除测量设备的系统误差，测头调转 180°，下导轮对准 2 号槽，进入测孔，按照设定的间距，依次完成 x_{180} 数据采集。取两次测量结果的平均值，作为该轴向的倾斜测量结果。

Y 轴向观测：X 轴向观测完成后，探头导轮沿测斜管的 3 号槽和 4 号槽分别放入测孔内，按照上述方法，完成 Y 轴向的倾斜测量。仍然是正、反两次测量，取均值，作为测量结果。槽孔编号如图 11.53 所示。

观测操作中，可分为每 1m 正反读数两次、每 1m 正反读数一次，也可分为每 0.5m 正反读数两次、每 0.5m 正反读数一次。

探头标距 L 是 500mm。探头引出电缆上标有长度标志，用以确定测头在测管里的位置。长度分划以测头下部导向轮为零点，每隔 500mm 标明长度记号。逐段（每 500mm）提升或放下探头，测出各段两端点在水平面上的相对位移，便得到管轴线各点某方向的变形量，沿测量管两对互成 90°的导向槽进行同样的测量，便可知测管轴线各点在水平面 X、Y 方向（导向槽方向）的位移量。

4. 内业数值处理

由图 11.54 可知，对应于第 n 个测点，那个小三角形的水平直角边长 $\Delta x_n = f \Delta S_n$，由于第 $n+1$ 个测点的测量是建立在 Δx_n 的端点上的，因此，从孔底或孔的某个起始测点算起，$\sum \Delta x = \Delta x_0 + \Delta x_1 + \Delta x_2 + \cdots + \Delta x_n$，这个 $\sum \Delta x$ 就是当时测得的第 n 个测点相对于初始值的实际相对总偏移量。

现场观测数据采集完毕后，进行内业的数值计算处理。

（1）计算读数偏差。

X 轴向和 Y 轴向正反观测，任意一个步长的读数偏差值 ΔS 计算如式（11.30）和式（11.31）进行。

X 轴向读数偏差值：

$$\Delta S_{xi} = \frac{(x_0 - x_{180})}{2} - 初始值 \quad (11.30)$$

Y 轴向读数偏差值：

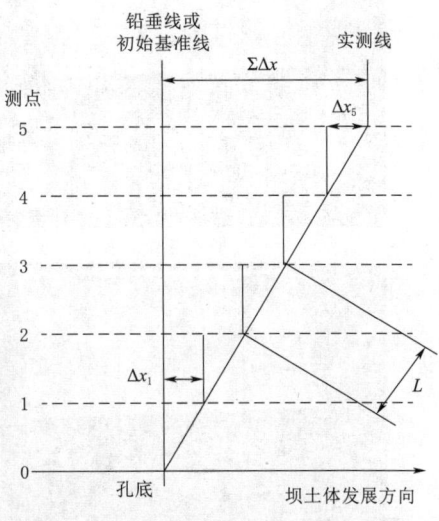

图 11.54 测孔偏移量累计示意

Δx_i—与相邻点比较，该点产生的位移量；

$\sum \Delta x$—该点与基准线总的位移量；

L—测斜标距 500mm

$$\Delta S_{yi} = \frac{y_0 - y_{180}}{2} - 初始值 \tag{11.31}$$

(2) 计算相对偏移值。

根据读数偏差值,利用公式(11.31)可换算出标准基本长度范围内的水平位移。

$$\Delta x_n = f \Delta S_n \tag{11.32}$$

(3) 计算累计偏移值。

根据测量顺序,将孔底到孔口的步长偏移值,按照算术方法进行累计计算,得到测孔全长范围内的水平位移。

$$\sum \Delta x = \Delta x_1 + \Delta x_2 + \cdots + \Delta x_n \tag{11.33}$$

$$\sum \Delta y = \Delta y_1 + \Delta y_2 + \cdots + \Delta y_n \tag{11.34}$$

$$S = \sqrt{(\sum \Delta x)^2 + (\sum \Delta y)^2} \tag{11.35}$$

式中 S——测孔全长范围内的水平位移,mm;

$\sum \Delta x$——X 轴向的累计偏移量;

$\sum \Delta y$——Y 轴向的累计偏移量;

n——测孔全长范围内的测试点数。

根据上述公式和采集到的数据,可以计算出测孔在 X、Y 各轴向的偏移值及其偏移总向量和倾斜方向,考虑时间,也可以计算出单位时间(如天、月、年等)倾斜速率。

5. 数据分析及倾斜曲线绘图

测斜仪得到的数据可以绘制直观的曲线作分析使用:位移—深度—时间曲线即位移随时间、深度变化的过程线。每一测斜孔(即测点)都可以绘制自己的过程线。通常绘制地表或最大位移深度面上的累计(或相对)位移—时间曲线。

【例题 11.1】 某大坝第 5 号测孔,孔深 7m,利用测斜仪现场测量该孔的倾斜情况。测斜仪率定系数 f 为 0.02099,实测的数据如表 11.12 所示,试计算孔内相邻测点的偏移值、累计值并绘出倾斜曲线。

【解】

(1) 利用公式(11.30)计算读数偏差值 ΔS_{xi}。设初始值为 0。

(2) 利用公式 $\Delta x_n = f \Delta S_{xi}$ 计算 X 轴向相邻测点间的偏移值。

(3) 计算累计偏移值。计算结果见表 11.12。

表 11.12　　　　　　　　　　　　　倾 斜 观 测 记 录 表

测孔编号:5 号　　　测斜仪编号:　　　率定系数 f:0.02099
测量日期:　　　　测读时间:　　　测读人:

点号	深度/m	仪器读数		ΔS_{xi}	$\Delta x_n = f\Delta S_{xi}$/mm	$\sum \Delta x_n$/mm
		正向 x_0	反向 x_{180}			
①	②	③	④	⑤	⑥	⑦
0	7.0	71	−425	248	5.2	5.2
1	6.5	83	−441	262	5.5	10.7
2	6.0	24	−380	202	4.2	14.9
3	5.5	−18	−329	155.5	3.3	18.2

续表

点号	深度/m	仪器读数 正向 x_0	仪器读数 反向 x_{180}	ΔS_{xi}	$\Delta x_n = f\Delta S_{xi}/$ mm	$\sum \Delta x_n/$ mm
①	②	③	④	⑤	⑥	⑦
4	5.0	−65	−284	109.5	2.3	20.5
5	4.5	−50	−276	113	2.4	22.9
6	4	−45	−274	114.5	2.4	25.3
7	3.5	−32	−268	118	2.5	27.8
8	3	−28	−260	116	2.4	30.2
9	2.5	−36	−264	114	2.4	32.6
10	2	−48	−254	103	2.2	34.7
11	1.5	−58	−257	99.5	2.1	36.8
12	1	−60	−243	91.5	1.9	38.8
13	0.5	−64	−236	86	1.8	40.6

（4）绘制深度—位移曲线。

根据表 11.12 的①、⑥和⑦列的数据，绘制深度—位移曲线。

提取表 11.12 数据并进行处理，处理结果见表 11.13。

表 11.13　　　　　5 号孔位倾斜测量绘图数据提取表

深度/m	偏差值/mm	累计值/mm	深度/m	偏差值/mm	累计值/mm
−7	5.2	5.2	−3.5	2.5	27.8
−6.5	5.5	10.7	−3	2.4	30.2
−6	4.2	14.9	−2.5	2.4	32.6
−5.5	3.3	18.2	−2	2.2	34.7
−5	2.3	20.5	−1.5	2.1	36.8
−4.5	2.4	22.9	−1	1.9	38.8
−4	2.4	25.3	−0.5	1.8	40.6

从图 11.55 中偏差曲线可以看出，在观测时间段内，孔内偏移总体上变化比较均匀，在 5~7m 深度范围内，偏移变动较大，5m 以上变化均匀且稳定。

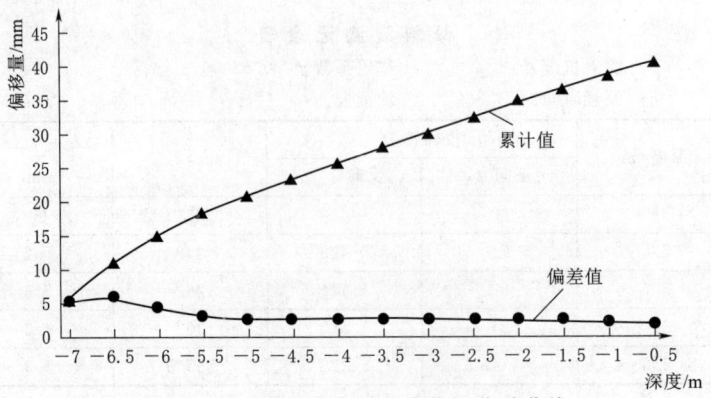

图 11.55　5 号孔倾斜测量深度—位移曲线

目前，使用数字化的测斜仪，仪器本身带数据处理软件，外业完成后，在内业中只需把数据导入计算机，即可打印有关报表，速度快，质量高。

任务 11.4 数 据 整 理

监测或观测的数据需要进行后期的整理和处理，使观测结果按符合相应规范和标准的要求呈现出来，便于各管理层面和各方的使用。对不同的测量或观测内容，有相应的要求。

根据数据类型，数据整理分为监测控制网的数据整理、监测网基准点数据整理、变形监测的数据整理三种。

根据监测期，数据整理分为监测前期和监测后期的数据处理两类。

根据监测项目内容，数据整理分为位移数据整理、沉降数据整理、倾斜数据整理、裂缝数据整理四类。

本部分按照数据类型的分类标准来进行介绍。

11.4.1 监测控制网的数据整理

1. 平面监测基准网的数据处理

观测数据的改正计算和检核计算，应按相应的测量任务来处理。平面监测基准网内业计算的数据取值位数如表 11.14 所列。

表 11.14　　　　　　　　　　内业计算中数值取位要求

平面控制测量	等级	观测方向值及各项修正数/(″)	边长观测值及各项修正数/m	边长与坐标/m	方位角/(″)
导线测量	三、四等	0.1	0.001	0.001	0.1
	一级及以下	1	0.001	0.001	0.1
三角网测量	二等	0.01	0.0001	0.001	0.01

2. 高程监测网的数据处理

高程监测控制测量应按照如下方法处理。

（1）当二、三等水准测量与国家水准点附合时，高山地区应进行正常位水准面不平行改正和重力异常归算改正。

（2）各等级水准网，应按最小二乘法进行平差并计算每千米高差全中误差。

（3）高程成果的取值，二等水准应精确至 0.1mm，三、四、五等水准应精确至 1mm。

对于规模较大的网，还应对观测值、坐标和高程值、位移量进行精度评定。

11.4.2 监测基准网数据整理

应利用稳定的基准点作为起算点。监测基准网平差的起算点，应为稳定性检验合格的点或点组。监测基准网点位稳定性的检验，可采用下列方法进行。

（1）最小二乘法测量平差的检验方法：复测的平差值与首次观测的平差值较差 Δ，在满足式（11.36）要求时，可认为点位稳定。

$$\Delta < 2\mu\sqrt{2Q} \qquad (11.36)$$

式中　Δ——平差值较差的限值；

　　　μ——单位权中误差；

　　　Q——权系数。

（2）数理统计检验方法。

（3）第（1）项、第（2）项相结合的方法。

11.4.3　变形监测的数据整理

11.4.3.1　数据处理

变形监测网观测数据的改正计算和检核计算，应符合表11.14的规定。对于规模较大的网，还应对观测值、坐标和高程值、位移量进行精度评定。变形监测的数据处理可采用最小二乘法进行平差。变形监测数据处理中的数值取位应符合表11.15的规定。

表11.15　变形监测数据处理中的数值取位要求

等级	方向值/(″)	边长/mm	坐标/mm	高程/mm	水平位移量/mm	垂直位移量/mm
一、二等	0.01	0.1	0.1	0.01	0.1	0.01
三、四等	0.1	1	1	0.1	1	0.1

11.4.3.2　变形分析

变形监测项目的变形分析，对于大中型工程或重点建设项目，包括下列所有内容：

（1）观测成果的可靠性；

（2）监测体的累计变形量和两相邻观测周期的相对变形量及变形速率；

（3）相关影响因素（荷载、气象和地质等）的作用分析；

（4）回归分析；

（5）有限元分析。

对小型工程项目，至少包括上述的（1）～（3）项内容。

对于变形监测项目实施委托服务的，被委托方要提交下列有关资料，见表11.16所列。

表11.16　变形监测委托方提供的资料

序号	项目	主要内容
1	设计方案	①项目背景；②总体概况；③设计依据；④总费用；⑤运维及保修等
2	阶段性监测报告	①每期观测成果；②与前一期观测间的变形量和变形速率；③本期观测后的累计变形及说明；④变形监测图表及说明；⑤监测过程中需要说明的事项
3	技术总结报告	①监测内容及基本技术要求；②作业过程及技术方法；③每期观测成果汇总；④变形监测图表及说明；⑤变形监测过程中需要说明的事项；⑥基准点稳定性分析资料；⑦变形分析方法、结论和建议；⑧其他需要说明的资料

11.4.4 变形监测信息系统

目前的变形分析，利用信息和网络技术，使用数据采集、处理一体化平台系统，利用软件来进行数据处理，对一体化平台系统有如下要求。

11.4.4.1 功能要求

变形监测的观测记录、计算资料的管理，数据处理及分析、建模和预警等采用变形监测信息管理系统进行，系统宜具备下列功能：

(1) 能接收和管理各种变形监测的原始数据与观测数据、计算数据、成果数据等资料；

(2) 能接入和接收、存储各类传感器与设备的实时监测数据；

(3) 能对各期观测数据进行检核和处理；

(4) 能进行监测基准网和变形监测网观测数据的平差计算和基准点的稳定性分析；

(5) 能通过变形量和变形因子关系模型，对监测点的变化进行统计分析，并进行变化趋势预报；

(6) 具有数据查询、数据上传、数据共享和推送功能；

(7) 具有变形成果图表生成功能和实现监测结果的三维可视化表达功能；

(8) 能根据不同风险类型、风险级别建立预警及报警处置预案；

(9) 具有用户管理、数据与信息管理和系统安全管理等功能。

11.4.4.2 性能要求

变形监测信息系统的基本性能应符合下列规定：

(1) 系统应支持24h不间断运行；

(2) 系统平均无故障时间应大于6300h，系统的故障率应低于5%；

(3) 系统应具有良好的开放性和可扩展性；

(4) 系统应具有完备的信息安全保障体系。

11.4.4.3 系统的呈现要求

系统宜采用作图分析法、统计分析法、对比分析法、建模分析法等多种方法对监测数据进行变形的几何分析和物理解释；当利用变形量与变形因子关系模型进行变形趋势预报时，应给出预报结果的误差范围及适用条件。

新建的平台系统，在验收前进行系统测试和试运行。

11.4.5 观测数据整理步骤

11.4.5.1 数据整理前期的准备

(1) 熟悉现行数据整理的规范和标准。

(2) 现场观测数据的记录要清晰，需要在观测现场计算的，要及时计算完毕。

(3) 要明确具体工程的监测项目及监测内容。

(4) 必须熟练掌握不同观测内容的观测方法及操作要领。

(5) 熟悉安全操作规程。

(6) 查阅和录入紧邻本期的前期相关监测数据。

11.4.5.2 数据整理

(1) 核对检查数据是否完整，记录清晰，改划符合要求。

(2) 根据数据整理要呈现的结果要求，从数据中提取相应的数据，形成成果表。

(3) 利用电子表格或平台系统软件，绘制相应成果曲线。如时间-位移曲线、时间-沉降曲线等。

(4) 按照表 11.16 的要求，提交监测的各项成果资料。

(5) 由负责人对数据整理成果及其相关资料进行审核。

(6) 经审核合格后的成果归档保管，作为下一个观测期的前期资料使用。

参 考 文 献

[1] 肖国城. 水利工程测量 [M]. 北京：中国水利水电出版社，2003.
[2] 王建华. 水利工程测量 [M]. 北京：中国水利水电出版社，2005.
[3] 付开隆. 现代公路测量技术 [M]. 北京：科学出版社，2005.
[4] 张仁. 工程测量 [M]. 北京：中国水利水电出版社，2014.

序文